술자리보다 재미있는

우리
술
이야기

이대형의 전통주 인문학

술자리보다 재미있는 우리 술 이야기

ⓒ이대형, 2023

초판 1쇄 2023년 1월 20일 발행
초판 3쇄 2024년 1월 2일 발행

지은이 이대형
펴낸이 김성실
책임편집 김성은
표지디자인 정승현
제작 한영문화사

펴낸곳 시대의창   등록 제10-1756호(1999. 5. 11)
주소 03985 서울시 마포구 연희로 19-1
전화 02)335-6121   팩스 02)325-5607
전자우편 sidaebooks@daum.net
페이스북 www.faceook.com/sidaebooks
트위터 @sidaebooks

ISBN 978-89-5940-800-9 (93590)

잘못된 책은 구입하신 곳에서 바꾸어 드립니다.

술자리보다 재미있는

우리
술
이야기

이대형의 전통주 인문학

시대의창

2010년 2월, 술 전문 신문에 전통주에 관련하여 처음으로 글을 쓰게 되었다. 당시 막걸리 붐이 일면서 나에게 글쓰기를 요청한 것이다. '전통주 시장의 흐름'에 대한 글을 1~2회 정도 써 달라는 가벼운 요청이어서 큰 부담 없이 응했다. 하지만 글쓰기를 처음하는 입장에서 막상 A4 한 장 반을 채우는 일은 생각보다 쉽지 않았다. 여러 번의 수정 작업을 거쳐 지면으로 나왔을 때는 내가 쓴 글이 사람들에게 읽힌다는 뿌듯함도 있었다.

　신문사에서는 독자들의 반응이 좋다는 이유로 연재를 부탁했다. '1년 정도면 충분하겠지' 하는 생각으로 승낙했는데 그때부터 무려 12년 동안 170회 이상 글을 써오고 있다. 그러다 보니 신문이나 온라인에 전통주와 관련한 글을 쓸 기회도 많아졌다. 자연스럽게 전통주에 대한 나의 생각을 더 많이 전할 수 있었다.

　처음 글을 쓸 때는 전통주와 관련하여 꾸준히 글을 써야겠다는 생각뿐이었다. 당시는 막걸리 소비가 증가되는 시기였음에도 막걸리나 전통주에 대해 정확한 내용을 전하는 매체가 전무하다시피 했다. 무엇보다 소비자나 양조 관련자에게 도움이 되는 글을 지속적으로 쓰는 사람이 없었다. 이런 상황에서 지금까지 꾸준히 글을 쓰면서 나 나름대로 처음의 다짐을 지키고 있는 듯하다.

글쓰기를 배운 적이 없는 이공계 연구자에게 글쓰기는 매우 어려운 일이었고 지금도 변함이 없다. 하지만 지면을 통해 내 생각을 밝히는 일은 가치 있다고 생각한다.

글쓰기 초창기에는 전통주 정책이나 산업에 관한 글을 썼다면 최근에는 전통주 역사나 문화에까지 범위를 확장했다. 가능하다면 전통주 전반의 의견을 반영하고 정확한 자료를 토대로 글을 쓰려고 노력한다.

전통주를 연구하면서 전통주와 관련된 (일을 하는)분들이나 대형 양조장을 (운영)하는 분들의 의견이 달라 서로 화합하기 어려운 이유를 알게 되었다. 그렇기 때문에 한쪽에 치우치기보다는 객관적으로 글을 쓰려고 노력했다. 또한 잘못된 정보가 넘쳐나는 온라인상의 글들을 접하면서 최대한 역사적 사실과 근거를 들어 글을 전개하려고 했다.

12년 동안 글을 쓰면서 책을 만들겠다는 생각을 한 번도 한 적이 없다. 몇몇 분이 글을 모아 책으로 내면 좋겠다는 덕담을 했지만 내 글에 대한 자신감이 없었기에 책을 낸다는 생각은 하지 않았다. 다만 전통주 역사나 문화와 관련해 전문가가 글을 쓰거나 책을 만들어주기를 바라는 마음이 컸다. 지금까지 나온 전통주 책은 술 빚기와 관련된 것이 대부분이다. 그러기에 전통주의 다양한 역사, 문화적인 내용을 다루는 인문학 책이 나오기를 바랐다.

그런데 시간이 흘러도 전통주와 관련한 역사와 문화적인 내용을 담은 책이 나오지 않았고 오히려 잘못된 내용이 진실로 받아들여지면서 온라인상에 퍼지는 양상을 보며 아쉬움이 컸다. 그러던 차에 지난해 초, 글쓰기를 체계적으로 배워야겠다는 생각이 들었고 오래전부터 알고 지내던 작가님의 '소행성 책쓰기 워크숍'에 신청하면서 상황이 바뀌었다.

사실 워크숍을 신청한 목적은 책을 쓰기보다는 글을 좀 더 잘 쓰고 싶은 데 있었다. 글쓰기 과제를 하면서 두 분의 지속적인 피드백과 격려를 받으며 책 발간에까지 생각이 미치게 되었다. 무엇보다 오랫동안 바라던 전통주 인문학 서적의 부재가 가장 큰 동기였다.

이 책을 쓰면서도 내용상 오류가 있지는 않은지 독자들은 재미있게 읽어줄지 등 두려움이 있다. 그럼에도 이 책을 내는 이유는 이 책이 (전통주 분야의) 최종본이 아니기를 바라는 마음에서다. 책을 읽고 누군가는 전통주에 관한 더 많은 이야기가 있지 않을까 연구할 수도 있고 또, 이 책의 부족한 부분을 채워가면서 더 깊은 내용의 전통주 책이 나올 수도 있을 것이다.

최근 많은 사람이 전통주에 관심을 가지면서 전통주는 산업적으로도 새롭게 각광받고 있다. 젊은 층이 좋아하는 술로 변화 발전하는 것은 참으로 다행이라 여기지만, 술은 기호 식품이기 때문에 지금의 관심이 다른 술로 옮겨갈 수도 있다. 전통주에 대한 관심이 다른 곳으로 옮겨가지 않도록 더 많은 노력이 필요할 것이다. 이 책이 전통주에 대한 관심을 유지하는 데 도움이 되기를 바란다.

오랫동안 써온 글을 정리하면서 아이디어를 주거나 글 자체에 도움을 주신 분이 많다. 일일이 다 열거할 수는 없기에 개인적으로 감사의 마음을 전하려 한다.

생소한 분야를 접할 때 도움을 주신 분들이 있다. 술만 알던 나에게 음식과 역사라는 새로운 분야에 발을 디딜 수 있게 해주신 분들이다. 처음으로 술이 아닌 음식에 관심을 가질 때 교육 과정을 소개해주고 많은 사람을 만나게 해준 백곰막걸리의 이승훈 대표님에게 고마움을 전한다. 통상 '끼니'라 불리는 교육 과정을 통해 식문화에 대해서 많이 생각할 수 있었다.

다음으로 술 제조·연구만 하던 나에게 전통주 역사, 그리고 근현대 우리 음식과 술의 다양성에 대해 알려주고 고문헌을 어떻게 바라봐야 하는지 조언을 아끼지 않은 음식문화연구자 고영 작가님에게도 감사의 마음을 표한다. 수업을 통해 전통주와 우리 술의 근현대 역사에도 다양한 이야기가 있음을 알게 되었다.

부족하지만 그동안의 글을 모아 책을 써보라고 응원해주신 윤혜자·편성준 작가님에게도 감사의 말씀을 드린다. 아무것도 모르는 신출내기를 새로운 세계에 발 들여놓을 수 있게 기회를 주신 시대의창 김성실 대표님에게도 감사드린다.

전통주에 관심을 가진 분들이 전통주를 새로운 시선으로 보는 데에 이 책이 조금이나마 도움이 되기를 바란다.

2023년 1월
나의 작은 방에서 이대형

| 차 례 |

1장 | 우리 조상도 외국 술을 마셔 보았을까?

2장

한양에도 서울만큼
술집이 많았을까?

3장 | 시대에 따라 우리 술은 어떻게 변화했을까?

4장 알수록 빠져드는
우리 술 이야기

5장

술자리보다 재미있는
우리 술 이야기

술자리에서 넓고 얕은 지식 자랑하기

가양주 집에서 빚어 마시는 술을 일컫는다.

누룩 술을 만드는 데 필요한 효소를 생산하는 곰팡이와 알코올 발효에 필요한 효모를 곡류에 번식시켜 만든 당화제이자 발효제다.

단양주 술의 제조 방법 중 제조 시 쌀을 추가하는 형태로 만들지 않고 원료(쌀, 누룩, 물)를 한 번만 사용해서 빚은 술. 단양주에다 추가로 한번 더 원료를 넣으면 이양주가 된다.

덧술 술의 품질을 높이기 위해 이미 만들어진 술(밑술)에 추가로 원료를 혼합해 주는 과정이다.

막걸리 쌀이나 밀에 누룩을 첨가하여 발효시켜 만든다. 막걸리의 이름은 '지금 막(금방) 거른 술'이라는 뜻과 '마구(박하게) 거른 술'이라는 두 가지 설이 있다. 탁주(濁酒)의 한글 명칭이다.

맥아 보리를 발아시켜 싹을 틔운 뒤 말린 것으로 맥주의 재료다.

밑술 술을 빚을 때 덧술을 첨가하기 전 단계의 술이다. 쌀을 다양한 형태로 전처리(범벅, 죽, 백설기 등)한 후 누룩을 섞어 적절한 온도에 보관하면 밑술이 만들어진다.

발효 효모나 세균 등의 미생물이 유기 화합물을 분해하여 알코올류, 유기산류, 이산화 탄소 따위를 생성하게 하는 작용이다. 술을 만들 때는 알코올 발효가 이용된다.

소줏고리 발효주를 증류시켜 소주를 만들 때 쓰는 기구로 아래짝, 위짝으로 되어 있고 모양은 숫자 8과 흡사하다.

술덧 항아리나 용기 안에서 발효되고 있는 술을 가리킨다. 일반적으로 쌀에 누룩과 물을 넣은 때부터 술을 제성하거나 증류하기 직전 항아리에 있는 상태의 술을 지칭한다.

술지게미 술을 만들 때 마지막에 술을 짜고 남은 쌀과 누룩 고형물로 술비지, 주박(酒粕)이라고도 한다.

입국 증자된 곡물에 당화 효소 생산 곰팡이(백국균)를 배양한 것으로 약·탁주 발효 과정 중 전분의 당화, 향미 부여, 잡균 오염 방지 등의 역할을 한다.

제성	양조장에서 술을 빚을 때 발효가 끝난 탁주의 술지게미를 균질화하는 과정과 알코올 도수 조정을 위한 물 첨가 과정으로 부족한 맛의 보충을 위해 첨가물을 넣어 재가공하는 공정이다.
종가세	과세 단위를 금액에 두고 세율을 백분율로 표시한 조세다. 한국에서는 탁주, 맥주를 제외한 모든 술이 종가세로 술에 따라 30~72퍼센트의 주세가 부과된다.
종량세	과세 물건의 수량 또는 중량을 기준으로 부과하는 조세다. 세액의 산정이 쉬워 행정의 능률을 높일 수 있다는 장점이 있으나, 과세의 공평성이 결여되기 쉽고 재정 수입의 확보가 어렵다는 단점이 있다. 한국에서는 탁주, 맥주 만이 종량세를 채택하고 있다.
주세	주류에 대하여 부과되는 세금으로 국세(國稅)이며 간접세(間接稅)다.
주정	전분 또는 당분이 포함된 재료를 발효시켜 알코올분 85도 이상으로 증류한 것이나, 알코올분이 포함된 재료를 알코올분 85도 이상으로 증류한 것을 말한다.
증류식 소주	전통적으로 소주를 만들어온 방식으로 발효된 술을 끓여 증류해 낸 술이다. 화주(火酒), 노주(露酒), 한주(汗酒)라고도 한다.
증류주	발효주보다 높은 알코올을 얻기 위해 증류 과정을 거쳐 발효된 술의 알코올 도수를 높인 술이다.
청주	전통적인 제조 방법으로 쌀로 빚은 술로 발효된 술에 용수(술지게미를 거르는 도구)를 박고 떠낸 맑은 술이다. 현재 주세법에서는 일본식 사케 제조법을 말한다.
탁주	곡물을 발효시켜 만든 술에서 맑은 술을 떠내지 않고 그대로 걸러서 만든 술로 일반적으로 탁한 술을 지칭한다. 막걸리라고도 하며 농주(農酒), 백주(白酒)라고도 한다.
효모	이스트라고도 하며 빵이나 술을 빚을 때 사용하는 미생물이다.
효소	생명체에 꼭 필요한 것으로 동식물, 미생물에서 복잡하게 통합되어 일어나는 화학 반응의 대부분을 조절하고 생물체 내에서 에너지의 저장, 방출에도 관여하는 단백질이다.
희석식 소주	95퍼센트 주정에 물, 감미료 등을 넣어서 묽게 희석한 소주다.

일러두기

1. 단행본 제목, 언론매체 이름은 겹화살괄호《 》, 논문, 보고서, 영화, 신문의 코너 제목은 홑화살괄호〈 〉로 표시하였습니다. 기사 제목은 작은따옴표 ' '로, 직접 인용문은 큰따옴표 " "로 표시하였습니다.
2. 그림이나 사진의 소장처와 저작자는 그림 제목이나 설명에 붙였습니다.
3. 인용된 기사의 출처는 본문에 모두 명기하였습니다.
4. 기사 일부는 QR 코드로 대신하였습니다.
5. 표에서 주류 종류별 총합과 합계가 맞지 않는 것은 원본의 당시 단위인 석(石)을 현대의 킬로리터(㎘)로 변환하는 과정 중 생기는 오차입니다. 1석은 약 180리터입니다.
6. 저작권이 확인되지 않은 일부 사진과 글은 확인되는 대로 절차에 따라 승인받겠습니다.

〈조일통상장정 체결 기념 연회도〉.

국회의사당 해태상 밑에 묻어둔 노블 와인.

한정식 음식.

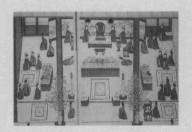

통명전진찬도(通明殿進饌圖).

소줏고리를 이용하여 소주 만들기.

김홍도 〈주막〉.

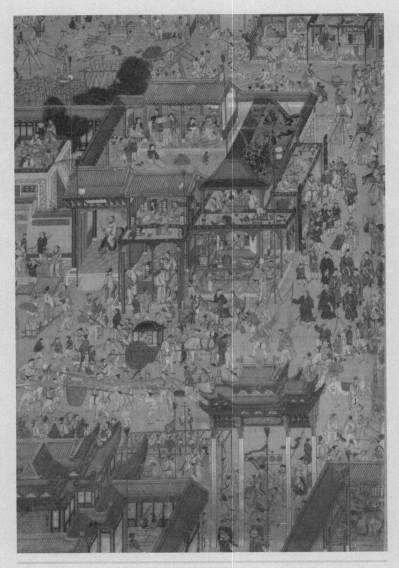

'태평성시도'의 주루(酒樓).

오크통(위).
일본 사케노진 축제(가운데).
1937년 마산 안내 팸플릿(아래).

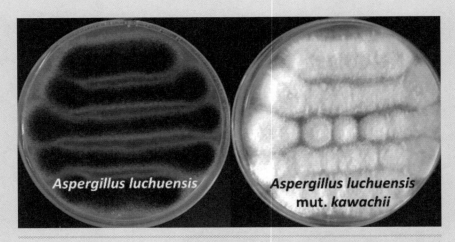

흑국균(왼쪽)과 백국균(오른쪽).

카바이드.

누룩.

역사가 오래된 양조장.

주방문.

도소주 재료들.

다양한 술잔.

집에서 만든 하이볼.

1장

우리 조상도
외국 술을
마셔 보았을까?

〈조일통상장정 체결 기념 연회도〉를 처음 본 것은 음식 관련 역사 강의에서였다. 그림을 통해 음식의 역사를 이해하고, 음식의 역사를 통해 그 시대의 사회상을 엿볼 수 있는 수업이었다. 그림의 설명은 음식에 대한 그동안의 나의 생각을 180도로 바꾸어 놓았다. 놀라운 것은 우리 조상들이 생각보다 이른 시기에 서양 요리에 대해 이해하고 있었다는 것이다. 이러한 변화에 가장 앞장선 곳은 왕실이었다. 내국인을 위한 연회는 전통적 형식을 유지하면서 품격을 높이고, 외국인을 위한 연회는 유럽식 상차림을 반영했다. 또 외국인과 함께하는 연회는 독상(獨床)에서 겸상(兼床)으로 대체했다. 다시 말해 '한식 국빈 연회상'이 만들어지기 시작한 것이다.

안중식(安中植, 1861~1919)의 작품으로 전해지는 이 그림에는 다양한 인물이 등장한다. 화면 왼쪽 주빈석에 독판교섭통상사무인 민영목을 시작으로 윗줄 왼쪽 끝에 묄렌도르프, 윗줄 오른쪽 끝에 묄렌도르프 부인, 아랫줄 왼쪽 끝에 일본 전권대신판리공사 다케조에 신이치로, 아랫줄 오른쪽 끝에 일본 판리공사 부관 소에다 세스 등이 등장한다.

식탁 중앙에는 꽃을 꽂은 화병이 놓여 있고, 여섯 접시의 조선 전통 고임 음식이 배치되었다. 서양식 접시와 포크, 나이프, 스푼 그리고 포도주 잔을 비롯한 몇 개의 술잔과 물컵이 놓여 있다. 메인 요리는 정확히 알 수 없으나 모양상 커틀릿cutlet인 듯하다. 작은 그릇에 각설탕이 담긴 것은 아마 식사 후에 나오는 커피에 넣어 마시게 될 것이다.[1]

〈조일통상장정 체결 기념 연회도〉(1883, 숭실대학교 부설 한국기독교박물관).

이 그림의 상차림에서 눈길을 끈 것은 메인 요리보다는 마실거리인 술이었다. 1883년 당시 일반적으로 백성 사이에 와인이 애용되지는 않았겠지만 최소한 왕실의 궁중 연회나 주요 외국인 참여 연회에서는 사용되었다는 점이 놀라웠다. 다시 생각해 보면 우리는 항상 고문헌이나 과거의 술 빚기 혹은 제조 방법에 대부분의 관심을 두었을 뿐 우리 술이 어떻게 변화해 왔으며 가장 많이 마시고 소비한 백성의 삶에 어떤 의미였는지는 뒷전이었다.

이 강의를 듣고 난 후에 조상들이 마신 우리 술 외에도 외국에서 들어온 다양한 술의 역사에 관심을 가지게 되었다. 해외 무역은커녕 국내에서조차 물류 이동이 원활치 않던 시대에 언제부터, 어떤 경로로 외국 술들이 들어와 알려지고 퍼지게 되었으며 그에 대한 백성의 반응과 그들의 삶에 술이 어떤 영향을 미쳤는지 지금부터 궁금증을 풀어 보려고 한다.

우리나라에서
최초로 와인을 마신
사람은 누구일까?

많은 사람이 생애 첫 번째로 마신 술에 대한 기억을 진실 게임처럼 고백하곤 한다. 호기심이 발동하여 부모님이 아끼는 술을 몰래 마셔 본 사람도 있고, 수학여행이나 수능 전 백일을 기념하며 친구들과 마셨다는 사람도 있다. 중학생 때 술을 마신 사람도 있고 아버지나 어른에게 제대로 배운 사람도 있다.

정확한 날은 기억나지 않지만 나는 고등학교 때 처음으로 술을 마셨다. 동아리 선배들과 신림동 순대타운에 가서 사이다 병에 넣어 몰래 마신 소주가 첫술의 기억으로 어렴풋이 떠오른다. 딱 한 잔 마셨는데 그날 마신 술의 맛이나 기억은 지금까지도 흐릿한 추억으로 남아 있다. 무슨 이유인지 기억하기 싫은 흑역사처럼 안개 속을 헤매 듯 선명하지 않다. 그날의 음주는 청춘의 일탈 정도로 치부하고 싶고 술을 마셨다고 하기에도 부끄러운 수준이다.

본격적으로 음주 세계의 문을 열고 발을 디딘 건 대학생 때부터다. 주머니 사정이 넉넉하지 않아 딱히 좋아하지도 않던 소주를 마실 수밖에 없었고 굳이 말하자면 소주, 맥주, 막걸리만이 존재하는 세상에 살기도 했다. 와인이나 위스키, 사케와 같은 술에 대한 지식은 방송이나 귀동냥이 전부였으며 실제 마셔 본 경험도 거의 없었다. 그 당시의 지인들은 현재 내가 술 관련 일을 한다는 것에 놀라거나 의아해 한다.

하지만 술을 업(業)으로 삼기 시작하면서부터 나에게 술은 귀한 친구가 되기도 하고 마음에 들지 않는 적군이 되기도 하면서 떼려야 뗄 수 없는 존재가 되어버렸다. 일에 입문한 초기에는 전통주 위주로만 술을 마시다가 점차 다른 주종이 하나씩 추가되었다. 이 분야에 종사하기 전에는 마셔보지 못했던 와인이나 사케, 위스키 등을 전통주와의 맛 비교를 위해 가리지 않고 마시기 시작했다.

다양한 술을 술집에 가서 마시는 일은 생각보다 쉽지 않고 비용도 많이 드는 극한의 일이다. 그러기에 다양한 술을 한자리에서 마실 수만 있다면 거기가 어디든 마다하지 않고 가게 된다. 특히 주류 박람회는 많은 종류의 술을 한 장소에서 마실 수 있는 절호의 기회다. 해마다 크고 작은 주류 박람회가 개최되고 있지만 2010년 초만 해도 서울에서 열리는 큰 규모의 주류 박람회 2~3개가 참가할 수 있는 전부였다. 박람회에 가면 국내의 술뿐만 아니라 수입되는 온갖 술을 다 맛볼 수 있다. 티켓을 사서 박람회장 입구에 들어설 때면 나도 모르게 심장이 빨라지고 가슴은 설렌다. 새로운 술을 마실 수 있다는 기대는 첫 시음 이후 한 잔 두 잔 들어갈수록 알코올에 의한 심장의 두근거림으로 바뀐다. 아침 10시에 시작한 시음은 취했다 깼다를 반복하면서 늦은 시간까지 박람회장의 이 구석 저 구석을 누비는 원동력으로 작용한다.

박람회장에서 다양한 술을 시음하면서 맛으로나 머리로나 가장 이해하기 어려운 술은 단연 와인이다. 와인의 제조법은 곡물을 사용하는 탁주나 약주에 비해 단순한 발효 형태라 할 수 있다[참고 1]. 와인이 어렵다고 느낀 것은 술을 만드는 양조 과정보다는 와인의 다양성과 스토리텔링storytelling 때문이었다. 주류 박람회에서는 이탈리아, 프랑스, 칠레, 미국, 그리스 등 와인을 생산하는 나라별 부스에서 시음을 할 수 있다. 처음 몇 잔의 시음은 와인의 품종과 특징에 대한 설명을 들으면서 맛과 향에 집중하게 된다. 하지만 짧은 시간에 설명을 들으며 와인을 마시다 보면 이해되지 않는 내용이 점점 많아진다. 와인은 지식과 경험이 적으면 술에 대한 맛을 이해하기 어려운 술이다. 나라마다 지역마다 와인을 만드는 다양한 품종과 기후, 토질 또는 수확 시기의 기후 환경 등 테루아르Terroir를 비롯한 사전 지식이 있다면 더 깊은 시음이 가능하다.

와인을 경험하는 시간이 많아지고 횟수가 늘면서 와인이 가진 매력에 점점 빠지게 되었다. 공부를 하면 할수록 더 깊은 맛과 다양한 향을 즐길 수 있지만 꼭 공부를 하지 않더라도 와인 자체를 음미하고 나머지는 소믈리에나 와인 전문가에게 설명을 들어도 된다. 와인에 관심이 생기면서 우리나라에도 꽤 오래전부터 와인에 대한 기록이 있었다는 것을 자연스럽게 알게 되었다.

《고려사》(서울대학교 규장각한국학연구원).

조상들의 외국 술 관능 평가

와인(포도주)에 대한 문헌상의 언급은 생각보다 먼 고려까지 거슬러 올라간다. 조선 시대에 편찬된 《고려사(高麗史)》에 포도주에 대한 기록이 있다. 고려 충렬왕 11년(1285) 음력 8월 28일, "무진 원경(元卿) 등이 원(元)에서 돌아왔는데, 황제가 왕에게 포도주를 하사하였다(戊辰 元卿等還自元, 帝賜王蒲萄酒)"라는 글이 포도주에 관련된 공식적인 첫 기록이다.[1] 포도주가 원나라에서 제조된 것인지, 실크로드를 타고 온 유럽의 포도주인지는 알 수 없지만 이후 충렬왕 28년(1302),[2] 34년(1308)[3]에도 원 황제가 포도주를 하사했다는 기록이 나온다. 또한 고려 시대의 왕실 학자로서 1324년 원나라 과거 시험에 합격한 안축(安軸, 1282~1348)은 투루판(중국 신장 위구르 자치구 지역) 사람으로부터 포도주를 선물 받고 시로 답례했다고 전해지며 이색(李穡, 1328~1396)은 국내에서 열린 연회에서 포도주를 마신 감상을 한시로 표현하기도 했다.[4]

우리나라의 포도주(蒲萄酒) 제조법은 1540년대에 김유가 작성한 경상북도 지역의 고조리서(음식의 재료명을 비롯하여 음식을 만드는 요령과 그 음식의 특징을 종합적으로 기술한 옛 문헌)인 《수운잡방(需雲雜方)》에 처음 나온다. 이때의 제조법은 쌀을 기본으로 한 전통적인 쌀술 제조법에 포도를 넣어 쌀과 포도가 결합된 혼합주 형태였다.

조선 시대의 포도는 크게 수정포도(水精葡萄)와 마유포도(馬乳葡萄)로 나뉜다. 수정포도는 목은 이색의 〈수정포도〉라는 시, '한조각의 맑은 얼음과 수정구슬이 작은 결정으로 맺어지니 달그림자를

《수운잡방》(한국국학진흥원).

닮았네'에서 보듯이 수정처럼 작은 결정의 포도로 이는 산포도, 즉 머루로 보인다.[5] 마유포도는 알이 굵은 타원형으로 주로 중국에서 온 포도다. 《산림경제(山林經濟)》〈종수(種樹)〉 편에서 포도나무의 꺾꽂이를 하는 법이나[6] 《증보산림경제》의 기록을 보면 이는 마유포도에 가까워 보인다.[7] 그러기에 포도주에 사용된 포도가 머루인지 포도인지는 단언하기 어렵다. 다만 당시 주변에서 흔히 볼 수 있던 포도는 현재의 포도 품종이 아닌 머루일 확률이 높다. 일반적으로 조선 시대의 그림에 등장하는 포도는 잎이 다섯 갈래인 까마귀 머루로 추측되기 때문이다. 또한 머루는 알이 드문드문 익어가는 특성이 있다. 그 당시 포도로 지칭되는 그림들은 하나의 포도송이에 검붉게 익은 포도와 아직 익지 않은 포도가 함께 달린 것으로 보아 머루로 추측된다.

인조 15년(1637) 대일통신부사 김세렴의 《해사록(海笑錄)》에는 대마도에서 대마도주와 대좌하면서 서구식 레드와인을 마셨다는 기록이 있다.[8] 또 《하멜표류기》를 보면 1653년에 네덜란드인 하멜이 일본으로 가는 도중 폭풍을 만나 제주도에 난파하였는데 그때 가져온 레드와인을 지방관에게 상납했다는 내용이 있다. 하멜은 난파된 다음 날(1653년 8월 16일) 바닷가에 나가 먹을 것을 찾다가 배에서 포도주 한 통을 수습했는데 이는 스페인산 레드와인이었다. 이 포도주가 우리나라에 온 최초의 유럽 포도주일지도 모른다. 《하멜표류기》에 있는 내용을 간단하게 정리하면 다음과 같다.

조선의 지휘관은 우리에게 각각 술 한 잔씩을 주고 텐트로 되돌려 보냈다. 약 1시간 뒤에 갑작스러운 음식으로 탈이 날 것을 우려하여 죽을 주었다. 저녁에는 쌀밥을 주었다. 우리는 답례로 레드와인과 은잔을 가지고 갔다. 포도주 맛을 보고 맘에 들어 하면서 많이 마셨다. 조선 관원들은 우리에게 우호적인 태도를 취하며 은잔도 돌려주고 텐트까지 바래다주었다.[9]

이외에도 포도주에 관한 좀 더 자세한 기록은 없을까? 1712년 북경으로 향한 조선사신단 중 한 사람인 이기지(李器之, 1690~1722)의 《일암연기(一庵燕記)》에 따르면 "서양 포도주(西洋葡萄酒) 한 잔을 내왔는데, 색은 검붉었고 맛은 매우 향긋했으며 강렬하면서도 상쾌했다. 나는 본디 술을 마실 줄 몰랐는데 한 잔을 다 마시고도 취하지 않았고 뱃속이 따뜻해지면서 약간 취기가 오를 따름이었다."[10] 이 기록이 와인을 마시고 맛을 평가한 우리나라 최초의 관능 자료가 아닌가 싶다.

쇄국 정책의 벽을 뚫은 외국 술

근대에 들어와 고종 3년(1866)에 독일인 오페르트가 쇄국 정책을 뚫고 레드 와인을 반입했으며 이때는 와인뿐만 아니라 샴페인 및 양주도 도입했다고 한다. 1880년에 오페르트가 쓴 《금단의 나라 조선》에는 "조선인들은 독주와 폭음을 즐기고, 샴페인과 체리브랜디를 선호하며 이외에도 백포도주와 브랜디 여러 종류의 독주를 좋아한다. 반면 적포도주는 떫은맛 때문에 좋아하지 않는다"라고 기록하고 있다.[11]

1876년 개항 이후 포도주에 대한 일반인의 관심 정도를 알아보기 위해서 당시의 신문을 살펴보았다. 1901년 6월 19일자 《황성신문》에는 재미난 광고가 등장한다. 서울 종로구 광화문 남쪽에 있던 가게 '구옥상전'에서 띄운 광고로 포도, 전복, 가배당(각설탕에 든 커피), 우유, 밀감주, 목과(모과), 맥주가 나온다. 이 광고는 《황성신문》에 몇 번 더 등장했고 이때부터 소비자에게 판매될 만큼 포도주에 대한 인식이 있었던 것 같다.

고려 충렬왕이 원나라에서 보낸 포도주(와인)를 마셨는지는 알 수 없다. 하지만 문헌에 와인에 대한 기록이 고려 시대까지 거슬러 올라간 것만으로도 오래전부터 우리나라에 존재했다고 추측할 수 있다. 당시 와인은 상류층의 전유

1901년 6월 19일자《황성신문》광고 속 포도주(국립중앙도서관 대한민국 신문 아카이브).

물로 서민들은 접근하기 어려운 술이었다. 하지만 국민 소득 수준이 높은 현대에는 누구나 마실 수 있는 술로 자리 잡고 있다. 왕이 마시던 술에서 서민이 즐기는 술까지 700여 년의 시간이 걸린 것이다.

[참고 1]

와인 만들기

와인의 제조는 다음과 같은 과정을 따른다(다양한 제조법 중 대표적인 방법 하나만 소개).

포도 수확(Harvest) → 파쇄 단계(Crush) → 발효 단계(Fermentation) → 압착 단계(Press) → 숙성 단계(Aging) → 여과 단계(Filtration) → 병입 단계(Bottling)

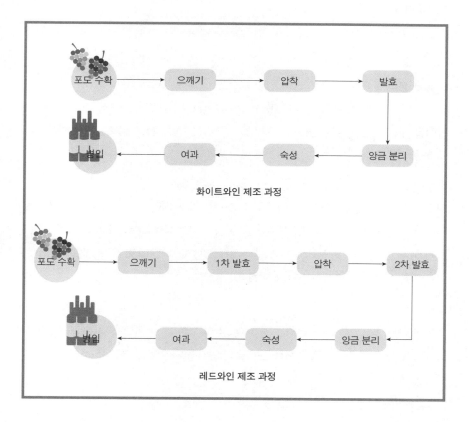

화이트와인 제조 과정

레드와인 제조 과정

1. 포도 수확

포도는 수확 시기가 가장 중요하다. 일조량이 풍부하고 강우량이 비교적 적어야 당도가 높고 신맛이 약하며 색깔도 짙어진다.

2. 파쇄

포도를 수확한 후 12시간 이내에 잎을 제거하고 포도알을 으깬다.

3. 1차 발효

알코올 발효(Fermentation)로 포도 당분이 알코올과 탄산 가스로 변환된다.

4. 압착

1차 발효를 마친 포도를 눌러 즙을 짜내는 것으로 포도 껍질이나 씨를 제거한다.(레드와인에만 해당).

5. 2차 발효

젖산 발효(Malolatic fermentation)로 사과산이 젖산균에 의해 젖산과 탄산 가스로 변환되는 과정이며 와인의 신맛이 줄어든다.

6. 앙금 분리

발효가 끝난 와인은 앙금을 분리하여 숙성에 들어간다. 이때 와인 속의 색소, 찌꺼기와 단백질, 주석산 물질 등을 침전시켜 와인을 깨끗하게 한다. 젤라틴, 달걀 흰자, 벤토나이트 등을 사용한다.

7. 숙성

발효가 갓 끝난 와인은 효모 냄새나 탄산 가스 등이 섞여 있어 냄새가 좋지 않고 맛이 거칠어 몇 개월~몇 년의 숙성 기간을 두면서 여러 가지 변화를 서서히 유도하여 바람직한 맛과 향을 얻는다(포도 향은 '아로마'라고 하고 숙성된 와인 향은 '부케'라고 한다). 오크통에 넣어 두면 오크통 성분이 우러나 그 맛이 배게 된다.

8. 여과

와인의 숙성 과정까지 생긴 부유물(타닌 찌꺼기, 이스트 잔여물, 단백질 잔여물)을 제거하는 단계로 규조토 등의 광물성 재료, 펄프로 만든 종이 필터 등의 식물성 재료, 또는 합성 고분자 물질 등을 통과시켜 맑게 만든다.

9. 병입

여과를 거쳐 병에 와인을 담는다. 병 안에서 물과 알코올이 증발하지 않고 코르크 상태가 좋기만 하면 산소가 쉽게 침투하지 못한다.

한국 와인의
시초는
프랑스 포도나무

술에 관련된 연구를 하기 전에는 와인이라는 술과 친하지 않았다. 20년 전만 해도 와인은 집이나 일반 식당에서 흔하게 마실 수 있는 술이라기보다는 일명 '좀 사는 사람'이 마시는 술이었다. 술도 맛으로 먹는 것인데 와인 맛을 제대로 아는 사람도 많지 않던 시절이었다. 어떤 사람은 과시하기 위해 허세로 와인을 마시기도 했다. 그런 이유 때문인지 와인을 처음 접할 때까지만 해도 알 수 없는 거부감이 있었고, 와인은 공부를 많이 해야 한다는 말에 지레 더 멀리한 듯하다.

최초의 한국 와인, 쌀포도주

우리에게는 와인이라는 낯선 이름보다는 과실주가 더 익숙했다. 집에서 만드는 과실주는 보통 여름의 끝자락에 비(非)상품과나 과일 가게에서 팔리지 못한 포도를 사서 소주를 부어 만들어 마시던 침출주 형태의 술이었다. 간혹 포도에 설탕을 넣고 장기간 발효시켜 술이 되는 발효 포도주를 만들기도 했다. 물론 외국 와인의 기준으로 볼 때 포도를 이용해서 만든 술이므로 와인이라고 할 수는 있겠지만 집에서 설탕을 넣고 만들어 마시던 이 술에는 왠지 '포도주'라는 이름이 더 어울리는 것 같다.

우리나라에서 포도를 이용한 와인은 쉽게 만들어 마실 수 있는 술이 아니었다. 술은 기본적으로 농업과 관련되어 있다. 특히 농업 생산량이 충분하지 못할 때에는 무엇보다 먹는 것이 우선이기에 일반인이 술을 만들어 마신다는 것은 쉽지 않은 일이었다. 결국 잉여 농산물이 있어야 술 빚기에 부담이 적은 것이다. 포도 생산량이 많지 않은 우리나라에서는 포도로 술을 만드는 것이 당연히 어려울 수밖에 없었다.

와인용 포도는 북위 28~50도, 남위 27~48도에 위치한 나라에서 주로 생산한다. 많이 생산되는 포도를 이용해서 와인을 만들기 때문에 이 지역을 와인 벨트wine belt라고 한다.[1] 이 지역은 연평균 기온이 10~20도이며 일조량은 1250~1500시간, 강우량도 500~800밀리미터로 포도가 잘 자랄 수 있는 조건에 들어간다. 반면 유럽에서도 포도의 생육이 적합하지 못한 추운 지역에서는 주로 보리가 생산된다. 결과적으로 보리를 이용해 술 빚는 방법이 널리 퍼져 맥주가 생산된 것이다.

동아시아에서는 당연히 쌀을 기반으로 한 술이 만들어졌다. 간혹 술 제조에 있어 막걸리가 우리나라 고유의 술이라고 생각하는 이들이 있지만 아쉽게도 꼭 그렇지는 않다. 동아시아에서 쌀을 이용하는 민족은 쌀과 누룩(각 나라별 누룩은 다르다)으로 탁하면서도 지게미가 있는 술들을 가지고 있다. 일본의 니고리자케, 중국의 미주(米酒), 베트남의 껌즈어우넵com rượu nếp, 네팔의 창Chhyang 등이 우리 막걸리와 유사한 쌀술이다.

우리나라에서 대중적인 와인은 구한말에 이르러 신문에 언급될 정도로 접하기 어려운 술이었다. 실제 상당수의 포도주 제품은 구한말 무렵 일본이나 유럽 여러 나라와의 무역을 통해 들어왔다. 구한말 포도주는 왕실이나 돈 많은 사람들의 파티, 혹은 외국인을 위한 만찬 때 사용되었다. 이러한 와인이 우리나라 땅에서 직접 만들어진 것 역시 구한말부터로 보아야 할 것이다. 물론 우리나라에도 옛날부터 포도가 있었다. 이 포도는 유럽 종이 아니라 머루라는 다른 종이다. 이 머루를 포도라고 불렀고 쌀과 혼합해 포도주를 만들었지만 유럽 포도주처럼 과실만을 이용한 술은 아니었다. 한국에서 포도주와 관련된 연구를 시작한 것은 1900년대 초다. 특이한 점은 우리나라 와인 제조의 시초가 프랑스 포도나무로부터 시작되었다는 것이다.

조선 와인 피노 그리, 피노 누아, 보르도 누아

조선에서 유럽의 포도나무로 포도주를 만드는 시험을 한 곳은 대한제국 농상공부 소속의 원예모범장에서였다. 《국세청기술연구소 100년사》에 따르면 현재와 같은 포도주는 1908년 뚝섬 원예모범장(농촌진흥청 국립원예특작과학원 전신)에서 '레드 워싱톤' 포도로 시험 양조를 하면서부터 가능했으며 머루주, 딸기주, 사과주, 살구주, 앵두주도 시험 양조를 한 기록이 있다. 1901년부터 1910년까지 미국에서 15개, 일본에서 106개, 중국에서 4개, 프랑스에서 3개, 이탈리아에서 25개 등 총 153개의 포도 품종이 도입되었다. 특히 1910년 4월 프랑스로부터 수입한 양조용 포도나무(리슬링, 모스카토, 피노 누아) 1800주를 재배했으며 1912~1914년에는 68개 품종별 당분과 총산 함량을 분석해 주류 제조업자들에게 정보를 공유했다. 이 당시 기록에 따르면 피노 그리Pinot Gris, 피노 누아Pinot Noir, 보르도 누아Bordeaux Noir 등 유럽의 우수한 품종이 조선에서도 우수한 품질로 기록되어 있다.[2]

일제 강점기의 활발한 포도주 생산은 포항의 미쯔와(三輪) 포도원이 대표

미쯔와 포트와인 광고.
1921년 7월 25일자 《매일신보》
(국립중앙도서관 대한민국 신문 아카이브).

적이었다. 미쯔와 포도주는 1920년대에 경북 포항 동해면과 오천면 일대에 있던 미쯔와 포항농장에서 생산한 포도로 만들어졌다. 미쯔와 포도농장은 1934년 기준으로 넓이가 200만제곱미터(60만 평)에 가까웠고 연간 생포도주 800석(1석은 180리터), 브랜디 100석, 감미 포도주 500석을 생산하였으며 연 3만 2000여 명이 넘는 조선인을 고용할 정도로 동양에서 가장 큰 포도농장이었다고 한다.[3] 어떤 품종을 재배했는지 알 수 없지만 양조를 목적으로 포도를 재배했다는 기록으로 보아 양조용 유럽 포도로 추측된다. 미쯔와 포도원은 1935년 전(全) 조선 주류 품평회에 '미쯔와 올드 포도와인'을 출품하여 우등 입상을 받기도 했다.[4]

식량 부족이 만들어 낸 국산 포도주

광복 이후에 소비자들이 와인다운 와인을 만난 것은 1970년대부터다. 정부에서 식량 부족을 이유로 곡류로 만든 술보다는 과일로 만든 술을 장려했기 때문에 대규모 포도 단지 조성을 권유해 대기업이 참여했다. 하지만 처음 만

국회 의사당 해태상 밑에 묻어둔 노블와인.

든 상업적 와인의 재료는 포도가 아닌 사과였다. 1969년께 생산된 '애플와인 파라다이스'는 출시되면서부터 대학생들 사이에서 선풍적인 인기를 끌었다. 이후 국산 포도주가 생산된 것은 1974년 국산 포도로 만든 해태주조의 노블 와인이 출시되면서부터다.[5] 노블와인은 1975년에 국회 의사당에 있는 해태상 아래에 72병(해태상마다 화이트 36병씩)을 묻어 두었고 100년 후인 2075년에 개봉 할 계획이다.[6]

1977년에는 동양맥주에서 지금도 생산하고 있는 '마주앙'(이후 롯데주류가 인수)이 출시되었고 1981년에는 진로에서 '샤토 몽블르'를 생산했다. 뒤이어 파라다이스에서 '올림피아'(이후 수석농산이 인수하여 1986년 '위하여'로 변경)를 대선주조에서는 '그랑주아'와 '앙코르'를 금복주에서는 '두리랑'과 '엘레지앙'을 선보였다.[7] 이처럼 국내에서 와인이 본격적으로 생산된 지는 채 50년이 안 되었다고 봐도 무방하다.

하지만 1990년대에 수입 자유화로 외국산 와인과의 맛과 품질의 경쟁이 심해지자 국산 와인은 점차 자취를 감추었다. 오랜 기간 국산 와인의 암흑기를 지내다가 새로운 전기를 맞게 되는 계기가 있었다. 먼저 1993년에 지역특산주(농민주) 면허가 발급되면서 과일을 재배하는 농민이 술을 만들 수 있는 '와이너리형' 농가 등장의 토대가 만들어졌다.[8] 농민들이 농림부의 양식에 맞춰 서류를 제출하면 '지역특산주 제조 추천서'를 발급하고 이 추천서로 다시 국세청에 주류 제조면허 신청을 한 후 규정에 문제가 없으면 면허가 발급된 것이다.

국산 식용 포도로 만든 달달이 와인

다음으로 2004년 한-칠레 에프티에이FTA는 포도를 재배하는 농민들에게 가공이라는 새로운 시장에 진입할 수 있는 계기를 만들어주었다. FTA가 타결되고 포도 농가들이 값비싼 수입 과일로 인해 타격을 입자 농민들에게는 자구책으로 새로운 부가 가치 상품이 필요했다. 이때 여러 종류의 포도 가공품이 만들어졌고 그중 하나가 국산 포도를 이용한 '한국 와인'이다.

현재 '한국 와인'은 법적으로 정의된 용어는 아니다. 주세법에서는 과일로 만든 술을 과실주라 한다. 일반적으로 '한국 땅에서 나는 과실로 발효 과정을 거쳐 알코올을 만든 것'을 한국 와인이라고 한다. 결국 한국 와인은 포도만을 이용해서 만든 일반적인 와인의 정의와는 다르며 한국 땅에서 생산되는 과실로 만든 모든 술을 뜻한다.[9]

FTA 당시 '와이너리형' 농가의 양조 기술 수준은 매우 열악했다. 맛과 품질은 집에서 설탕에 버무려 만든 포도주와 크게 다를 바 없었다. 유럽의 와이너리들이 사용하는 양조용 포도가 아닌 식용 포도가 일반적인 재료였고, 그러다 보니 당도는 낮고 과즙은 많아 설탕을 추가로 넣지 않으면 높은 알코올이 만들어지지 않았다. 결과적으로 발효가 끝나고 나면 품질이 떨어지는 와인이 양산되었고 소비자들은 이를 외면했다. 그로 인해 한국 와인은 맛은 달짝지근하면서 향은 부족한 술로 인식되었다. 일명 '달달이 와인'이었던 것이다.

힘내라, 한국 와인!!

한국 와인에도 변화의 바람이 불기 시작했다. 우리가 먹는 식용 포도 품종을 이용해 만들 수 있는 발효 방법을 개발한 것이다. 부족한 당도를 채우기 위해 포도즙을 얼려 수분을 제거한 후 당도를 높이는 것으로 극복한 양조장도 생겼다. 또 수확 시기를 늦춰 포도를 반건조 상태로 만들어 수분을 제거하는 방법도 이용했다.

노력과 발전을 거듭하며 양조용 포도 품종인 화이트와인용 국산 품종으로 '청수'가 탄생했다. 또한 유럽의 양조용 포도를 심어 우리만의 재배법으로 키워 사용하기 시작했다. 새로운 품종의 사용은 지금까지 부족했던 한국 와인에 다양한 향을 불어 넣었다. 술 전문가 중 다수는 품종, 기후, 기술력을 이유로 한국에서는 제대로 된 와인을 만들 수 없다고 판단하는 등 부정적인 견해를 보였다. 하지만 한국 와인 생산자들의 꾸준한 연구와 새로운 발효 방법 등의 접목 노력은 이러한 견해를 바꾸어 놓았다.

청수 포도(가운데)와 청수 와인 제품들.

시음회에 전시된 다양한 한국 와인.

　　양조장들의 노력이 서서히 빛을 발하면서 몇 년 전부터 국가 행사 건배주로 한국 와인이 선정되었고 2018년부터는 청와대 단골 만찬주로 등극했다. 프랑스 식당 평가서 '미쉐린 가이드' 별 세 개 식당이나 고급 호텔에서도 한국 와인을 판매하기 시작했다. 각종 와인 품평회에서 상을 받거나 소믈리에 사이에도 좋은 평가를 받은 한국 와인이 많아졌다. 한국 와인을 마시는 소비자와 취급하려는 식당, 보틀숍도 점점 증가하는 추세다. 그들 역시 한국 와인의 맛을 보고 충분히 가능성이 있다고 판단한 것이다.

　　FTA가 체결된 2004년을 기준으로 볼 때 한국 와인은 만들기 시작한 지 채 20년도 되지 않는다. 지금 당장 수백 년 이상의 역사와 기술을 가진 외국 와인과 비교하기에는 다소 무리가 있다. 달달하게 마셨던 과거의 와인이 한국 와인의 전부라고 생각하는 선입견을 가지고 있지만 이제 그런 편견은 버려도 될 것이다. 물론 갈 길은 멀다. 품질 안정화는 기본이고 소비자들이 선뜻 살 수 없는 가격대도 과제라 할 수 있다.

한국 와인은 새로운 출발선에 있다. 그동안 한국 와인이 품질 개선에 초점을 맞췄다면 지금부터는 소비자에게 맛을 알리고 확장을 위해 홍보와 마케팅에도 힘써야 할 시점이다. 백문이불여일미(百聞不如一味, 백 번 듣는 것보다 한 번 맛보는 게 낫다)라 했다. 이제 소비자도 한국 와인의 발전을 위해 자주 마셔보고 편견을 깰 수 있기 바란다.

위스키는 유사길
샴페인은 상백윤
브랜디는?

술을 좋아하거나 관심이 많은 사람이라면 해외여행 중 시간을 내서라도 양조장 투어의 기회를 잡는다. 좋아하는 술을 마실 뿐만 아니라 만드는 곳에 방문해 술 제조 과정을 보면서 원료나 제조 환경 등에 대한 호기심을 해소하는 것이다. 사케로 유명한 일본이나 와인 생산국인 프랑스의 양조장 투어는 이제 일반적인 관광 상품이 되었다. 이들 나라뿐 아니라 맥주의 나라 독일, 위스키의 나라 영국에도 다채로운 양조장 및 주류 투어 상품이 있다. 나라마다 자신만의 독특한 양조장 투어 상품을 운영하지만 비단 원료나 공장의 규모만이 아니라 자연을 하나의 관광 상품화한 곳도 있다. 스코틀랜드의 위스키 양조장이 대표적이다.

2015년에 다녀왔으니 벌써 여러 해가 지났다. 전통주에 관련된 일을 하지만 다른 나라의 술도 알아야 하기에 기회가 되는 대로 해외 양조장에 가 보게 된다. 위스키로 유명한 스코틀랜드 북동쪽의 스페이 리버Spey River를 사이로

위스키 시음.

양분되어 있는 지역을 스페이사이드Speyside라 하는데 이곳에는 약 50개의 위스키 양조장이 모여 있다. 이는 스코틀랜드 전체 위스키 양조장(138개, 2020년 기준)의 36퍼센트에 해당한다. 국내에 알려진 맥켈란이나 글렌피딕의 양조장도 이곳에 있다. 스페이사이드에 있는 양조장에 방문해서 마셨던 많은 위스키의 맛과 향이 지금은 희미한 기억으로 남아 있지만 인터넷이나 술 매장에서 그때 방문했던 양조장의 상표를 마주치면 그곳의 풍경과 함께 맛과 향이 다시금 머릿속에 떠오르곤 한다.

위스키 양조장 투어 코스의 마지막은 언제나 위스키 시음이었다. 양조장마다 차이는 있지만 어떤 곳에서는 숙성 연도별로 시음을 하고 다른 곳에서는 오크통(참나무통) 종류나 증류 방법별로 시음을 한다. 평소에는 한자리에서 위스키를 비교 시음할 기회가 없다 보니 맛의 차이를 잘 느끼지 못했지만 스코틀랜드 양조장에서 마신 위스키들은 제품 간의 차이를 가지고 있었다. 위스키 맛의 차이가 오크통에서의 숙성 때문인지 아니면 블랜딩의 차이인지는 알 수 없지만 양조장마다 가지고 있는 특색은 분명하게 느낄 수 있었다.

위스키의 품격

위스키는 싹을 틔운 보리(맥아)에 뜨거운 물을 이용해 당분을 추출해서 맥아즙을 만들고 이 맥아즙에 효모를 넣어 발효해서 맥주와 비슷한 발효주를 만든다. 이렇게 만들어진 술은 여러 번의 과정을 거쳐 증류한다. 증류한 술을 오크통에서 숙성한 술이 위스키다<참고 2>.

위스키는 증류주 중에서도 오크통 숙성이라는 방법으로 맛과 가격을 향상시키는 술이다. 위스키는 내부를 불에 그을린 오크통에서 숙성한다. 여름에는 통이 팽창하고, 겨울에는 수축하면서 끊임없이 나무의 맛과 향이 위스키 원액에 스며든다. 일반적으로 1년에 2~5퍼센트의 알코올이 증발하고 20년이 되면 원래 부피의 약 40퍼센트를 잃게 된다. 이처럼 증발하는 위스키를 '천사들의 몫(엔젤스 쉐어)'이라 한다.

아쉽지만 우리나라는 위스키를 만드는 유명 국가가 아니다. 위스키의 원료가 되는 맥아(보리)를 비롯해 제조 공법 자체가 우리의 제조 방법과 다르기 때문에 오랫동안 쉽게 생산하지 못했다. 그런 이유로 우리나라는 위스키를 전량 수입에 의존할 수밖에 없었다. 이땅에서 만들어지지 않았던 새로운 술 위스키에 대한 관심은 구한말 사람들에게도 컸던 듯하다. 생각보다 이른 140년 전에 위스키 수입의 역사가 시작되었고 위스키의 소비량도 제법 많았다. 재미있는 것은 위스키라는 단어의 처음 등장은 조선 말의 무역 문제 때문이었다.

관세를 적용한 수입 술

강화도 조약(江華島條約)으로 알려진 '조일수호조규(朝日修好條規, 또는 병자수호조약丙子修好條約))'가 1876년 2월 27일(고종 13년 음력 2월 3일) 조선과 일본 제국 사이에 체결된다. 사실 조일수호조규는 조선 입장에서 관세가 설정되지 않은 무관세 무역으로 불평등 조약이나 다름 없었다. 무관세 무역이 진행되면서 조선 정부의 당국자들은 문제점을 실감하게 된다. 이에 1878년 조선 정부는 관세권을 회복하기 위해 개항장인 부산의 두모진(豆毛鎭)에 해관(오늘날 세관)을 설치하고 관세가 징수되도록 조치했다. 최초로 세관이 설치된 것이다. 하지만 일본인의 거센 항의로 두모진 해관이 폐쇄되어 1883년까지 다시금 무관세 시대를 맞게 된다. 관세가 조약에 의해 규정된 것이 1882년 미국과 체결된 조미수호통상조약부터고 이것이 조선의 관세 자주권을 최초로 인정받은 사례다. 이때 수입산 물품에 대한 관세를 정하면서 수입산 주류에 대해서도 관세를 규정했다. 본격적인 해외 무역에 따라 '관세'라는 조세 항목이 등장한 것이다.[1]

해관세칙(관세 규칙)을 적은 1883년 12월 20일자 《한성순보》의 기사에 의하면 수입되는 주류에 대해 다음과 같이 수입 관세를 내도록 했다(주류 부분만 발췌(拔取)). 중국·일본의 酒類(주류)·林禽酒(능금주)와 함께 적·백 포도주, 맥주와 함께 위스키, 샴페인 등에 대한 관세를 언급하고 있다. 1883년 만들어진 해관세칙은 다음과 같다.[2]

값의 100분의 8을 관세로 받는 것은 中國(중국)·日本(일본)의 주류, 林禽酒(능금주)

값의 100분의 10을 관세로 받는 것은 적·백 포도주, 맥주

값의 100분의 25를 관세로 받는 것은 서양 월못(베르무트), 卜爾脫(복이탈: 보르도 와인), 瀉哩(사리: 셰리)

값의 100분의 30을 관세로 받는 것은 撲蘭德(박란덕: 브랜디), 惟斯吉(유사길: 위스키), 上伯允(상백윤: 샴페인)·櫻酒(앵주: 체리 코디얼)·杜松子酒(두송자주: 진)·哩九爾(리구이: 리큐어(리큐르))·糖酒(당주: 럼)

4별항에 기재되지 않은 일체의 주류[📖]

당시 수입 관세로 받는 주류의 세금 형태는 지금과 비슷하다. 저도주에는 저세율을, 고급 주류라고 알려진 술이나 증류주로 알코올이 높은 술에 대해서

는 높은 세금인 30퍼센트의 관세를 물린 것이다. 주목할 점은 이러한 주류에 세금을 매긴다는 것 자체가 당시 수입 주류가 유통되고 있었다는 반증일 것이다. 또한 주변 국가인 일본이나 중국의 술뿐만 아니라 먼 외국의 위스키나 일

1916년 이후 조선의 수입 주류량《조선주조사》

단위: 킬로리터(kL)

종류 / 연도	청주	맥주	소주	재제주	기타	합계
1916년(大正 5)	4,823	1,868	343	153	591	7,780
1917년(大正 6)	4,338	2,156	539	160	880	8,075
1918년(大正 7)	4,513	2,929	638	218	1,201	9,322
1919년(大正 8)	3,690	3,341	1,047	279	999	9,359
1920년(大正 9)	3,680	3,151	209	255	200	7,497
1921년(大正 10)	3,030	3,659	326	324	316	7,657
1922년(大正 11)	3,019	3,562	524	245	309	7,661
1923년(大正 12)	2,677	3,673	627	247	236	7,463
1924년(大正 13)	2,320	3,627	1,212	258	180	7,598
1925년(大正 14)	2,334	4,118	1,979	302	219	8,954
1926년(昭和 원년)	2,192	4,320	2,072	274	251	9,111
1927년(昭和 2)	2,189	5,235	2,769	300	192	10,688
1928년(昭和 3)	2,181	5,882	3,361	304	191	11,919
1929년(昭和 4)	2,110	5,966	914	297	209	9,497
1930년(昭和 5)	1,801	4,779	446	258	156	7,442
1931년(昭和 6)	1,727	5,110	356	251	158	7,604
1932년(昭和 7)	1,973	5,955	521	241	181	8,872
1933년(昭和 8)	2,064	4,546	1,300	259	190	8,361

※ 본표는 조주년도에 의한다.

※ 저자 주: 주류 종류별 총합과 합계가 맞지 않는 것은 원본의 당시 단위인 석(石)을 현대의 킬로리터(kL)로 변환하는 과정 중 생기는 오차임. 1석은 약 180리터.

반 포도주와 보르도 와인, 샴페인 등을 확실히 구분했고 고급 주류와 일반 주류의 세금을 차별하여 징수했다. 이러한 것으로 보아 정확한 관세를 걷기 위해 각 나라별 주세 및 그 술에 대한 연구를 했을 것이라 추정할 수 있다.

《조선주조사(朝鮮酒造史)》에는 1916년부터 과실주, 위스키, 브랜디 등의 수입 규모가 나와 있다.[3] 당시 고급 식당이던 조선요리옥 등에서도 위스키를 판매했다. 일본도 위스키를 제조하지 못해 수입하던 때였으므로 대부분의 위스키는 일본을 거쳐 우리나라에 수입되는 형태였다. 시간이 지나고 위스키의 소비가 늘면서 경성에서도 위스키를 만들기 시작했다. 하지만 이것은 진짜 위스키가 아니었다. 위스키와 유사하게 보이기 위해 증류식 소주에 색과 향을 넣어 만든 '가짜 위스키'였다.[4]

1938년 8월 4일자 《매일신보》에는 '위스키도 국산품으로'라는 제목의 기사가 나온다. 부내 종로화양식조합에서 종로에 있는 바Bar, 카페 영업자 36명이 모여 국산 양주를 사용하기로 결의한 것이다. 협의 내용을 보자.

1. 양주는 되도록 국산품을 사용
2. 양주 판매 가격은 사온 값의 배액 이상을 받지 말 것
3. 잔의 분량은 조합에서 지정한 대로 하되 그 형상과 색깔은 마음대로 할 것
4. 국산 양주 값은 한잔에 최저 40전 최고 70전으로 하되 박래품(舶來品, 서양에서 배에 실려 들어온 신식 물품)인 경우에는 1원으로 할 것
5. 각테일은 1원 50전을 최고로 할 것

카페와 바의 주인이 모여 선언한 배경에는 국산품(아마도 일본 위스키가 아닐까 한다) 애용 운동도 있었지만 술집마다 다른 양주 값의 통일을 위한 담합의 성격이 더 강했던 것 같다.

유사 위스키가 판치는 세상

광복 이후에도 위스키의 소비는 있었지만 이때도 역시 증류 소주를 원료로 하여 다양한 재료를 섞어 위스키의 맛과 색을 낸 가짜 위스키가 대부분이었다. 한국 전쟁 이후에도 대한민국은 공식적인 위스키 수입을 허가하지 않았다. 대부분의 위스키는 미군 부대를 통해 몰래 유통되던 시기였고 이것마저 부족해지자 일본산 위스키가 밀수되기 시작했다. 일본산 위스키 가운데 산토리에서 만든 '토리스 위스키'가 인기를 끌자 국내에서도 '도리스 위스키'라는 유사품을 제조하여 큰 인기를 끌었다. 도리스 위스키가 일본 산토리에서 제조된 토리스 위스키의 이름만 따서 만든 불법 상표 도용 위스키라는 사실이 알려지자 더 이상 제품을 만들 수 없었다. 이후 도리스 위스키의 이름을 도라지 위스키(최백호의 노래 〈낭만에 대하여〉에 나오는 도라지 위스키)로 바꾸어 다시 출시하였고 이는 1960년대 말까지 국내 위스키 시장에서 판매되었다. 놀라운 것은 이 위스키에는 위스키 원액이 단 한 방울도 섞이지 않았다는 것이다.[5]

1980년대에 이르러서야 국내에서도 위스키가 만들어진다. 정부는 1981년 오비씨그램, 베리나인, 진로위스키 3사에 위스키 제조 면허를 부여했다. 정부가 위스키 제조에 박차를 가한 이유는 1986년 아시안 게임과 1988년 서울 올림픽 때문이었다. 국제 행사의 손님맞이 술로 전통주뿐만 아니라 국산 위스키도 포함하려고 한 것이다. 우리 술이 낯선 외국인을 위한 일종의 배려였다.

1982년 4월부터 국내에서도 위스키 몰트(맥아) 원액이 생산되기 시작했다. 이렇게 생산된 위스키 원액은 국산 그래인(곡물) 원액과 주정을 섞어 국산 위스키로 탄생한다. 진로의 다크호스와 오비씨그램의 디프로매트가 그 주인공이다. 하지만 기대와 달리 소비자의 반응은 싸늘했다. 이유는 원액 대비 가격이 터무니없이 높았기 때문이다. 디프로매트와 다크호스가 수입 양주에 비해 3000원 저렴했지만 수입 양주는 위스키 원액 100퍼센트인 반면 디프로매트와 다크호스는 국산 위스키 몰트 원액 9퍼센트,[6] 국산 그래인 원액 28퍼센트, 주정 21퍼센트를 섞은 것으로 품질 대비 가격이 너무 높았다.[7] 국산 위스키는 시판 첫 해인 1987년에 전체 위스키 시장의 34퍼센트를 차지했으나 시장 점유율은 1988년에 29퍼센트, 1989년에 17퍼센트로 감소하게 된다. 결국 1991년께 국내 위스키 원액 사업은 종료되고 만다. 동시에 주류 수입의 문이 활짝 열렸다. 주로 수입되던 위스키 원액 대신 해외에서 만든 위스키가 병째 들어오기 시작한 것이다. 이후 위스키 시장은 외국의 위스키 원액을 들여와 국내에서 블렌딩 후 병에 담아 판매하는 형태로 바뀌었다.

위스키의 두 얼굴

위스키는 고급스러운 이미지를 가지면서도 접대와 밤 문화라는 두 얼굴을 가진 술이다. 한국 경제가 급성장하던 1980년대 초중반에 서울의 스탠드바와 나이트클럽, 룸살롱은 그야말로 전성기였다. 그곳에서 위스키는 음미하며 마시는 고급스러운 술이 아니었다. 빨리 취하기 위해 마시고 재미를 위한 수단으로 폭탄주를 만들고 값비싼 위스키를 마셨다는 자존심을 세우던 시기였다. 위스키 시장은 2008년 최고점을 찍은 뒤에 서서히 내리막길을 걸었다.

음주 트렌드가 고도주에서 저도주로 변하고 '혼술'을 하는 사람이 많아지면서 위스키 판매는 급감했다. 2016년 9월 김영란법으로 불리는 '공직자 등에 대한 부정 청탁 및 공직자 등의 금품 등 수수(收受)를 금지하는 법률' 시행 이후 이른바 '접대 문화'가 사라지면서 더욱 급감했다. 하지만 최근 2~3년 전부터 추락하는 위스키 시장에서도 싱글 몰트 위스키는 다시금 성장하고 있다. 싱글 몰트 위스키는 다른 증류소에서 생산한 위스키를 섞지 않고 한 증류소에서만 만든 것을 말한다. 이러한 싱글 몰트 위스키는 젊은 세대의 수요가 늘면서 성장을 이끌었다.

이제 위스키는 더 이상 폭탄주를 돌려가며 마시던 술이 아니다. 새로운 시대에 맞게 새옷을 입고 대중에게 다가가고 있다. 소비자 역시 비싼 술로 멋을 부리는 도구가 아닌 맛을 알고 즐기는 술로 바라보기 시작했다. 우리에게는 위스키처럼 고급 증류주 제품이 많지 않다. 위스키를 부러워할 것만이 아니라 우리의 증류주를 그 정도의 가치 있는 술로 만들기 위한 노력이 필요하다. 제품의 가치는 양조를 하는 사람들과 소비자 모두 협력하여 만들어 가야 할 부분이다.

📖 재미있는 우리식 술 이름

주영하 교수에 따르면, 《한성순보》에 나오는 수입 주류는 비슷한 음(발음)의 한자나 훈(뜻)이 같은 한자로 이름을 바꿔 표기한 것이다.

"먼저 본래 이름과 발음이 비슷한 한자로 표기한 것으로 브랜디를 뜻하는 박란덕(撲蘭德)이 있다. 유사길(惟斯吉) 역시 위스키의 발음을 한자로 옮긴 것이다. 상백륜(上伯允)은 샴페인, 리구이(哩九爾)는 리큐어, 복이탈(卜爾脫)은 보르도 와인, 사리(瀉哩)는 셰리를 뜻한다.

이와 달리 혼성주인 체리 코디얼은 앵주(櫻酒), 진은 두송자주(杜松子酒), 럼은 당주(糖酒)로 표기했는데 이는 비슷한 발음의 한자를 찾지 못했기 때문이다. 그래도 앵주나 두송자주 같이 체리나 사탕수수 즙으로 만들었다는 뜻이 한자에 담겨 있어 뜻은 통했을 것이다. 그런데 베르무트는 아예 월뭇이라는 한글로 표기했다. 발음이 비슷한 한자도 없고, 재료나 특징을 한자로 드러내기도 어려웠던 모양이다."[8]

[참고 2]

위스키 만들기

제조 과정은 몰팅(Malting) → 매싱(Mashing) → 발효(Fermentation) → 증류(Distillation) → 숙성 (Maturation) → 병 주입(Bottling) 단계로 나누어진다(다양한 제조법 중 대표적인 방법 하나만 소개).

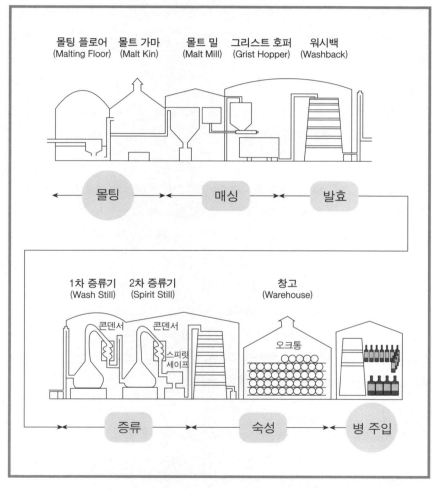

(금강제빙기 블로그 참고).

1. 몰팅

몰팅은 보리를 맥아(Malt)로 만들기 위해 씨앗에서 싹이 나도록 발아(發芽, Germination)시키는 것이며, 발아된 보리가 충분한 양의 당분과 효소를 함유하도록 만드는 것이다.

2. 매싱

건조된 맥아의 당분이 물과 더 쉽게 반응하여 발효가 촉진될 수 있도록 적당한 크기로 가루를 낸다. 매싱은 전분, 당분, 효소 등 제분된 맥아의 내용물을 63~68도의 물에 용해시켜 맥아 속 당화 효소에 의해 전분이 당분으로 변하는 과정이다. 이 당분 용해액을 맥아즙(Wort)이라고 한다.

3. 발효

맥아즙의 당분에 효모가 화학적 변화를 일으켜 알코올과 이산화탄소 등을 생성하는 과정이다. 맥아즙은 2~3일 지나면 알코올 함량 7~8퍼센트가 된다.

4. 증류

증류는 물과 알코올의 끓는점 차이를 이용하여 높은 도수의 알코올을 얻기 위한 과정이다. 보통 2회에 나누어 하며 1차 증류에서는 알코올 함량 20퍼센트의 낮은 증류 알코올이 모인다. 1차 증류에서 모은 증류주를 2차 증류기인 스피릿 스틸에서 증류한다. 2차 증류기를 통과한 알코올은 대략 65~70퍼센트다.

5. 숙성

증류한 스피릿은 오크통에 넣어 숙성 과정을 거친다. 숙성 시 사용하는 오크통의 종류와 기후는 위스키 제조의 마지막 단계에서 중요한 역할을 한다. 증류주는 오크통 안에서 맛과 향과 관련된 여러 요소를 주고받으며 풍미에 많은 영향을 미친다. 저장해 둔 오크통의 숙성 및 생산 연도에 따라 위스키의 연도가 결정된다.

6. 병 주입

숙성된 위스키를 병에 담는 과정이다. 싱글 몰트 위스키는 한 증류소에서 만들어진 하나의 몰트 위스키만 담겨 있는 것이고 한 곳 이상의 증류소에서 만든 몰트 위스키들이 섞여 있다면 이는 블렌디드 몰트 위스키라고 한다.

사케와 고량주를
수출한 나라,
조선

  2000년대 후반 한류를 타고 일본 수출이 급증하면서 막걸리는 많은 사람과 언론의 관심을 받았다. 2008년부터 일본인의 관심거리에는 김치, 불고기, 비빔밥에 이어 막걸리가 추가되었다. 일본에서는 '막코리(マッコリ)'라는 이름으로 판매되었는데 당시 막걸리의 해외 수출 물량의 80퍼센트가 일본이었다. 2008년 가을 한화의 가치가 떨어지고 달러와 엔화 가치가 상승하면서 일본인 관광객들은 훨씬 저렴해진 비용으로 한국 여행을 할 수 있게 되었다. 그때 일본인 관광객들이 새롭게 주목한 한국 음식 트렌드가 바로 막걸리였다. 그들이 머문 숙소 주변의 마트나 편의점에서는 막걸리가 없어서 못 팔 지경이었다.

  2008년 400만 달러였던 막걸리 수출액은 2011년 5280만 달러까지 수직으로 상승한다.[1] 당시 일본에서는 주로 사케(청주)를 마셨는데, 막걸리의 탁한 부분이 변비나 미용에 좋다는 소문이 퍼지면서 관심을 가지기 시작한 것이다. 2009년 기준 막걸리 수출은 일본과 미국으로 각각 86퍼센트와 7퍼센트를 차지했다. 또한 막걸리 붐의 영향으로 막걸리 수출국은 2008년 17개국에서 2009년 28개국으로 증가한다. 일본을 비롯해 문화권이 비슷한 아시아 지역과 한국 교포 위주의 미국 시장을 탈피해 중동과 남미, 오세아니아, 아프리카 등 전 세계로 확산되고, 기존의 유럽과 동남아시아 수출국도 확대되었다.

　이처럼 일본을 중심으로 해외에서 막걸리에 대한 관심이 확산되었고 그것은 역수입되면서 국내에서도 관심도가 높아진다. 당시 신문에서는 하루가 멀다 하고 막걸리 관련 기사가 쏟아졌고 소비자들의 반응도 가히 폭발적이었다. 이때부터 전국의 유명 막걸리를 모아 파는 막걸리 전문점(프랜차이즈)이 우후죽순으로 문을 열었고 드디어 청와대 만찬에도 막걸리가 등장하게 되었다. 삼성경제연구소는 2000~2010년 베스트 10 히트 상품 중 하나로 막걸리를 선정했고, 일본 생활정보월간지인 《닛케이 트렌디》도 2011년 히트 상품 베스트 30에 막걸리를 올렸다.[2]

　하지만 막걸리에 대한 관심은 생각보다 오래가지 않았다. 일본과의 정치적인 문제와 함께 엔저 현상으로 수출이 급격히 줄었다. 관세청 통계에 따르면 막걸리 수출량은 2011년 4만 3082톤에서 이듬해 29퍼센트 줄어든 3만 658톤을 기록했고, 이후 지속적으로 감소하면서 2021년에는 1만 4643톤으로 최고 정점 대비 약 66퍼센트 감소했다. 해외 수출이 감소하면서 국내에서의 관심도 빠르게 사그라들었다. 국내 막걸리 시장 규모도 2011년(45만 8198킬로리터)을 정점으로 매년 감소했으며, 2021년에는 36만 3132킬로리터를 기록한다.[3] 막걸리 열풍이 잠깐 달아올랐다가 수년 만에 쇠퇴의 길을 걷고 있는 셈이다. 최근 다시 감소하던 막걸리의 수출이 증가한다는 기사가 나오기는 하지만 최고 정점이던 2011년에 비하면 한참 부족하다.

　2021년 우리나라 주류 수출액은 2억 9천 1백만USD(약 3629억 원)로 전체 주류 생산액인 8조 8천억 원의 4.1퍼센트를 차지하고 있다. 그중 막걸리의 수출

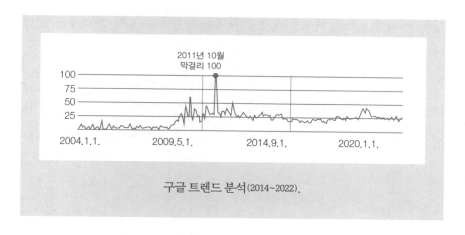

구글 트렌드 분석(2014~2022).

액은 2천 9백만USD(약 400억 원)로 국내 막걸리 시장 5098억 원의 7.8퍼센트에 불과하다. 막걸리 수출은 현재의 막걸리 생산액 대비로 보면 매우 적은 규모다. 하지만 새로운 시장의 확대 및 한식 문화 발전을 위해 막걸리나 전통주의 수출은 매우 중요하며 꾸준히 이루어져야 하는 분야다.

주세령에 따른 조선의 술 분류

재미있는 것은 이러한 주류의 수출이 구한말부터 지속되었다는 것이다. 1916년 주세령에는 양조주, 증류주, 재제주 세 가지로 조선의 술을 분류해 놓았다. 양조주는 지금의 탁주, 약주, 청주(사케), 맥주, 과실주를 묶어 놓은 것이고 증류주는 소주와 일반 증류주를, 재제주는 위스키, 브랜디, 리큐르(리큐어), 기타 주류를 묶어 놓은 것이다. 지금의 술 분류에 비하면 단순하지만 실제 조선 내에서 제조되는 주요 주류를 《조선주조사》에 기재된 내용으로 보면 주세령의 술보다는 많다.

'청주(사케), 조선약주, 조선탁주, 조선합주, 맥주, 포도주(적포도주, 백포도주), 황주, 소주(박취소주, 술덧을 빼낸 소주, 곡자 소주, 흑국 소주, 신식 소주), 브랜디 및 위스키, 고량주, 백주, 미림, 신청주, 과하주, 감홍로, 송순주(松荀酒), 이강주, 오미주,

행실주, 재제 포도주, 재제 위스키, 리큐르류, 냉용청주' 등이 《조선주조사》에 정리되어 있는 조선에서 제조되는 술들이었다.[4]

한정된 조선 시장에서 다양한 술이 만들어지다 보니 경쟁도 심했을 것이다. 내부 판로 외에도 주변 국가로의 수출 역시 자연스러웠는지 모른다. 1916년 주세령이 배포된 후의 통계를 보면 다양한 주류가 지속적으로 주변국에 수

주세령 시행 후 주류 수출량(조선주조사)

단위: 킬로리터(kl)

연도 \ 종류	청주	소주	재제주	기타	합계
1916년(大正 5)	59	0	0.5	0.9	61
1917년(大正 6)	48	-	3	0.7	52
1918년(大正 7)	152	0	1	0.5	154
1919년(大正 8)	226	1	5	0.3	233
1920년(大正 9)	209	0.7	2	0.5	213
1921년(大正 10)	282	0.7	7	0.3	290
1922년(大正 11)	278	1	7	-	287
1923년(大正 12)	315	0	4	-	319
1924년(大正 13)	360	8	1	0.5	370
1925년(大正 14)	225	6	8	47	280
1926년(昭和 원년)	186	17	2	5	211
1927년(昭和 2)	174	13	1	25	215
1928년(昭和 3)	255	46	5	40	347
1929년(昭和 4)	236	176	4	75	492
1930년(昭和 5)	184	392	0	28	605
1931년(昭和 6)	172	611	4	43	832
1932년(昭和 7)	195	515	6	61	779
1933년(昭和 8)	213	368	3	136	721

※ 본 표는 조주년도에 의한다.

출되었다. 《조선주조사》에 따르면 주세령 시행 후 주류 수출량은 표와 같다.

수출과 관련하여 《조선주조사》에는 "수량은 아직 미미하나 조선 내 청주
(사케)업의 예상 밖의 발전에 따라 청주의 일본 진출이 이뤄졌으며, 신식 소주
는 사할린, 기타 중국, 만주국의 발전과 함께 기후, 지리, 원료 등 생산 조건의
호적함에 편승하여 이것의 수출량은 점차 증가하고 융성, 번창을 촉진할 것이
다"라고 적혀 있다.[5] 이처럼 당시에 가장 소비가 많았던 막걸리는 특성상 장기
간의 보관이 어려운 이유로 유통을 할 수 없어 수출이 어려웠다. 하지만 청주
는 초창기부터 상당량 수출되었고 소주는 1929년부터 지속적으로 많은 양이
수출된 것을 알 수 있다. 물론 이 수출량도 당시의 전체 주류 생산량에 대비해
서는 적은 양이었다. 1916년의 경우 전체 주류 생산량인 11만 5625킬로리터
대비 61킬로리터(0.05퍼센트)였으며 가장 많이 수출된 1931년에도 전체 28만
7898킬로리터 대비 832킬로리터(0.29퍼센트)였다.

원조 나라에 수출한 청주(사케)와 고량주

이 시기에는 탁주와 약주를 중심으로 생산했기 때문에 청주(사케)만 보면
1916년의 경우 생산량 6225킬로리터 중 59킬로리터(0.94퍼센트)를 수출했으며
가장 수출이 많았던 1924년에는 전체 8661킬로리터 중 360킬로리터(4.2퍼센
트)까지 수출을 했다. 이와 관련하여 1926년 7월 31일자 《동아일보》에 실린 기
사에는 조선 양조업이 발달하여 1926년경에는 자급자족을 하기 시작해 수입
되는 청주의 물량은 줄어들고 오히려 일본이나 중국으로 수출을 하고 있다는
내용도 있다.[6]

주로 쌀의 생산이 많은 남쪽 지역에서 청주(사케)를 수출했다면 북쪽에서
는 수수를 이용한 고량주의 수출이 활발했다. 고량주의 경우 중국과의 연결
및 간도와의 왕래가 어렵지 않아 일부는 중국에 수출되었다. 중국과 맞닿은

1926년 11월 21일자 《동아일보》의
시도 순회 탐방 기획 기사
(국사편찬위원회 한국사데이터베이스).

서조선 지역에서는 고량주의 생산이 지역 경제에 큰 영향을 미쳤다. 1926년 11월 21일자 《동아일보》의 시도 순회 탐방 기획 기사에는 평안북도 철산군의 상공업에 대한 내용 중 철산장흥합상회(鐵山長興合商會)와 차련관영성상회(車輦館永成商會)는 중국식 고량주 제조소로 상당한 이익을 본다고 나와 있다. 특히 주세만 7만 6200원을 초과해서 철산 지세(地稅)의 1.5배가 될 정도로 많았다고 한다.[7]

1937년 6월 8일자 《동아일보》에는 서조선(평안남북도와 황해도 일원)의 주세에서 청주(사케) 66만 8338원, 약주 8만 6015원, 소주 314만 8535원, 고량주 6만 4426원으로 전체 주세에서 고량주는 약주와 비슷할 정도의 주세를 냈다.[8] 조선의 고량주에 대한 관심은 1900년 초부터 시작되었다. 1910년 《대한매일신보》에는 고량주 개량이라는 기사와 함께 일본관동도독부(중국 관동주에 세운 통치 기관) 중앙시험장에서 고량주를 연구한 내용을 기사에 실었다.[9] 국내 고량주 소비도 활발했고 관련된 기사와 함께 《조선시보》에는 제5회 경상남도 주류 품평회에서 일등상 수상을 고량주가 했다는 광고가 나온다.[10]

서조선(평안남북도와 황해도 일원).

고량주는 1960년대까지 국내에서 생산되었으며 전국에 8개의 제조장이 있었다. 술의 품질도 우수해서 대만에 수출할 정도였다. 하지만 1960년대 후반부터 업체 간의 과당 경쟁으로 술의 품질이 저하되면서 1997년에 2개소로 줄어들었다. 1990년대에 몇 개 제품이 중국 등에서 원액을 수입해 생산한 적이 있지만 이때는 발효를 통한 생산은 아니었다. 다만 2022년 기준으로 고량주는 한 곳의 양조장에서 생산을 하고 있다. 현재 인구는 조선 시대 말보다 3.5배 증가했으며 경제 규모는 비교할 수도 없다. 그럼에도 술의 다양성이 줄어든 것은 매우 아이러니하다. 과거 수입이 어려웠던 청주나 고량주는 지금 더 많은 종류가 수입되고 있다. 물론 청주와 고량주를 직접 만든다고 해도 외국의 원조 술들과 비교해 더 좋은 품질의 술을 만든다는 보장은 없을 것이다.

하지만 우리나라는 과거부터 꾸준히 술을 수출한 나라다. 주류 수출은 수입국에도 있는 제품을 파는 것이기 때문에 품질면에서 경쟁력이 있어야 가능한 것이다. 일제 강점기에 청주(사케)나 고량주를 원조인 일본과 중국에 수출할 정도로 우리의 술 제조 기술이 뛰어났고 술의 품질이 얼마나 좋았을지 짐작할 수 있다.

다양성 측면에서 볼 때 과거에 만들어 마시던 술의 종류가 현재 소량 생산되거나 혹은 생산되지 않는 것은 아쉬운 점이다. 물론 청주(사케)와 고량주를 대량 생산하기 위해 종주국 술과 가격 경쟁을 하는 것은 쉽지 않은 일이다. 그러므로 소량 생산을 통한 우리식의 청주(사케)나 고량주는 경쟁력 있는 차별화가 필요하다. 이제는 우리 땅에서 직접 원료를 재배하고 그 원료를 발효해서 만든 우리 청주(사케)와 고량주의 소비가 활발해지기를 기대해 본다.

처음으로 맥주를 마신
하급 관리의
슬픈 역사

누가 언제 어디에서 정했는지 알 수는 없지만 한 번쯤은 들어 보았을 '세계 3대 축제'가 있다. 삼바 춤으로 유명한 브라질의 리우 축제, 어마어마한 양의 눈과 얼음을 이용한 일본 삿포로의 눈 축제, 마지막으로 맥주의 본고장인 독일의 옥토버페스트다.

옥토버페스트는 술을 좋아하지 않는 사람이어도 한 번쯤은 들어보았을 것이다. 독일 바이에른주 뮌헨에서 9월 말부터 10월 초까지 2주 동안 열리는 축제인데 공식적으로는 옥토버페스트(독일어: Oktoberfest → Oktober(10월)+Fest(축제))라고 하며 '10월 맥주 축제'라고도 한다. 첫 개최가 1810년 10월 17일이므로 200년이 훨씬 넘은 전통과 역사를 자랑하는 축제다. 이 축제의 계기는 바이에른의 태자 루트비히 1세와 테레제 공주의 결혼식을 축하하기 위해 열린 경마 경기였다. 이후 경마가 열린 뮌헨의 잔디공원은 공주의 이름을 따서 테레지엔비제Theresienwiese로 불리게 된다. 뮌헨의 유명한 맥주 양조장들이 대형 텐

옥토버페스트 축제 텐트 안과 밖.

트를 치고 약 2주간 맥주를 판매하는 세계적인 축제로 방문객 수가 총 700만 명에 이를 정도다. 2주간의 축제를 위해 회전목마를 비롯해 롤러코스터, 자이로드롭 등 놀이공원에서나 볼 수 있는 웬만한 놀이 기구는 다 들어선다고 보면 된다.

오래전 옥토버페스트 현장에 처음 갔을 때 규모의 거대함에 놀라 입이 다물어지지 않았다. 숫자로만 인지하고 상상했던 크기를 현장에서 몸으로 느낀 감동이란 이루 형언할 수 없다. 옥토버페스트가 열리는 테레지엔비제 공터는 42만 제곱미터(12만 7050평)로 우리나라 잠실 롯데월드의 면적 12만 8245제곱미터(3만 8794평)보다 3배가량 넓다. 이렇게 넓은 공간이 평소에는 공터지만 옥토버페스트가 열리는 석 달 전부터 대형 텐트 14개(5000~1만 명 수용), 소형 텐트 19개(100~500명 수용)를 설치하고 추가로 다양한 놀이 기구를 설치하는 것이다.

무엇보다 인상적인 것은 헤아릴 수 없을 정도의 인파다. 4차선 중앙도로 700미터를 지나가기 힘들 정도로 꽉 메운 사람들 사이로 독일 전통 의상을 입은 이들이 흥에 겨워 춤도 추고 노래도 부르는 모습을 보면 절로 흥이 난다. 통계에 의하면 2주간의 축제 기간 동안 방문하는 사람의 수가 600~700만 명이고 그중 외국인의 비율은 15퍼센트라고 한다. 뮌헨 인구가 130만 명이라고 하니 방문객 수가 어느 정도인지 설명하지 않아도 알 것이다. 약 700미터의 거리에 전통의상을 입은 사람들의 모습 자체로도 큰 볼거리를 제공한다.

마지막으로 텐트 안의 모습이다. 옥토버페스트에 가기 전까지는 '기껏해야 맥주를 마시는 축제가 대단하면 얼마나 대단하겠냐, 규모가 좀 클 뿐이지 우리나라의 여느 축제와 비슷하겠지' 정도로만 생각했다. 그런데 막상 현장의 모습은 우리의 축제와는 분명히 다른 모습이었고 커다란 텐트 안은 유명 가수의 콘서트장을 방불케 했다. 가운데나 끝에 브라스 밴드brass band를 두고 즐비한 테이블에 사람들이 자리를 잡고 앉아 있었다. 맥주를 마시다가 음악이 연주되면 자리에서 일어나 같이 노래도 부르고 누군가는 의자에 올라가 잔을 높이 들고 흥을 돋우며 건배를 제안하기도 한다. 각 양조장마다 텐트의 규모나 디자인의 분위기도 다르고 그 안에서 연주하는 밴드의 음악 스타일도 달라 텐트마다 골라 즐기는 재미가 있다.

텐트의 자리는 대부분 날짜와 시간대별 예약제로 운영한다. 인터넷에 예약이 뜨면 바로 마감될 정도로 인기가 높다. 텐트에 들어가는 사람의 수가 5000~1만 명이라고 하니 상상 이상의 규모라 할 수 있다. 우리나라의 맥줏집에 가면 벽면 가득 붙어 있는—넓은 홀에서 수많은 사람이 맥주잔을 들고 있는—큰 사진은 대부분이 옥토버페스트의 한 장면이다. 텐트 안에서 1만 명이 뿜어내는 열기는 가히 상상을 초월한다. 특히 밴드의 음악에 맞추어 의자에서 일어나 잔을 높이 올리며 노래를 부르는 모습은 마치 록 페스티벌에서 관객이 흥분하여 떼창을 부르는 모습과 흡사하다. 맥주 한잔과 안주가 있을 뿐인데 그 즐거움은 어느 곳에서도 느끼지 못했던 감동이었다. 맥주 하나로 모인 사람들의 단결된 모습을 보고 나면 맥주가 가진 힘, 아니 알코올이 가진 힘에 대해 생각해 보게 된다. 도대체 맥주가 무엇이기에 이토록 많은 사람이 모이고 함께 즐기는 것일까?

국산 맥주보다 저렴한 편의점 '만 원 네 캔' 수입 맥주

"국산 맥주는 왜 맛이 없지?" 맥주 좀 마시는 사람이라면 심심찮게 하는 말이다. 해외 여행이나 출장을 다녀온 후에 더 자주하기도 한다. 맥주(麥酒)의 원료는 맥아(몰트), 효모, 물이 전부다[참고 3]. 우리나라 맥주가 맛이 없는 이유는 맥아를 충분히 사용하지 않아서라고 한다. 맛없는 맥주에 대한 불만은 다른 나라의 유명하고도 맛있는 맥주나 수제 맥주에 눈을 돌리는 이유가 되었다. 초기의 수제 맥주에 대한 관심은 국산 맥주보다는 편의점의 '네 캔 만 원' 수입 맥주로 시작한다. 여러 나라에서 수입된 다양한 맥주의 가격이 국산 맥주와 비슷하거나 저렴하기 때문에 소비자의 선택, 아니 무한 사랑을 받게된 것이다. '네 캔 만 원' 맥주는 맥주 시장을 서서히 잠식해 나갔다. 다양한 맥주의 맛을 알게 되면서 국내의 수제맥주에 대한 관심도 확대되고 시장도 커지면서 소규모 맥주 양조장이 지역별로 생기기 시작했다.

이렇게 커가던 맥주 시장은 뜻밖의 전환점을 맞게 된다. 일본의 수출 규제로 인해 촉발된 불매 운동이 일어난 것이다. 일본은 2019년만 해도 아사히, 삿포로, 기린 등 인기 브랜드를 앞세워 중국에 이어 수입액 기준 2위를 기록했지만 그해 여름 수입액이 10위까지 떨어졌다. 반면 국산 수제 맥주 시장은 이 기회를 틈타 팽창하기 시작했다. 세금 체계의 변화도 한몫했다. 그때까지 맥주는 종가세로 세금을 내오다가 종량세로 전환된 것이다(📖). 종량세하에서는 술의 용량당 알코올 도수를 반영해 주세를 내기 때문에 좋은 원료를 사용해도 '네 캔 만 원'이 가능해진 것이다. 이러한 정책의 변화로 맥주 시장은 춘추 전국 시대라 할 정도로 다양한 맥주가 소비되고 있다.

이처럼 주류 출고량의 39.7퍼센트(2021년 출고 금액 기준)를 차지하는 맥주는 우리나라에서 꽤 오래전부터 마셔오던 유서 깊은 술이다. 물론 맥주는 우리가 만들어 마셨던 술은 아니다. 무엇보다 맥주용 보리(맥아)가 생산되지 않았으므로 맥주를 제조할 수 없었다. 그렇다면 우리는 언제부터 맥주를 마시기 시작했을까?

조선 시대의 맥주

먼저 한자로 麥酒(맥주)는 《조선왕조실록》 중 《영조실록》 85권에 처음으로 언급된다. 만드는 방식은 현재 우리가 마시는 맥주가 아닌 보리를 이용해 만든 탁·약주나 증류주로 예상된다.[1]

역사적으로 맥주에 대한 이야기를 나눌 수 있는 한 장의 사진이 있다. 이경민 사진아카이브 대표는 이 사진을 서양인이 이땅에서 촬영한 최초의 조선인 사진으로 해석한다. 1871년 5월 30일 상투를 튼 조선인이 미국 군함에서 맥주병들을 품에 안고 웃고 있다. 이 사진은 미군 함대가 강화도를 침략한 신미양요(辛未洋擾) 때 이탈리아계 종군 사진가 펠리체 베아토(Felice Beato, 1832~1909)가 찍은 조선인 사진이다.[2]

한동안 이 사진은 단순

맥주병을 들고 있는 아전 김진성.

히 우리나라 최초의 맥주 사진 혹은 양주 사진(맥주병을 양주병으로 착각)을 설명할 때 사용되곤 했다. 그러다가 2021년 5월 14일 '충장공 어재연 장군 순국·신미양요 150주년 기념 학술회의'에서 사진에 대한 자세한 내용이 설명되었다. 이 사진은 전투가 시작되기 전 미군 함대를 찾은 조선인 관리 중 한 명인 인천부 아전 김진성(金振聲)을 찍은 사진으로 알려졌다. 부연 설명을 하자면 김진성은 엷은 색깔의 다 마신 '배스(Bass: 영국 맥주회사)' 맥주병 10여 개를 보스턴 발행의 사진판 신문인 《에브리 새터데이Every Saturday》에 싸서 안고 있는 모습이다. 1882년 윌리엄 그리피스가 펴낸 《은자의 나라 한국》은 당시 상황을 이렇게 기록했다.

> "몇몇 조선 사람들이 우정의 표시를 보이면서 아무 주저함이 없이 갑판에 올랐다. (중략) 그들은 사진을 찍기 위하여 갑판 위에 섰는데, 이때 매우 귀중한 사진 몇 장을 찍을 수가 있었다."

이 사진의 설명에는 '얼마나 흡족한 표정인가, 이 사진을 보라'고 기록되어 있다.[3] 어쩌면 사진 속에 있는 150년 전 맥주는 모델인 조선인이 마신 최초의 외국 맥주일지도 모른다. 하지만 안타깝게도 이 사진을 찍은 이틀 후인 1871년 6월 1일에 조선과 미국 간의 전투가 벌어졌다. 일명 신미양요다. 그래서인지 이 사진은 사뭇 슬픈 느낌으로 남는다. 3일간의 교전의 결과는 강화해협을 지키던 요새 광성보가 함락되고 순무중군 어재연을 비롯한 수비 병력 중 전사자가 350명에 부상자가 20명으로 기록되어 있다. 미해군은 20일간 통상을 요구하며 주둔하였으나 조선의 완강한 쇄국 정책으로 아무런 협상을 하지 못하고 철수했다. 신미양요 이후 조선은 척화비를 세우고 쇄국 정책을 강화했다.[4]
조선은 고종 13년인 1876년 일본의 강압에 의해 조일수호조규를 맺고 이로 인해 개항하게 된다. 이때부터 외국의 근대 문물이 본격적으로 들어오면서 조선의 모습이 달라지기 시작한다. 이 시기부터 세계 여러 나라의 주류도 들어오기 시작한 것으로 추정된다. 정확하게 맥주가 언제부터 수입되었는지에 대한 기록은 없다. 다만 우리나라에 들어온 것도 이 시기로 추측된다. 1876년 개항 이후 서울과 개항지를 중심으로 일본인 거주자가 늘면서 일본을 통해 세계의 맥주가 흘러들어왔을 것이다.

수입 맥주와 신문 광고

이러한 맥주에 대한 기록은 앞에서 언급한 해관세칙(49쪽 참고)을 들 수 있다. 해관세칙에 수입되는 주류에 대한 세금 내용에서 '맥주에 대해서는 술값의 10퍼센트를 세금으로 내게 한다'는 내용이 명시되어 있다. 이는 맥주에 세금을 부과할 정도로 이미 조선에 맥주가 수입되고 있었다는 것을 알 수 있다.[5]

1901년 6월 19일자 《황성신문》의 광고(34쪽 참고)를 보면 점포 구옥상전에 맥주가 수입되었다는 내용과 함께 판매 홍보를 하고 있다. 수입품이던 맥주를 일반 국민이 접하기는 어려웠겠지만, 광고가 계속된 것을 보면 개화한 지식인을 중심으로 소비층이 형성됐다고 볼 수 있을 것이다.

이 시기의 수입 주류량에 대한 기록은 없지만 약 20년이 지난 후의 수입량으로 확인해 보면 1905년(광무 9) 맥주의 수입량이 1566킬로리터였다.[6]

1910년을 고비로 일본의 맥주 회사들이 서울에 출장소를 내면서 소비량이 크게 늘기 시작했고, 이후 자료에서는 1913년 3349킬로리터, 1914년 3483킬로리터로 증가하다가 1915년에 3215킬로리터로 주춤하였으나 1921년에는 청주(사케)보다 더 많은 양을 수입하는 술이 되었다. 이러한 맥주의 주요 소비자는 일본인이었으나 조선인이 소비하는 양도 적지 않았다고 한다.[7] 이후에도 맥주 수입은 지속적으로 증가한다.

1913~1915년 맥주 수입량《조선주조사》

단위: 킬로리터(㎘)

종 별	1913년(대정 2)	1914년(대정 3)	1915년(대정 4)
청주	5,700	5,026	5,800
맥주	3,349	3,483	3,215
소주	2,427	1,946	994
기타주	493	352	412
계	11,970	10,987	10,421

한일합병(1910) 후 《매일신보(每日申報)》에도 맥주 광고가 실렸다. 당시 일본으로부터의 맥주 수입량이 40퍼센트나 증가할 정도로 맥주를 마시는 인구가 많았다. 당연히 신문 광고도 많아졌다. 1915년 2월에서 9월에 이르는 기간 동안 《매일신보》에 게재된 광고만 봐도 맥주는 이미 보편화되었음을 알 수 있다. 광고한 맥주로는 삿포로, 아사히, 기린 그리고 사쿠라 네 종류였다. 광고는 더운 여름철에 집중되었으며 대개 브랜드 명단을 삽화와 함께 사용했다. 이것만 봐도 맥주가 어떤 술인지 많은 사람이 알고 있었음을 시사한다.[8]

이러한 소비량의 증가에 맞춰 일본의 대일본 맥주 주식회사가 1933년에 조선맥주 주식회사를 설립한 것이 우리나라 맥주회사의 시초다. 뒤이어 같은 해 12월에 일본의 기린맥주 주식회사가 소화기린맥주(동양맥주의 전신)를 설립했다. 본격적인 생산이 시작된 1934년 4월 이후로 맥주 수입은 감소하기 시작했다. 1932년에는 5955킬로리터를 수입했으나 1933년에는 4546킬로리터로 감소했다. 이때 조선의 첫 맥주 생산량은 2933킬로리터였다. 이것은 조선 전체 주류 생산량인 38만 5882킬로리터의 1.9퍼센트를 차지한 것으로 지금의 맥주 소비량에 비교하면 매우 보잘 것 없는 양이다.[9]

현재 맥주는 국내 주류 시장의 40퍼센트 정도를 차지하는 명실상부한 우리나라 최고의 술이다. 심지어 맥아를 수입해 맥주를 만들고 외국에 수출까지

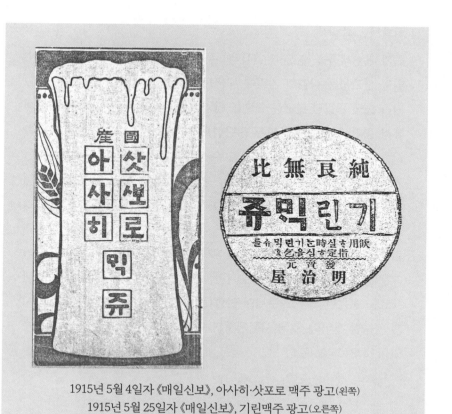

1915년 5월 4일자 《매일신보》, 아사히·삿포로 맥주 광고(왼쪽)
1915년 5월 25일자 《매일신보》, 기린맥주 광고(오른쪽)
(국립중앙도서관 대한민국 신문 아카이브).

하고 있다. 이처럼 1871년 5월 30일에 찍힌 조선 최초의 맥주 사진 이후 150년 사이에 맥주는 한국인의 입맛을 서서히 길들였다는 것을 알 수 있다. 처음에는 호기심으로 맥주를 마셨고 맥주병을 들고 사진을 찍었던 아전 김진성은 자신이 마신 맥주의 맛을 어떻게 표현했을지 새삼 궁금해진다.

📖 종가세와 종량세

종가세는 제품을 출고하는 시점의 주류 가격, 또는 주류 수입업자가 수입을 신고하는 시점의 가격에 세금을 매기는 방식이고 종량세는 출고되는 술의 용량당 알코올 도수를 반영해 세금을 매기는 방식이다. 주세에서 종가세와 종량세 모두 장단점을 가지고 있다. 특히 종량세 전환시 고급 제품 개발이 가능해지고 수입 주류와의 과세 형평성이 줄어들기 때문에 수제 맥주들은 종량세로 변경하자는 의견이 많았다. 종량세 전환 후 국산 맥주, 그중에서도 수제 맥주는 세금이 낮아지며 수입 맥주 중에서도 비교적 원가가 높았던 프리미엄 맥주 가격은 지금보다 저렴해질 수 있었다. 또한 종량세하에서는 술의 용량에 따라 주세를 내기 때문에 좋은 원료를 사용해도 '1만 원에 네 캔'이 가능해진다. 다양한 재료를 활용한 맥주도 주세의 영향을 적게 받으므로 다양한 제품 출시가 가능할 것이다. 결국 시장에서의 수입 제품과의 경쟁력이 높아질 수 있을 것으로 예상된다.[10]

[참고 3]

맥주 만들기

맥주의 제조 과정은 크게 4단계로 나눌 수 있다(다양한 제조법 중 대표적인 방법 하나만 소개).

맥아 제조·분쇄 → 당화 과정을 통한 맥아즙 제조 → 효모 첨가·발효 → 저장·여과

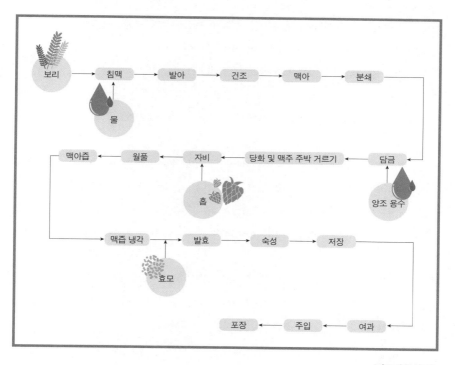

(맥주개론 참고).

1. 맥아 제조·분쇄

맥주의 가장 기본적인 원료는 보리에 싹을 틔운 맥아다. 보리의 싹에 따라 맥주 특유의 향미와 색소를 가지게 되므로 발아가 중요하다.

발아된 맥아를 분쇄기에 넣고 분쇄해서 분쇄맥아를 만들면 이것이 바로 맥주의 가장 기본 원료가 된다.

2. 당화 과정을 통한 맥아즙 제조

보리의 싹에는 전분과 당을 분해하는 효소를 가지고 있어, 분쇄맥아에 물을 넣고 온도를

조절하면 당화 과정이 진행되어 맥아즙이 된다. 이때 온도에 따라 60~65도에서는 발효성 당이 가장 많이 생성되며, 70~75도에서는 전분의 약화가 빠르고 덱스트린(Dextrin)이 많아진다.

3. 효모 첨가·발효

맥아즙에 효모를 넣고 발효시키는 과정. 맥즙에 있는 당분을 효모에 소비해서 알코올과 탄산 가스로 만드는 과정이다. 일주일간 효모를 넣고 발효 탱크에서 맥아즙을 발효시키면 당분은 줄고 알코올과 탄산 가스는 늘어 맥주가 된다.

맥주의 발효 방식에 따라 다음 세 가지로 분류된다.

❖ 하면발효(Fermentation Basse, 라거 발효): 7~8도에서 7일간 발효. 대부분의 맥주(필스너 또는 라거)가 이 방식으로 만들어지며 상큼하고 부드러운 맛과 맥아와 필스너 홉의 향이 특징이다.

❖ 상면발효(Fermentation Haute, 에일 발효): 14~25도에서 4~5일간 발효. 풍부한 과일 맛이 나며 복합적인 향을 지닌 맥주를 만든다. 트라피스트 맥주나 벨기에의 수도원맥주, 프랑스 북부 지방의 비에르 드 가르드(Bière de garde, 알코올 도수가 높은 저장 맥주), 영국의 에일(Ale), 스타우트(Stout), 독일의 바이젠비어(Weizenbier), 바이스비어(Weissbier), 알트비어(Altbier) 등이 여기에 해당한다.

❖ 자연발효(Fermentation Spontanée): 몇 주, 혹은 몇 개월간 오크통 발효. 고대부터 효모를 발견하기 전까지 사용하던 방법(효모를 첨가하지 않음)은 아직도 벨기에 브뤼셀 지역에서 람빅(Lambic)이나 괴즈(Gueuze) 맥주를 만드는 데 사용된다.

4. 저장 및 병입

발효가 끝난 맥주는 저온에서 숙성시켜, 맥주의 향과 맛을 낸다. 이 숙성 기간 동안 효모와 각종 응고 물질이 가라앉게 되고 맥주가 탄산 가스로 포화되어 맥주의 청량감을 더해준다.

숙성 기간을 거쳐 캔이나 병 등 용기에 담아 제품으로 만든다.

1900년 프랑스
사진엽서 속
우리 술

시간이 흐르고 세월이 갈수록 우리의 삶이나 주변에서 사라지는 것이 참으로 많다. 변화와 발전으로 사회는 도시화되고 이제는 추억이 된 풍습이나 물건을 여러 가지 꼽을 수 있다. 대표적인 풍습으로 결혼식날 전 온 동네가 떠들썩하게 '함 사세요'를 외치던 함진아비와 수행원, 사람이 죽은 후 무덤까지 시신을 옮기는 상여와 상여꾼을 들 수 있다.

늘 곁에 두고 흔하게 사용하던 물건 중에는 편리한 물건으로 대체되면서 사라지는 것도 있다. 라이터의 보편화와 전기와 가스 사용으로 이제는 성냥이 귀해졌다. 실제로 성냥을 만드는 공장도 남아 있지 않다(2013년 11월 우리나라 마지막 성냥 공장인 성광성냥공업사가 문을 닫음). 커다란 통에 들어 있는 성냥은 박물관이나 골동품 시장에서나 볼 수 있다. LP판과 턴테이블은 빈티지 숍이나 전문 카페에 일부러 찾아가야 볼 수 있다. 비디오와 비디오테이프도 골동품이 되어가고 있다.

인터넷 및 무선 통신 기기의 발달로 연락하는 방법도 달라졌다. 마음을 담아 꾹꾹 눌러 쓴 손 편지는 연인들 사이에서도 주고받지 않는다. 메신저 속 이모티콘 하나면 상대에게 내 감정을 다 드러낼 수 있다. 인터넷과 스마트폰의 발전으로 손 편지는 시대 저편으로 사라지고 있다.

그나마 엽서는 색다르게 명맥을 유지하고 있다. 여행지의 랜드 마크가 찍힌 기념품으로 기념품 숍에서 여행자의 손길을 기다리고 기업이나 아이돌 팬덤 마케팅의 굿즈, 홍보물로 용도가 변하고 있다. 엽서 고유의 기능을 사용하는 사람은 없는 시대가 되었다.

1980~1990년대에 십 대와 이십 대였던 세대에게 엽서는 특별한 의미를 담은 추억으로 남아 있다. 라디오를 즐겨 듣던 사람 중에는 엽서에 사연을 적어 좋아하는 프로그램에 보낸 기억이 있을 것이다. DJ가 뽑아주기를 기대하며 친구나 주변의 누군가와 같이 듣고 싶다는 내용을 담아 정성껏 사연을 적어 보냈을 것이다. 인기 있는 프로그램일수록 사연 엽서가 산더미처럼 쌓였기 때문에 내 엽서가 채택되기를 바라며 그림도 그리고 화려한 장식으로 엽서를 꾸몄을 것이다. 연말이면 라디오 방송국에서는 사연 엽서를 모아 '예쁜 엽서 전시회'라는 특별 이벤트를 할 정도로 큰 행사였고 이는 그 시기의 라디오 문화로 자리 잡았다. 1990년대 말 인터넷이 등장하기 전까지 라디오 방송에 보내는 엽서는 청취자들이 라디오나 방송 제작 과정에 참여할 수 있는 거의 유일한 통로이기도 했다.

오늘날에는 엽서에 사연을 적어 라디오 프로그램에 보내지 않는다. 라디오는 살아 있지만 엽서는 남아 있지 않다. 청취자들은 해당 프로그램의 인터넷 게시판에 접속하거나 전용 인터넷 라디오 앱에 사연을 남긴다. 예전에는 엽서에 사연을 쓰고 우표를 붙여 우체통에 넣고 방송에 나올 때까지 기다려야 했지만, 이제는 홈페이지나 전용 앱에서 실시간으로 제작진과 소통할 수 있다. 또 문자로도 소통이 가능하다. 우편엽서를 보내고 뽑히기를 기다리는 설렘과 낭만은 없어진 지 오래다.

세계 최초의 엽서와 우리나라의 엽서

엽서의 한쪽 면에 그림이나 사진이 들어가면서 엽서는 편지와 다른 형태로 발전하게 되었다. 엽서에 들어간 그림이나 사진으로 인해 단순히 내용만 전달하던 통신 수단에서 소장 가치가 있는 물건이 된 것이다. 1869년 10월 1일 오스트리아에서 세계 최초의 엽서를 발행한다. 이듬해인 1870년에는 프로이센 왕국에서 사진작가 알버트 슈바르츠Arbert Schwarz의 협조로 최초의 사진그림 엽서가 발행되었다. 일본에서는 1904년 러일전쟁을 전후해 전쟁과 전승을 기념한 사진그림 엽서가 폭발적인 인기를 끌게 되면서 '사진그림 엽서 붐'의 시대를 열었다.[1]

우리나라에서는 1884년에 근대 우편제도가 처음 개설되었을 때 문위우표(文位郵票)를 발행했지만 당시만 해도 우편엽서는 없었다. 1900년 1월 17일에 칙령 제6호로 '국내우체규칙'을 전면 개정하면서 우편엽서에 관한 규정이 신설되었다. 5월 11일 관보 제1573호를 통해 우리나라 최초의 보통엽서가 발행·공포되었다. 대한제국 시대의 엽서(당시에는 우체엽서라 불렀음)는 국내용 보통엽서(1전), 국내용 왕복엽서(2전), 국제용 보통엽서(4전), 국제용 왕복엽서(8전) 4종이었다.[2]

사진엽서는 1899년 우체 고문 프랑스인 클레망세E. Clemencent가 "한국의 여러 모습을 담은 사진엽서를 판매하면 대한제국의 재정에 도움이 될 수 있을 것"이라고 정부에 건의하면서 활성화되었다.[3] 19세기 말부터 20세기 초에 생산된 구한말 사진엽서 속 사진의 대부분이 조선의 풍속을 소개하는 사진이었다. 당시 사진엽서에는 조선인의 복장 혹은 성별, 계층별 특징, 생활 풍속, 의식주, 신앙 등의 사진이 많았다. 이러한 사진엽서 중에는 누룩을 만들거나 주막, 술을 마시는 모습도 있었다.

잘못 알려진 엽서 속 주막 사진

그중에는 사진으로만 알고 있던 자료가 엽서 속 사진인 것으로 최근에 확인되었다. 사진으로 알려질 때는 엽서 속 테두리를 제거한 상태였다. 엽서 속 사진에는 '한 여자가 남자의 입에 직접 술을 주는 모습과 그들 앞에 있는 소반에는 유리병이 놓여' 있다. 이 유리병 때문에 '위스키를 마시는 구한말 주막의 풍경'으로 설명되곤 했다. 실제 엽서는 가운데 사진의 사면에 백색 테두리가 있고 오른편에 '알네빅쓰 법국 교사 셔울 디한'이라는 한글이 쓰여 있다. 왼편 맨 위쪽에 'Séoul (Corée)'이라는 프랑스어, 아랫면에는 엽서 번호와 사진 설명이 적혀 있다.[4] 아래쪽에 적혀 있는 설명은 다음과 같다.

한잔의 술을 주고 있는 여성(한국학중앙연구원).
(한국학진흥사업성과포털, '일제침략기 한국관련 사진그림엽서 DB')
(사진 번호 P-SDK-06665-P-E-01-01).

"Dame galante coréenne offrant une tasse de vin à un jeune citadin pour indiquer qu'elle accepte ses propositions.(환심을 사려는 한국 여인이 젊은 도시 청년에게 그녀의 제안을 수락하도록 한 잔의 와인을 제공하고 있다.)"

알네빅끄는 당시 조선에서 프랑스어 교사로 활동했던 프랑스인 샤를 알레베크Charles Alévêque로 한국명은 안례백(晏禮百)이었다. 알레베크는 지한파 프랑스인으로 프랑스와 대한제국 중간에서 다양한 역할을 했다. 1897년 10월 처음 한국에 온 이후 대한제국과 상하이를 왕래하였고, 1899년 3월에는 대한제국 정부의 중소총 구입에 관여했으며 대한제국과 프랑스의 차관 협상에 대한제국 정부의 협상 대리인으로 임명되어 프랑스에 파견되기도 했다.[5] 그는 서울 정동에 설립된 관립 외국어 학교의 프랑스어 교사를 맡았으며 1901년 최초의 불한사전인《법한자전(法韓字典)》을 편찬했다.

법국(法國)은 프랑스를 뜻한다. 이 사진엽서는 알레베크가 제작한 것이다. 대한제국은 그가 촬영한 40여 장의 궁궐과 풍속 사진을 엽서로 제작할 것을 의뢰했다. 알레베크는 한국에서 찍은 사진을 프랑스로 가져가 사진엽서로 인쇄하여 제작했다. 1900년 파리 만국박람회에서 조선 정부의 대리인 자격으로 프랑스 현지에서 초콜릿, 비누, 화장품 등을 판매하며 끼워 주는 선물로 사용한 것이다.

이 사진은 조선의 풍속을 보여주는 48장의 사진 중 하나다. 사진 속 배경은 당시의 주막이라고 설명한다. 일부에서는 남성에게 술을 주고 있는 여성이 기생이나 남성에게 성을 파는 여성이라고 부정적인 해석을 하기도 한다. 하지만 사진 속 모습을 찬찬히 들여다 보면 다른 해석도 가능할 것으로 보인다. 소장처인 한국학중앙연구원에 실린 사진 설명을 보자.

이 엽서는 발행연도와 발생처는 미상이나 조선 풍속에 관련된 낱장 엽서이다. 사진은 남성에게 술을 주고 있는 여성으로, 인물들의 시선이나 자세에서 연출된 모습임을 유추할 수 있다. 후략. - 집필자: 김영미

사진 속 장소는 술을 판매하는 일반적인 주막은 아닌 듯하다. 비슷한 시기에 찍은 두 번째 사진의 주막과 많은 차이가 있다.

구한말 시골 주막의 풍경 사진(한국학중앙연구원).
(한국학진흥사업성과포털, '일제침략기 한국관련 사진그림엽서 DB')
(사진 번호 P-SDK-06784-P-D-42-40).

이 엽서는 발행연도는 미상이나 경성의 히노데상행(日之出商行)에서 발행한 '조선 풍속 회엽서' 42매 세트 중 1매이다. 사진은 시골에 있는 주막의 풍경이다. 19세기 말부터 20세기 초에 생산된 조선 관련 엽서 중 가장 많은 것이 조선의 풍속을 소개하는 엽서였다. 후략. - 집필자: 김영미

당시 도시의 주막은 식사와 술을 해결하는 공간이었다. 좁은 공간에 앉거나 서서 식사와 술을 해결하는 형태였기에 개다리소반을 앞에 두고 남녀가 앉아 술을 주거니 받거니 하는 장소는 아니었다. 또 병의 모양도 다르다. 주막에서 사용하는 병은 토기로 된 병이거나 백자주 병이었다. 일반 사람이 구하기 힘든 서양의 유리병에 담긴 술을 주막에서 판매하지는 않았을 것이다. 또 유리병에 들어 있는 술은 위스키가 아닌 와인일 수도 있다. 당시 위스키 같은 수입 술은 고가의 요릿집이나 돈이 많은 상류층의 연회장에서 사용되었다.

사진 설명에 있는 'vin'이라는 단어는 프랑스어로 와인이다. de l'alcool(술)이나 whisky(위스키)라는 단어와는 다르다. 프랑스어 교사로 한국에 머무르며 최초의 불어사전인 《법한자전》을 편찬할 정도로 한글에 능통한 알레베크는 조선 탁주나 약주에 대해서도 알았을 것이다. 의식주에 해당하는 설명이기 때문에 탁주나 약주였다면 정식 명칭으로 표현했을 것이다. 다른 사진에서는 사람의 이름을 영어식 표현으로 정확히 표현하기도 했다. 결국 vin이라는 단어를 사용한 것은 진짜 와인이거나 당시 조선의 대중적인 술을 프랑스 사람이 이해할 수 있도록 프랑스식 표현으로 vin(와인)이라고 했을 것이다.

이외에도 사진 속 인물들의 시선이나 자세는 사진을 찍기 위해 연출된 모습으로 유추할 수 있다. 장소 역시 주막보다는 다른 형태의 술집인 색주가(젊은 여자가 나와서 노래도 하고 아양을 부리며 술 시중을 드는 술집을 말함 또는 기방)의 앞마당에서 찍은 연출된 사진이라 할 수 있다. 비슷한 모습으로 기산(箕山) 김준근(金俊根)의 그림 〈색주가 모양〉을 보면 술상 앞에 챙이 좁은 갓을 쓴 남자 셋이 앉아 있고 젊은 여자가 잔에 술을 따르고 있다. 이 그림과 사진 속 연출은 어딘지 비슷해 보인다.

우리 술은 일제 강점기와 육이오 전쟁을 거치면서 역사적으로 제조뿐만 아니라 문화면에서도 단절되었다. 특히 예나 지금이나 술은 세금을 걷기 위한 수단이지 사회·문화적 관점에서 관심을 가지고 연구의 대상으로 다루지 않았다. 최근 우리 술 중 막걸리가 '막걸리 빚기'라는 내용으로 국가무형문화재 제144호로 등재(2021년 6월 15일) 되었는데 그 이유는 과거의 문화가 지금까지도 지속되고 있다는 것을 의미한다. 예로부터 막걸리는 마을 공동체의 생업, 의례, 경조사에서 빠지지 않았고 오늘날에도 신주(神酒)로서 건축물의 준공식, 자동차 고사, 개업식 등 여러 행사에 제물로 올릴 정도로 문화가 유지되고 있다. 이처럼 막걸리를 포함한 우리 술들은 한반도의 오랜 역사와 같이 했으며 우리 삶과 직간접적으로 관계가 있다. 그동안 단절된 우리 술 역사를 연구하고 조사해서 사라진 우리 술의 역사를 이어가도록 더욱 노력해야 할 것이다.

2장

한양에도 서울만큼
술집이
많았을까?

일반적으로 '술'은 알코올 성분이 들어 있어 마시면 취하는 음료를 뜻한다(주세법상 주류의 정의에서는 알코올분 1도 이상의 음료). 하지만 복잡한 법적 분류 외에 보편적인 분류로 제조 방법에 따라 크게 발효주, 증류주, 혼성주로 구분한다. 발효주는 과일의 당분이나 곡물 전분을 분해하면서 생긴 당을 효모를 통해 발효시켜 만든 술이다. 비교적 알코올 도수가 낮으며 과일이나 곡류에서 나오는 향기를 즐길 수 있다. 곡물(막걸리, 맥주, 청주 등)과 과일주(사이다, 와인) 그리고 벌꿀

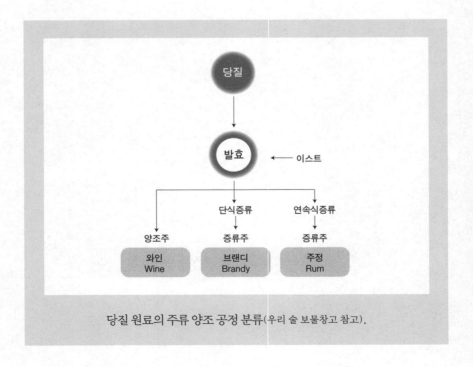

당질 원료의 주류 양조 공정 분류(우리 술 보물창고 참고).

술이 대표적이다.

증류주는 용액마다 다르게 끓는 온도 차를 이용한다. 발효액에 있는 알코올을 증류시켜 만든 것으로 발효주보다 높은 알코올 농도를 가진다. 증류를 했을 때 알코올 도수가 일반적으로 25~60퍼센트며 높으면 90퍼센트까지 올라간다. 테킬라, 럼, 보드카, 고량주, 위스키 등이 대표적인 증류주에 속한다. 혼성주는 발효주나 증류주에 약초, 과즙, 인공 향료를 첨가하고 설탕이나 꿀 등으로 감미한 술로 리큐르liqueur라고도 한다.

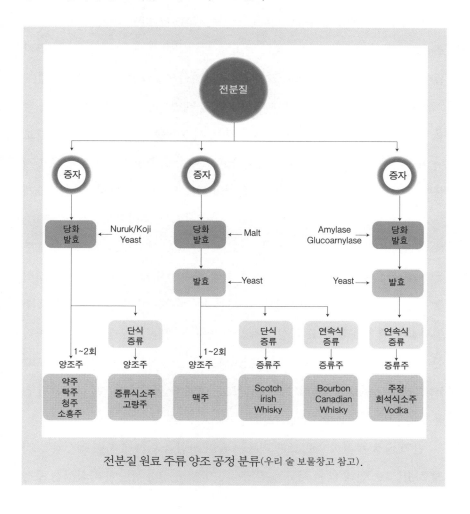

전분질 원료 주류 양조 공정 분류(우리 술 보물창고 참고).

고대인들은 이 음료(술)의 정체를 정확히 알지 못했지만 마시면 정신이 혼미해지고 흥분된다는 것을 경험적으로 알고 이 음료를 정치, 종교, 사회적 도구로 이용했다. 농경 사회일 때는 파종과 수확기의 제천 의례에서 술은 구성원을 묶어주는 촉매제 역할과 함께 신에게 대접하는 중요한 음식물로도 사용되었다. 잔치에서의 술은 마음의 벽을 허무는 기능을 지녔다. 술은 제사와 의례에 필수품으로 종교적 소재인 동시에 사교와 향락의 수단뿐 아니라 정치적 의도를 지니는 등 다방면에 이용되었다.

특히 삼국 시대의 고구려인은 중국인들로부터 '자희선장양(自喜善藏釀, 스스로 즐겁게 음식을 빚어서 저장한다)하는 나라'로 묘사되어 있다.[1]《삼국지》의 〈위지동이전(魏志東夷傳)〉에는 부족 국가 시대인 부여의 영고(迎鼓), 고구려의 동맹(東盟), 동예의 무천(舞天) 등의 제천 행사를 지낼 때면, 사람들이 모여 밤 새워 술을 먹고 춤을 췄다(음주가무)는 기록이 있다. 이를 통해 그 어느 곳의 사람들보다 음주가무를 즐겼다는 사실을 알 수 있다.[2] 조상들은 술을 마시면 취하고 기분이 좋아진다는 것을 경험으로 터득했다. 취한다는 것에 대한 관점은 크게 두 가지였다. 긍정적 견해로는 약주(藥酒), 반주(飯酒), 주내백약지장(酒乃百藥之長)[3]으로 설명이 되는 반면 부정적으로 보는 견해는 주폭(酒暴), 광약(狂藥), 중독(中毒) 등으로 설명할 수 있다. 고려 시대 한수(韓脩, 1333~1384)는《유항시집(柳巷詩集)》의 '술을 내보내며 목은 선생의 시에 차운하여'라는 시에서 술이 추위와 더위에 도움을 주고 근심을 해소시켜 주며 글을 쓰는 데에 영감을 촉진한다고 했으며[4], 조선 실학자 성호 이익(李瀷)의 문답집을 엮은《성호사설(星湖僿說)》에는 노인을 봉양하고 제사를 받드는 데에 술 이상 좋은 것이 없다[5]며 술을 인간 생활에 필요한 것으로 보았다.

반면 술을 부정적으로 보는 이유는 술이 사람을 취하게 하여 정신을 흐리게 하고 그로 인해 많은 사고를 발생시키기 때문이다. 사람에 따라서는 주정이 심하여 몸을 해치고 가산을 탕진하기도 하고, 임금으로서는 주색에 빠져 나라를 망치는 일도 일어날 수 있다고 보았다. 특히 술을 만드는 데 사용되는 쌀의 양이 많거나 그로 인해 사회적인 문제들이 야기되었을 때에는 수시로 금주령을 내리기도 했다.

현대에는 술에 대해 긍정적인 면보다는 부정적인 면이 더 강조되고 있다. 하지만 조상들은 '주내백약지장(酒乃百藥之長, 술은 백 가지 약의 으뜸)'이라는 긍정의 단어를 사용한 것처럼 술을 약으로 사용하기도 했다. 술을 바라보는 관점이 과거와 현재가 다르기에 술로 인해 만들어지는 문화나 제도도 달랐을 것이다. 대한민국이 있기 전 궁궐 속 임금과 백성 그리고 구한말의 조상들은 술을 어떻게 생각하며 마셨는지 살펴보면서 지금의 술 문화와 어떤 점이 다르고 무엇이 같은지 알아보려고 한다.

왕실의 술을
따로 만들었던
관청

2003년부터 2004년까지 MBC에서 〈대장금(大長今)〉이라는 사극을 방영한
적이 있다. 조선 시대 궁녀 서장금이 의녀가 되기까지의 과정, 그리고 사랑과
성장을 그린 드라마다.

남존여비의 봉건적 체제하에서 궁중 최고의 요리사를 거쳐 우여곡절 끝에
의녀(醫女)가 되어 어의(御醫)를 비롯한 수많은 내의원의 남자 의원들을 물리치
고 여성으로서 조선조 유일한 임금 주치의가 되는 과정을 다룬 내용의 드라마
다. 조선조 중종(1506~1544) 때 대장금이라는 최고의 칭호까지 받은 실존 인물
의 파란만장한 생애를 그린 드라마였다.[1]

당시 드라마의 시청률은 55.5퍼센트로 폭발적인 인기를 얻었다. 처음으로
한류를 만들었다 해도 과언이 아닐 정도로 외국에서도 인기를 끌어모았다. 당
시 이 드라마를 수입해 방영한 홍콩에서 47퍼센트, 몽골에서 60퍼센트, 이란
에서 86퍼센트의 시청률을 보였으며 무려 35개국에 수출되기까지 했다.[2] 장

금이는 한국 음식에 대한 정보를 궁중 음식 중심으로 그 종류와 조리법을 상세히 소개했다. 그로 인해 궁중 음식에 대한 사람들의 관심이 높아졌으며 궁중 음식은 당연히 여성이 만들었다고 여기게까지 했다.

하지만 시간이 지난 후 음식 관련 공부를 하면서 대장금의 내용이 전부 사실만은 아니라는 것을 알게 되었다. 장금이는 조선 중종 시대 인물로 《조선왕조실록》에도 등장하는 실존 인물인 의녀 장금을 주인공으로 하였으나, 장금이 중종의 총애를 받은 의녀였다는 점을 제외하면 다른 기록이 전무했다. 결국 모티프만 얻었을 뿐 드라마 내용의 대부분은 픽션인 것이다. 조선 시대에 궁녀가 요리를 처음부터 끝까지 만들었다는 것도 사실이 아니다. 당시 임금의 수라상은 대령숙수(待令熟手)인 남성에 의해 차려졌다.[3] 대령(待令)은 왕명을 기다린다는 뜻이고 숙수(熟手)는 요리사다. 궁녀의 역할은 옆에서 돕는 보조 요리사로 보인다. 당시 궁중 요리는 불을 붙이거나 무거운 솥을 들어야 하는 육체노동이었다. 남성인 숙수조차 힘들어서 무단 결근을 할 정도였다고 한다.[4] 또한 1605년 그림으로 조선 시대의 궁궐 연회를 세심하게 묘사한 선묘조제재경수연도(宣廟朝諸宰慶壽宴圖)(QR)의 조찬소(造饌所)를 보면 음식을 준비하고 있는 관직은 다 남자다.[5] 고된 업종인 궁중 요리를 여자에게만 맡기기에는 무리였을 것이다. 궁중의 행사나 형식적인 직책 또한 남자의 몫이었기에 평소 부엌일을 담당하고 살던 여성들을 궁중 부엌에서 만큼은 찾아보기 힘들었던 것이다.

잘못된 내용 중 대장금의 주된 배경이 된 수라간(水刺間)도 정확한

선묘조제재경수연도

명칭이라고 보기 어렵다. 왕의 수라와 잔치 음식 등 음식과 관련된 업무를 진행하던 곳이 소주방(燒廚房)이다. 수라간은 소주방과 비슷하지만 조금 다른 역할을 한다. 《조선왕조실록》이나 《승정원일기》와 같은 문헌에서 소주방의 역할은 음식을 조리하는 기능, 수라간의 역할은 대왕대비 이하 전용 식자재 보관을 위한 저장 공간으로 나누었다. 사실 두 공간의 역할은 경계가 모호한 측면이 있지만 어쨌든 경복궁에 남아 있는 요리하는 장소의 이름은 수라간이 아닌 소주방으로 봐야 할 것이다.

궁궐의 술을 만드는 곳

소주방도 크게 외소주방과 내소주방으로 나뉜다. 내소주방은 일상식 중에서 술과 술안주를 만들어 올리던 곳이다. 임금 전용 내소주방의 경우 임금이 계신 곳에 가깝게 있으면서 음식을 들이는 까닭에 임금이 수시로 청하는 술과 술안주를 들이는 곳으로 인식되어 주방(酒房)이라고도 했다.[6] 특이한 점은 궁궐에서 내소주방은 술을 만드는 곳은 아니다. 술을 가져다가 임금께 올리는 것뿐이지 실제로 술을 만드는 장소는 따로 있었다. 그렇다면 궁궐에서 사용되는 술은 어디서 어떻게 만들었을까?

조선 궁궐의 술을 알기 위해서는 우선 고려 시대로 거슬러 올라가야 한다. 고려 시대에 송나라의 사신 서긍(徐兢)이 1123년에 고려를 방문하여 보고 들은 것을 기록한 보고서인 《고려도경(高麗圖經)》에는 '대체로 고려인들은 술을 좋아하지만 좋은 술은 얻기가 어렵다. 서민의 집에서 마시는 것은 맛은 텁텁하고 빛깔은 진한데 아무렇지도 않은 듯이 마시고 다들 맛있게 여긴다'고 고려의 술을 평했다.[7]

이 내용을 보면 서민들도 이미 술을 마실 정도로 술 제조가 대중화되었음을 알 수 있다. 하지만 맛있고 좋은 술을 구하는 것은 어렵다고 했다. 그러다 보

니 고려 왕실에서는 왕실 제사
에 사용할 품질 좋은 술을 얻
기 위해 왕실에서 직접 제조하
는 방법을 택했다. 왕실에서
사용할 술과 감주 등을 빚는
곳을 양온서(良醞署)라 하였는
데 이는 왕이 마시는 술을 양
온이라고 한 것에서 유래했다.
양온의 존재는 983년(성종 2)부

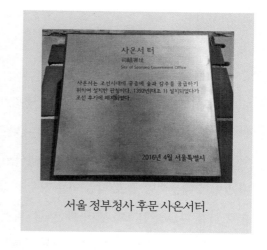

서울 정부청사 후문 사온서터.

터 확인되고 있으나 직제상으로 확립된 것은 문종 때부터다. 1308년 충선왕이
즉위하며 사온서(司醞署)로 직제 개편을 하기도 했다. 양온과 사온의 온(醞)은
술을 빚는다는 뜻을 담고 있다.[8]

이후에도 왕에 따라 장온서(掌醞署), 양온감(良醞監), 사온감(司醞監) 등으로
바뀌었다. 양온서에서 만드는 술은 맑은술(청주)이었던 것으로 보인다. 《고려
도경》에 따르면 "왕이 마시는 것을 양온이라고 하는데 좌고(左庫)에 '보관하는'
맑은 법주(淸法酒)다. 여기에도 두 종류가 있는데, 질그릇 술독[瓦尊]에 담아서
누런 비단[黃絹]으로 봉해둔다"고 기술되어 있다. 이처럼 제사나 왕이 마실 최
고 품질의 술을 만들고 관리하기 위해서 별도의 관청과 관리를 두었던 것이
다. 당시 좋은 술의 제조는 국가의 노력이 들어갈 만큼 어려운 작업이었던 것
이다. 고려의 술 만드는 관청은 조선으로 이어졌다.

조선은 1392년(태조 1) 7월에 관제를 새로이 정할 때 사온서를 두어 주례(酒
醴)의 일을 맡게 했다.[9] 사온서는 고려의 양온서를 물려받아 임금이 마시는 술
을 공납하고 진상하던 일을 그대로 하며 조선 후기 중종 때까지는 존치되었던
것으로 보인다. 하지만 조선 왕실에서 술을 관리한 곳이 사온서만 있었던 것

은 아니었다.

물 대신 술로 먹는 약

국왕 이하 왕족의 의술을 담당하고 궁중에서 쓰이는 약을 조제하던 내의
원(內醫院)에서도 술과 관련된 내용이 많이 나온다. 왕족의 의술을 담당한 내의
원에서는 왜 술을 관리했을까? 내의원에서 술을 사용하는 것은 술로 먹는 약
이 많았기 때문이다. 물로 약을 먹는 경우도 있지만 술과 같이 먹는 약도 있다.
술로 약을 먹으면 약효가 빨리 확산되기 때문이다. 술의 역할은 약의 흡수를
촉진할 뿐 아니라 물에는 침출되지 않는 한약재의 유용 성분을 추출하도록 도
와준다. 이런 이유로 한약재를 술에 담가 볶거나 술에 씻어 사용하기도 하고
술과 함께 찌기도 한다. 궁중에서의 한약과 술에 대한 연관성이 백성에게도
반영되어 한약재를 사용한 술 제조법이 많았던 것으로 보인다. 구기자나 인삼
을 비롯해 거의 모든 한약재를 이용해서 술을 만들었다 해도 과장이 아니다.

이처럼 조선 시대에 술은 약과 다름 없었다. 당시 사람들은 몸이 아프거나
허약할 때 약으로 술을 마시거나 약을 먹을 때 술을 함께 마셨다. 《조선왕들,
금주령을 내리다》에는 가뭄이 들어 술을 마시지 않겠다는 세종대왕에게 신하
들이 간언한 내용이 있다.[10]

"술은 오곡의 정기라 적당하게 마시고 그치면 참으로 좋은 약입니다. 정부
대신이 신 등으로 하여금 기필코 술을 드리도록 하였습니다. 엎드려 바라건대
신 등의 청을 굽어 좇으십시오. 임금이 이번에도 허락하지 않았다. 하연이 굳이
청하기를 네댓 번을 하고, 민의생은 눈물까지 흘렸으며, 승지들도 술을 권하였
다."

《동의보감》에도 술의 긍정적 효능으로 "약기운이 잘 퍼지게 하고 온갖 사기와 독한 기운을 없애주며, 혈맥을 통하게 하고 장과 위를 튼튼하게 하며, 피부를 윤택하게 하고, 근심을 삭여주며, 말을 잘하게 하고 기분을 좋게 한다"라고 했다. 《동의보감》에는 우리에게 익숙하고 많은 처방에 들어가는 감초보다 술의 언급 횟수가 더 많을 정도다.

2000년대 초 우리나라의 약주 열풍을 몰고 왔던 술 역시 열두 가지의 한약재를 이용해서 만든 술이었다. 당시 그 술을 좋아했던 이유 중 하나는 건강에 조금이나마 도움이 될 거라는 막연한 믿음 때문이다. 지금은 자주 볼 수 없지만 식사를 할 때 술을 한두 잔 곁들이는 반주 문화도 있었다. 집집마다 반주로 마시기 위해 다양한 한약재나 과일에 소주를 부어 담은 침출주를 만들곤 했는데 이는 술을 이용해 건강에 조금이나마 도움을 받으려는 심리였던 것이다.

현대에 와서는 더 이상 술을 만들어 대통령실에 납품하는 관청은 없다. 이미 술 제조가 대중화되었고 양조장들이 품질 좋은 술을 만들고 있기 때문이다. 특히 술을 약으로 마시거나 건강을 위해 마시는 사람은 없다. 술은 누가 뭐래도 건강을 해치는 물질로 알려져 있다. 하지만 술의 역할은 달라지고 있다. 강제로 권하고 거절할 수 없어 마시거나 잔을 돌려가며 마시던 직장의 회식 문화도 거의 사라지고 지인이나 친구끼리 가볍고 부담 없이 마시는 술 문화로 변하고 있다. 술을 교류의 도구, 함께 즐기는 도구로 사용하는 '호모 루덴스 Homo Ludens'(📖)로 변화하는 중이다.

📖 호모 루덴스

호모 루덴스Homo Ludens는 '유희의 인간'을 뜻한다. 인간의 본질을 유희라는 점에서 파악하는 인간관이다. 문화사를 연구한 네덜란드의 역사가이자 철학자인 요한 하위징아Johan Huizinga에 의해 창출된 개념으로 유희는 단순히 논다는 뜻이 아니라 정신적인 창조 활동을 가리킨다. 풍부한 상상의 세계에서 다양한 창조 활동을 전개하는 학문, 예술 등 인간의 전체적인 발전에 기여한다고 보는 모든 것을 의미한다. 쉽게 말해 소설, 드라마, 영화, 유튜브 등을 만드는 것이 이 분류에 포함된다.

조선식
전통주 코스 요리
'진연'

1980~1990년에 어린 시절을 보낸 내게 집 밖에서 밥을 사 먹는 외식(外食)은 사치와도 같았다. '집밥이 아닌' 의미로 해석한다 해도 직장인이 아니고서야 일반 가정에서는 거의 하지 않는 게 외식이었다. 졸업식이나 이사처럼 특별한 이유가 있어야 집 밖의 식사가 가능했다. 그런 이유 때문인지 짜장면을 먹은 날은 특별한 날로 기억된다.

어릴 적 외식으로 경양식 집에서 돈가스를 먹은 적이 있다. 그날은 가족 중 누군가의 생일이어서 외식을 했던 것 같다. 자리에 앉자 웨이터가 돈가스 주문을 받으며 "빵으로 하시겠습니까 밥으로 하시겠습니까?"를 물어보았다. 그 전까지는 식사를 주문하면서 선택의 기로에 서본 적이 없었다. 중국집의 짜장면, 짬뽕 같은 단순한 선택을 넘어 메인 식사를 정한 상태에서 빵과 밥 중 한 가지를 선택해야 한다는 것은 어린 나이에 처음으로 겪어보는 당황스러운 경험이었다. 수프와 샐러드가 나오고 잠시 후 메인 요리인 돈가스가 나왔다. 빵을

돈가스.

고르면 모닝빵과 잼이 나오고 밥을 고르면 동그랗게 뭉친 쌀밥 한 덩이와 김치, 단무지가 반찬으로 나왔다. 후식으로는 커피나 음료가 나오는 정도의 단순한 식사였지만 한식 상차림과 달리 순서대로 나오는 나름의 코스 요리였다.

2022년 대한민국 1인당 국민 소득은 3만 5000~4만 달러를 향해 여전히 성장하는 중이다. 1967년도에 1인당 국민 소득이 150달러였으니 약 230배 성장한 것이다.[1] 국민 소득이 증가함에 따라 먹을 게 부족해서 못 먹던 어린 시절의 이야기는 '라떼'의 추억이 되어 버렸다. 높은 소득과 경제 발달로 외식 부문에서는 과거보다 다양하고 풍족한 먹거리 시장이 만들어졌다. 국민 소득이 높은 나라일수록 엥겔 지수가 낮고, 소득이 낮은 나라일수록 엥겔 지수가 높다고 한다(📖). 하지만 엥겔 지수가 낮아졌다고 해서 음식에 대한 관심까지 낮아지는 것은 아니다. 우리나라는 국민 소득이 증가하면서 오히려 먹을거리에 대한 관심이 높아진 것을 알 수 있다. 시대상을 반영하듯 먹방(먹는 방송)이나 쿡방

(셰프를 비롯한 일반인이 음식을 만들어 먹는 방송)이 유행하고 이제는 어느 방송 프로그램이나 유튜브, 사회관계망서비스(SNS)를 봐도 먹는 것이 중요한 소재로 다루어지고 있다.

📖 엥겔 지수

가계소비 지출에서 식료품비가 차지하는 비율을 '엥겔 지수'라고 한다. 독일 경제학자 에른스트 엥겔이 내놓은 지수다. 그는 저소득 가계일수록 생계비에서 식료품비가 차지하는 비율이 높다는 걸 발견했다. 소득이 적어 다른 건 다 줄여도 먹는 것을 줄일 수는 없기 때문이다. 반대로 부유층은 식료품비가 차지하는 비율이 낮다.

음식과 술의 조화

음식을 먹는 것은 누구에게나 중요한 문제다. 첫 번째 이유는 살아가는 데 소비되는 에너지를 얻는 것이고 두 번째는 음식을 통해 즐거움을 얻는 것이다. 과거에는 전자가 중요했지만 지금은 후자에 초점을 맞추는 시대다. 후자에 초점이 맞춰지면서 음식이 발달하는 만큼 음식에 어울리는 마실 것에 대한 관심도 증가하게 된다. 음식 맛을 향상시키고 돋보이게 하기 위해 어울리는 음료(술)를 찾거나 때로는 새로운 음료를 만든다. 반대로 새로운 음료를 만들게 되면 그 음료와 어울리는 음식을 찾거나 만들면서 보완한다. 어느 나라든지 그 나라의 음식과 술은 같이 발전해 왔다.

술과 음식에서 빠지지 않는 것이 마리아주다. 마리아주mariage는 마실 것과 음식의 조화가 좋은 것(특히 와인과 음식의 조합에 대해 말함)을 의미한다. 마리아주 대신 페어링pairing이라는 단어를 사용하기도 한다.[2] 마리아주와 페어링은 모두 음식과 술이 서로에게 영향을 주며 그 조화가 중요하다는 것을 의미하는 단어다.

와인이 성공한 바탕에는 프랑스 요리에 어울리는 와인이라는 '음식과 술'의 대중적인 언어가 있었다. 사케 역시 일식(스시 문화)과 함께 해외로 전파된 경우다. 해외에 일식 문화가 전파되면서 일식과 어울리는 사케 등의 일본 술이 퍼져 나갈 수 있었다. 와인과 사케 제조자들은 현재에 만족하지 않고 지속적으로 음식과의 새로운 시도를 하고 있다. 한식에서는 불고기나 파전에 어울리는 와인이나 사케를 찾는 작업을 계속적으로 해오고 있다. 심지어 우리의 대중 음식인 김치찌개와 어울리는 와인과 사케를 소개해주는 주류 잡지 내용을 본 적이 있을 정도다.

한식과 전통주의 페어링에서 어려운 점은 우리나라 음식이 한상 차림이라는 데 있다. 한식은 한상 차림으로 동시에 모든 음식이 나오는 것이고 서양식은 시차를 두고 순서에 따라 나온다는 차이가 있다. 한국학중앙연구원의 주영하 교수는 이를 공간전개형과 시계열형으로 설명했다. 공간전개형 서비스는 주문한 음식을 한꺼번에 차려 내는 방법으로 일반적인 한식 음식점의 서빙 방법이다. 반면 시계열형은 정해진 순서대로 음식이 서빙되는 방법으로[3] 서양의 코스 요리가 해당된다. 한식의 공간전개형 상차림에서는 전채요리부터 메인, 디저트까지 모든 음식에 맞는 술 한 종을 추천해 페어링하기가 어렵다. 반면 시계열형은 정해진 순서대로 음식이 나오기 때문에 그에 맞는 술들을 차례로 페어링할 수 있다.

공간전개형 방식인 전통 한식을 설명하면 누구나 한상 가득 음식이 차려져 있는 상차림을 연상하게 된다. 또 모든 반찬을 공동으로 나눠 먹는 것도 연상할 수 있다. 가정에서 식탁(혹은 밥상) 위에 몇몇 음식이 놓여 있고 음식을 중심으로 가족이 모여 식사하는 모습이 일반적이라 여기지만 우리가 알고 있는 이 장면은 광복 이후의 모습일 것이다.

대한민국 정부 수립 다음 해인 1949년 8월 문교부에서는 국민 의식생활 개

한상 가득 차려진 한정식 음식들.

선을 위한 실천 요강 몇 가지를 내놓았다. 그중에 '가족이 각상(各床, 따로 차린 음식상)에서 식사하는 폐를 없애서 공동 식탁을 쓸 것'이라는 내용이 나온다.[4] 그 당시 많은 가정에서 개다리소반 같은 1인용 식탁을 주로 사용했기 때문에 정부에서 실천 요강을 만들었음을 알 수 있다. 심지어 1960년대까지도 일부 가장들은 여전히 소반에서 혼자 식사하는 것을 미덕으로 여겼다.

한식 코스 요리

이제 한식당에서도 외국의 코스 요리 형태인 시계열형으로 술과 음식을 제공하는 한식 상차림을 자주 볼 수 있다. 한식 코스 요리가 외국의 식사 방식을 모방했다 하여 한식으로 받아들이지 못하거나 옳지 않다고 여기는 사람도 있다. 하지만 조선 시대에도 코스 요리 형태의 요리 제공 서비스가 있었다. 바로 왕실 연회인 진연(進宴, 의식이 간단한 궁중의 잔치)에서 순차적으로 음식을 제공

통명전진찬도(通明殿進饌圖).
1848년(헌종 14)에 순정 왕후 육순을 기념하
여 베푼 진찬을 기록(국립중앙박물관).

하며 그와 함께 음식에 맞는 술이 제공된 것이다. 조선의 순차적 음식 제공 문
화가 잘 기록되어 있는 곳이 왕실의 연회일 것이다. 특히 왕이나 왕비 혹은 대
비의 생신 잔치인 진연이나 진찬(進饌)에서 정해진 예법에 따라 술이나 차를
순차적인 요리(코스 요리) 형태로 내놓았다.

1744년(영조 20)에 완성된 《국조속오례의(國朝續五禮儀)》에 정리된 내용을
보면 연회 순서를 크게 3단계로 나눌 수 있다. 1단계는 행사장에 막 도착한 손
님들을 위로하기 위해 마련된 헌주(獻酒)다. 주인공과 가장 가까운 친척들이
세 번의 술을 올리고 세 번의 음식과 탕, 과자가 준비되었다. 이렇게 마련된 음
식은 개인용 소반에 차려서 제공되었다. 2단계는 본행사로 참석자 중에서 가
장 지위가 높은 사람이 주인공 앞으로 나와 축사와 함께 술이나 음료를 올린
다. 이때도 아홉 번의 술과 음식이 개인별로 제공된다. 물론 조선 시대에 아홉
번까지 진행된 연회는 많지 않고 유학의 검소함으로 세 번, 다섯 번 혹은 일곱
번으로 진행되었다. 3단계는 잔치의 마무리로 차와 포, 다식 등이 차려졌고 참
석자는 물론이고 잔치를 준비하고 진행한 관리와 일꾼에게 왕이 음식을 하사
하면서 잔치를 마무리했다.[5] 연회의 순서에 맞춰 어떤 술들이 나왔는지에 관
한 정확한 기록은 없다. 하지만 음식이 교체되면서 거기에 맞는 술이 제공되
었음을 추측할 수 있다.

조지 포크가 그린 전라감사제공
본상차림 그림(버클리 밴크로프트 도서관).

또한 2019년 연구에 의하면 궁궐의 연회가 아니어도 조선 시대에도 서양 식사처럼 본식(本食, 메인 요리)에 앞서 전식(前食, 애피타이저)이 나오는 식사 형태가 있었다는 기록이 발견되었다.

세계김치연구소에 따르면 1880년대 최초의 조선 주재 미국 외교관을 지낸 조지 포크(George Clayton Foulk, 1856~1893)의 문서에서 조선 시대 말기 한식 상차림 자료를 찾았다고 한다.[6] 구한말 주한 미국 공사관에 해군 무관 겸 대리공사를 지낸 조지 포크는 고종의 신임을 받아 조선의 자주적 주권 유지와 근대화 추진 과정에서 중요한 역할을 했던 측근으로 알려져 있다. 조지 포크는 1884년 충청도, 전라도, 경상도 등 조선의 3남 지방을 여행하며 당시 지방 관아 수령들로부터 접대 받은 음식의 종류, 상차림 이미지, 식사 상황 등을 자세히 기록해 문서로 남겼다. 당시 한식 상차림에서는 서양의 코스 요리처럼 예비 상차림[前食]과 본상차림[本食]을 구별해 시간 차를 두고 음식을 제공했다. 예비 상차림에는 과일류, 달걀, 떡, 면류 등 술과 함께 먹을 수 있는 간단한 안줏거리가 제공됐으며, 본상차림에는 밥과 국, 김치류, 고기류, 생선류, 전, 탕 등이 제공되었다. 이러한 상차림은 조선 왕실 연회의 축소판이라 할 정도로 흡사했다. 이는 서양의 코스 요리처럼 시차를 두고 음식이 나오는 식사 형태가 우리의 상차림에도 있었음을 알려주는 기록이다. 물론 이러한 코스 요리 형태가 일반 백성에게까지 널리 퍼져 있지는 않았을 테고 양반들의 잔치나 관가의 특별한 행사에서나 있었을 것이다.

시대의 변화에 따라 술과 음식도 지속적으로 변화해 왔다. 우리의 식사 문화도 많은 음식을 차려 놓고 먹는 한상 문화에서 벗어나 메인 메뉴 한 가지에 다른 반찬 수는 줄인 형태로 변하고 있다. 때로는 가정집에서 손님을 맞이할 때 코스 형태로 술과 음식을 제공하는 것도 이제는 낯설지가 않다. 전통이라는 것도 시대에 맞춰 새롭게 변해야 발전이 가능한 것이다.

드라마를 시작으로 한 '한류'는 최근 일본이나 동남아시아를 넘어서 전 세계 젊은 층을 중심으로 K-팝, K-드라마 등의 열풍과 함께 한국의 먹거리에 대한 관심으로 확대되고 있다. 미국이나 유럽에서는 김치, 비빔밥과 같은 전통 음식뿐 아니라 분식을 대표하는 떡볶이와 달고나 같은 군것질거리에도 관심을 보인다. 먹거리의 세계화를 위해서는 한식과 전통주가 함께 진출해야 한다. 와인과 프랑스 요리, 사케와 스시처럼 음식의 페어링을 통해 부족한 부분을 채워주어야 한다. BTS와 영화 〈기생충〉처럼 한국적인 것이 가장 세계적인 것을 사람들은 알기 시작했다. 한식과 전통주의 페어링도 세계적인 것이 될 수 있을 것이다.

한양에서
가장 핫한
술집을 찾아라

해외 여행이나 출장 중에 예상치 못한 일을 겪을 때가 있다. 대부분 그 나라의 문화에 대한 공부가 부족하거나 사람 사는 세상이 다 비슷할 거라는 안이한 생각 때문에 벌어지는 경우다. 호주에서 있었던 일이다. 저녁 식사 후에 숙소에서 간단히 마실 맥주를 사려고 편의점에 갔는데 맥주가 없었다. 당연히 있어야 하는 음료수 진열장에는 맥주뿐만 아니라 다른 술도 보이지 않았다. 스마트폰이 일반적이지 않을 때라 무작정 주변의 마트를 찾아 다녔지만 주류를 판매하는 곳은 없었다. 수소문 끝에 숙소에서 꽤 멀리 떨어진 주류 판매점에서 맥주 몇 병을 어렵게 구할 수 있었다. 멀리 가기도 했지만 어두운 데다 비슷비슷한 건물 때문에 돌아오는 길은 그야말로 고생길이었다. 우리나라에서는 쉽게 구할 수 있는 맥주가 호주에서는 전문 매장에서나 구입이 가능했던 것이다.

우리나라는 편의점을 포함해 대부분의 식품 상점에서 주류를 판매하지만 규정이 까다로워 구매가 쉽지 않은 나라도 많다. 나라마다 차이는 있지만 크게 세 가지 유형으로 나눌 수 있다. 첫 번째는 판매에 대한 규제가 강한 전매(국가가 행정상의 목적으로 생산 또는 판매의 권리를 독점하는 일) 제도다. 이는 소매 판매 규제가 강하며 면허를 가진 주류 판매 전문점 체계로 운영한다. 영업 시간, 판매점의 개수 등을 규제하는 것이다. 두 번째는 도·소매 면허 제도로 소매 면허를 대폭 자율화해 주류 판매업에 손쉽게 참여할 수 있다. 우리나라와 일본이 대표적이다. 세 번째는 알코올 도수에 따라 유통 체계를 달리하는 경우다. 고도주는 정부에서 면허 체계를 엄격하게 운영하고, 저도주는 신고제로 운영하는 체계다.[1]

주막에 대한 오해

우리나라에서는 오지가 아닌 이상 술을 어렵지 않게 구할 수 있다. 퇴근 후 동료들과 술집에서 가볍게 한잔 마시거나 집에서 반주 한잔으로 일상 생활의 피곤함을 푸는 등 술을 쉽게 구입해 편하게 마시는 문화가 최근에 생긴 일이 아니다. 예로부터 금주령 시기가 아니라면 술을 마시거나 판매에 대해 매우 자유로웠던 나라다. 역사를 보면 술을 마실 수 있는 대표적인 장소로 주막이 있다. 주막이 언제부터 시작되었는지 정확한 기록은 없으나 사극에서 묘사되는 형태의 주막은 조선 중기 이후의 것이다. 주막은 원래 술만 판매하는 곳은 아니었다. 요기를 할 수 있도록 식사를 제공하고 나그네를 위한 잠자리도 제공했다. 대도시의 주막에서는 술과 음식을 파는 집이 대부분이었지만 시골에서는 식당과 숙박업을 겸하고 있었다.

식당과 숙박업을 겸한 주막도 외국인의 입장에서 전국으로 볼 때는 많지 않았던 듯하다. 1866년에 독일 상인 오페르트Ernst J. Oppert는 《조선기행》에서 "중국과 요리법이 비슷한 측면이 있으나 중국의 빈촌 어디에서나 볼 수 있는

김홍도 〈주막〉
(국립중앙박물관).

밥장수, 떡장수, 죽장수 등을 전혀 볼 수가 없다"고 했다.[2] 1883년에 온 독일인은 "지구상의 어느 왕국도 유럽인 여행자에게 알맞은 호텔, 찻집, 그 밖의 유흥시설을 찾을 수 없는 곳은 서울뿐인 듯하다"고 했다.[3] 하지만 이러한 푸념과 다르게 사실은 다양한 음식점이 존재했었다. 일본인 오카 료스케(岡良助)에 의해 저술된 《경성번창기(京城繁昌記)》(1915)에는 음식점에 대한 좀 더 구체적인 기록이 있다. 식사만 하는 곳을 국밥집(탕반옥湯飯屋), 약주만 파는 집을 약주집(藥酒屋), 탁주만 파는 집을 주막, 하등의 음식점을 전골집(煎骨家)이라 하고, 주막에서는 음식도 팔고 숙박을 겸한다고 설명하고 있다.[4]

다양한 술집

주막은 음식과 술, 숙박을 겸하는 곳이었지만 대체로 술을 파는 곳이라는 이미지가 강했던 곳이기도 하다. 하지만 주막을 제외하고도 내외술집, 색주가, 병술집, 목로주점 등의 술집이 존재했다. 내외술집은 주인과 손님이 대면하지 않고 내외를 한다고 해서 붙여진 이름으로 생활이 궁핍한 여염집(일반 백성의 살림집) 여인이 바느질품만으로는 자식들을 먹여 살릴 방도가 없어 호구지책으로 외간 남자와 얼굴을 대하지 않고 내외하며 파는 술집이었다. 남녀가 유별한 유교 사회에서 남녀 내외로 인해 생긴 술집의 형태다. 내외술집은 겉으로 보아서는 보통의 가정집과 다를 바 없다. 다만 종이에 한자로 내외주가(內外酒家)라고 쓰고 그 둘레에 술병 모양으로 테를 둘러 손님이 내외주가임을 알게 했다. 구한말에 내외술집은 서울 청진동 일대에 열 집 건너 한 집 비율로 많은 적이 있었다. 하지만 요리옥(요릿집)이 보편화되면서 줄기 시작했다.

여성이 시중을 드는 술집도 있었다. 양반층에게 일정한 문화적 소양을 갖춘 기생이 나오는 기방이 있었다면 젊은 여성이 나와 노래도 하고 아양을 부리며 시중을 드는 색주가도 있었다. 다시 말해 접대부가 나오는 술집이다. 조선 초에는 한성부 안에 여자를 두고 술을 파는 색주가(色酒家)를 허가하지 않았다. 그러다 세종 때 허가가 내려졌다. 이유인즉 서울에서 중국으로 가기 위한 사신들이 무악재를 넘어오면 첫 번째 국립 여관인 홍제원에 머물게 된다. 여기서는 사신(使臣)과 부사(副使) 등 양반들을 환송하기 위해 음식을 마련하고 기생을 부르는 등 환송연을 베풀어 주는 일이 많았다. 반면 사신을 수행하는 아랫사람들은 그들끼리 술잔만 들게 되어 불평이 많았다. 이를 목격한 허조(許稠) 정승이 "홍제원에 노래하는 여자를 배치하여 사신을 수행하는 아랫사람들도 위안하는 것이 좋을 것 같습니다"라고 세종에게 건의했고 이후 홍제원에 색주가를 두도록 했다는 것이다.[5] 유만공(柳晩恭)의 《세시풍요(歲時風謠)》(1843

년경)에 '젊은 계집이 있는 술집을 색주가라 한다'는 기록이 있는 것으로 보아 적어도 19세기까지는 확실히 존재한 것으로 보인다.[6]

병술집은 개화기 때부터 크게 성행했다. 병술은 문자 그대로 병에 담은 술이다. 이 병술집은 갑자기 손님이 와서 술대접을 해야 할 때 이용하거나 술을 팔지 않는 국밥집에서 손님이 심부름꾼을 시켜 술을 사다 마실 수 있는 형태의 편리한 곳으로 각광받았다. 병주가에서는 탁주, 백주, 과하주, 소주를 헌주가(약주 제조 판매)나 소주가(소주 제조 판매)에서 사와 소매하지만 탁주만은 직접 만들어 파는 곳이 많았다.

주막이 숙박을 겸해서 술을 마실 수 있는 곳이었다면 한잔 술을 간단하게 마실 수 있는 집이 목로주점이다. 목로주점은 술잔을 놓기 위해서 쓰는 널빤지로 좁고 기다랗게 만든 상(목로木爐)에 술을 판다고 해서 붙여진 이름이다. 목로주점에서 술을 마실 경우에는 술 한 잔에 안주도 하나만 먹어야 했다. 지금은 술집에서 술값과 안주 값을 각각 따로 계산하지만 목로주점에서는 술값에 안주 하나의 값이 포함되어 있었다. 일제 강점기에는 목로주점을 다른

구한말 목로주점에서
한잔하는 사람 사진엽서.

말로 선술집이라고 불렀다. 목로주점에는 원래 앉는 의자가 없고 손님들은 모두 서서 술을 마시기 때문에 그렇게 부르게 된 것이다.

한양에서 가장 핫한 술집

이처럼 다양한 술집은 조선 시대부터 구한말까지 존재했다. 그중에서도 한양이 그 중심이었다. 조선 후기인 17~18세기의 한양을 보면 산업 중심지로의 발달로 인해 급속한 인구 증가를 엿볼 수 있다. 한성부 통계에 따르면 한양 인구는 1657년(효종 8)에 8만 572명에서 1669년(현종 10)에 19만 4030명으로 급증한다.[7] 하지만 한양의 실제 거주 인구는 30만 명 이상으로 추산된다. 10만 명의 거주 인구를 예상하고 건설한 도시에 그 세 배에 달하는 인구가 집중됨으로써 도시 공간이 도성 밖으로 확대된다. 결국 도성 밖 인구의 비중이 대폭 증가하여 많은 사람이 해상 교통의 중심이었던 한강변의 마포·서강 등지에 거주하게 된다. 이 지역은 중요한 상업 중심지로 변모하게 되면서 다양한 술집도 생겨나게 된다. 네이버 지식백과 '서울의 술집'에 따르면, 상업 중심지로 변모한 한양에 많은 사람이 모이기 시작하면서 다양한 술집이 번창했다.[8] 특히 '군칠이집'이라는 술집에는 평양과 개성의 다양한 음식이 메뉴로 등장한다. 군칠이집은 한양에 있던 술집으로 직접 술을 빚는 양조장 겸 술집이었다. 세조의 선위사(조선 시대 중국의 사신을 영접하기 위해 임시로 둔 관직)였던 홍일동(洪逸童)의 집터로 알려진다. 홍일동의 딸 숙의 홍씨가 성종의 총애를 받아 왕자 일곱 명을 낳았다고 한다. 이렇듯 홍일동의 집에 술과 안주가 맛있다고 알려지고 일곱 명의 왕자까지 낳았으니 장안의 술꾼들이 꾸역꾸역 모여들었다. 완원군, 회산군을 비롯해 견성군, 익양군, 경명군, 운천군, 양원군을 낳아 왕자가 일곱 명이므로 군칠(君七)이집이라는 이름을 얻었다고 한다.[9] 군칠이집이 한양에서 얼마나 유명했는지 시인 서명인(徐命寅, 1725~1802)의 시 〈취사당연화록(取斯堂烟華

錄)〉에 잘 나타나 있다.

"밤새 군칠이집에 술을 담갔다더군"이라는 내용과 함께 "여자 군칠(君七)과 남자 군칠이 있는데 모두들 큰 술집(酒家)으로 서울에서 명성이 자자했다"라고 부연 설명하고 있다.[10] 이처럼 군칠이집은 드라마에서 보던 작은 주막이 아니라 술을 많이 빚는 술집 가운데 최고로 유명한 곳이었다. 한양에는 군칠이집과 유사한 술집이 술과 음식을 차별화하고 경쟁하면서 번창하게 된다. 몇몇 기록을 통해 당시의 정황을 짐작해 볼 수 있다.

술의 도시 한양

정조대 후반에 형조 판서 등을 역임한 이면승(李勉昇, 1766~1835)은 술 제조의 금지에 관한 글인《금양의(禁釀議)》에서 한양성 전체 인구의 10~20퍼센트가 술집에 종사하거나 연관되어 있다고 했다. 또한 당시의 한양 술집을 다음과 같이 묘사했다.[11]

"… 양조하는 곳은 경성(京城)이 가장 많습니다. 지금은 골목이고 거리고 술집 깃발이 서로 이어져 거의 집집마다 주모요 가가호호 술집입니다. 그러니 쌀과 밀가루의 비용이 날마다 만 냥 단위로 헤아리고, 푸줏간과 어시장의 고깃덩어리와 진귀한 물고기, 기름과 장, 김치와 채소 등 입에 맞고 배를 채울 먹을거리의 절반이 아침저녁의 술안주로 운반해 보냅니다. …"

한양의 술집을 묘사하는 공통적인 특징은 술집에 주등(酒燈)이 있다는 점이다. 한양에서는 깃발보다는 등으로 술 파는 곳임을 표시했다. 1734년(영조 10)의 상소문에도 이런 내용이 적혀 있다. 술집마다 술 빚는 양이 거의 백 석에 이르고, 주막 앞에 걸린 주등(酒燈)이 대궐 지척까지 퍼져 있을 뿐 아니라, 돈벌

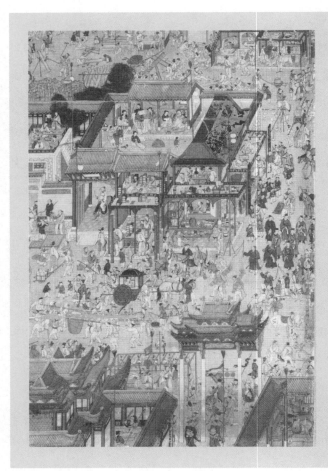

작자미상.
'태평성시도'의
주루(酒樓).
(국립중앙박물관).

이가 좋아 많은 사람이 술집에 매달린다며 양조(釀造)의 병폐를 보고한다.[12] 18
세기 한양은 대궐 안 높은 곳에 올라가 바라보면 술집 주등(酒燈)이 많이 보이
는 술의 도시였다. 조선 후기 실학자인 성호(星湖) 이익(李瀷) 역시《성호사설》
(1760 편찬)에서 한양 큰 거리의 상점 가운데 절반이 술집임을 지적하였으며 술
집은 한양 어디를 가든 마주치게 되는 풍경의 하나였다고 했다.[13] 이러한 술
의 과잉 소비로 인해 양조용으로 쌀이 너무 많이 소진되어 쌀값이 뛰고 덩달
아 물가도 올랐다. 결국 영조는 수시로 금주령을 내렸지만 음주 문화를 완전

히 없애지는 못했다. 금주령 중에도 술의 제조법은 지속적으로 발달하고 종류도 다양해졌다. 술은 법으로도 막을 수 없는 기호 식품으로 마시고자 하는 욕구를 통제할 수 없었던 것이다.

현재 대한민국의 술집 수를 보면 당시 한양의 절반이 술집이라는 상황과 큰 차이는 없어 보인다. 특히 과거의 내외주점, 색주가, 병술집, 목로주점 등과는 비교할 수 없을 정도로 다양한 형태의 술집이 존재한다. 하지만 이러한 음주 문화도 서서히 변해가고 있다. 우리나라뿐 아니라 전 세계적으로 저도수의 술을 찾으며 술집뿐 아니라 집안에서(홈술) 소규모로 즐기는 음주 문화도 확대되고 있다. 김영란법 시행, 주 52시간 근무제 등으로 인해 회식 문화가 축소되는 상황에서 코로나19는 혼술과 저도수로 주류 문화의 변화를 가속화시켰다. 코로나가 완전히 끝난 후의 포스트 코로나 시대에는 이러한 주류 문화가 어떤 방향으로 다시 변화할지 궁금해진다.

조선에
탁주 빚는 사람만
삼십만 명이라니

　어릴 적 기억 속에서 선명한 몇 가지 장면 중 하나가 1988년에 열린 서울 올림픽 개회식이다. 2년 전인 1986년 서울 아시안 게임도 있었지만 그때는 더 어려서인지 이렇다 할 기억이 없다. 텔레비전을 통해 본 서울 올림픽 개회식은 어린 나이에도 재미와 함께 벅찬 감동을 주었다. 지금은 찾아보기 힘든 비디오 카세트 녹화기VCR에 테이프를 넣고 녹화했던 기억도 있다. 이후 그 테이프는 다시 돌려보지 못한 채 홀연히 자취를 감추었다.

　서울 올림픽을 더 강하게 기억하는 것은 주입식 교육 때문일 수도 있다. 학교에서 올림픽 상식을 외우게 하고 개회식 때 선수단에게 나눠줄 부채에 호돌이를 그리게 하기도 했다. 마스코트였던 호돌이 포스터는 당시 초등학생이라면 여러 번 그려봤을 것이다. 지금 생각하면 개발도상국이며 약소국이던 나라에서 올림픽이라는 세계적인 축제를 치른다는 것 자체가 모험이었다. 그래서인지 성공적인 올림픽 개최를 위해 남녀노소 할 것 없이 누구나 노력을 했던 것 같다. 우리 부모님에게는 지금까지도 서울 올림픽이 추억으로 남은 듯하다. 올림픽 기념 주화와 호돌이 그림이 새겨진 재떨이가 장식장에 진열되어 있으니 말이다.

88 서울 올림픽 개막식.

서울 올림픽도 오랜 시간이 지났다. 개발도상국이던 대한민국은 2021년 수출 순위 7위, 무역 순위 8위인 무역 강국으로 세계의 주요 국가가 되었다.[1] 2021년 여름 유엔무역개발회의UNCTAD에서 대한민국은 개발도상국에서 선진국으로 격상된 최초의 국가가 되었다.[2]

'국민술' 타이틀을 빼앗긴 막걸리

반면 전통주 분야에서 1988년은 아쉬움이 짙은 해다. 1966년에는 막걸리 출고량이 전체 주류의 73.69퍼센트로 인기가 극에 달했으며 같은 해 소주의 점유율은 13.97퍼센트, 맥주는 5.92퍼센트에 그쳤다. 하지만 막걸리의 소비량은 1988년 서울 올림픽을 기점으로 29.92퍼센트까지 떨어지면서 39.67퍼센트를 기록한 맥주에 1위 자리를 내주었다. 이후 1990년에는 점유율 21.05퍼센트로 내려가 맥주 48.99퍼센트는 물론 소주 26.28퍼센트에도 밀린 3위로 떨어졌다. 이처럼 대중적인 술로 인기가 많았던 막걸리가 1988년을 기점으로 국민술의 타이틀을 맥주에게 넘겨준 것이다.[3]

현재 가장 많이 마시는 술은 당연히 맥주와 소주다. 최근 통계(국세통계연보)

를 보면 술 시장은 2015년 9조 3616억 원 이후로 꾸준히 감소하는 추세다. 물론 2021년도 전체 술 시장의 출고 금액은 8조 8345억 원으로 2019년도의 8조 7995억 원보다 350억 원(0.4퍼센트) 증가하지만 전체적으로는 감소의 흐름을 보이고 있다. 특히 우리나라의 2대 주종인 맥주와 소주의 출고량은 지속적으로 감소하고 있으며 2020년 대비 2021년에 2만 7946킬로리터(1.8퍼센트), 4만 8139킬로리터(5.5퍼센트)씩 감소했다. 전체 주류의 출고량 역시 2020년 321만 4807킬로리터에서 2021년 309만 9828킬로리터로 11만 4979킬로리터가 감소했다. 세 번째 소비 주류인 탁주도 2020년 37만 9976킬로리터에서 2021년 36만 3132 킬로리터로 1만 6844킬로리터(4.4퍼센트) 감소했다.[4]

하지만 출고 금액 기준으로 시장의 점유율을 보면 다른 상황이 벌어진다. 2021년 맥주는 3조 6260억 원으로 2020년 대비 0.3퍼센트 증가한 41.0퍼센트, 소주는 3조 6096억 원으로 1.7퍼센트가 감소한 40.9퍼센트의 점유율을 나타냈다. 막걸리는 2021년 5095억 원으로 2020년 4705억 원 대비 0.5퍼센트 증가한 5.8퍼센트의 점유율을 보인다. 2019년 5.0퍼센트였던 막걸리의 점유율은 2020년 5.3퍼센트, 2021년 5.8퍼센트로 지속적으로 상승하고 있다. 막걸리의 출고량은 감소했지만 출고 금액이 증가했다는 것은 결과적으로 막걸리의 제품 가격이 상승했다는 것을 반증한다. 제품의 가격 상승은 막걸리의 고급화라는 긍정적인 평가를 할 수 있다. 서민

1939년 7월 22일자 《동아일보》
(국사편찬위원회 한국사데이터베이스).

적이던 저가의 막걸리가 고가의 막걸리로 탈바꿈하고 있다는 것이다. 1988년 전까지 대중적인 술로 인기가 많았던 막걸리는 오래전부터 친근하게 마시던 술이기에 다른 술에 비해 그 의미가 남다르다. 구한말 막걸리 소비량의 기록을 살펴보면서 막걸리가 가진 의미를 되새겨 보았다.

한국인에게 막걸리란

1939년 7월 22일자 《동아일보》 기사를 살펴보면 '주제조장(酒劑造場)은 감소나 제조석수는 증가'라는 제목 다음에 '한사람이 연일두반(年一斗半)이나 마셔'라고 적혀 있다. 내용은 다음과 같다(기사의 느낌을 살리기 위해 내용을 바꾸지 않고 작성).

"조선의 주조년도인 소화12년(1937년) 9월부터 작년 8월까지의 주조 상황을 보면 전년도보다 휠신 늘엇다. 즉 주류제조면허장은 조선술이외의 주류로는 양조주(양조주-청주, 탁주, 맥주, 과실주기타) 33, 증류주(증류주-주정고주, 소주기타) 373, 재제주(재제주-백주, 미림, 감미포도주, 위스키, 모의청주, 기타) 15, 조선주(탁주, 약주)는 3,091, 합계 3,612개소인데 제조주사정석수와 세액은 조선주이외의 주류중 양조주가 210,860석에 5,730,554원, 증류주는 668,281석에 10,670,766원, 재제주는 10,254석에 401,172원이고 조선주는 2,198,107석에 8,815,161원으로 합계 3,087,502석에 25,617,653원이다. 이것을 전년도에 비교하면 제조장수에 잇어서 117개소가 감소되고 사정석수에 잇어서 271,334석 증가이며 세액에 잇어서는 2,703,479원이 증가되엇다. 이같이 술의 제조장수가 줄어든 것은 지방에 술의 제조를 통제하는 관계로 다수양조장이 합동한 관계이나 전체로 제조석수가 늘게 된 것은 전시하에 잇어서도 술은 더만히먹는 경향을 말한다. 다시 제조석수와 세금액을 조선인구에 비하야보면 평균 한 사람이 일년 한말[斗]반식을 마

시고 주세부담도 한 사람평균 일원이상이되니 그중에 경음당(鯨飮黨: 술을잘마시
는 사람)이 만히잇다고해도 이만하면 조선사람들도 술마시는데 잇어서는 어느
나라사람에도 뒤를 떠러지지안는 모양이다.”

　기사의 내용을 보면 조선 내의 술 생산량이 탁주, 약주 등 조선주가 220만
석(석은 부피의 단위로 180리터로 해석), 소주, 일본식 청주, 그 외 기타 술의 생산량
이 88만 석으로 총 308만 석 중 2/3가 조선식 술로 생산량이 많았음을 알 수 있
다. 또한 조선인 1인당 술 소비량은 1.5말[斗]이다. 한 말을 18리터로 계산하면
1인당 연간 27리터의 술을 소비한 것이다. 2015년 기준 15세 이상 한국인 1인
당 순수 알코올 소비량이 9.14리터로 지금의 소주로 보면 121병 정도 마신 것
이다. 1937년 전체 인구수 대비 알코올 소비량과 2015년 15세 이상 인구의 1
인당 순수 알코올 소비량을 직접적으로 비교할 수는 없지만 1937년에도 많은
술을 마신 것을 알 수 있으며 대부분은 탁주[참고 4]였던 것이다.

1933년 주류 생산량(조선주조사) 인용)

단위: 킬로리터(㎘)

| 종 별 | 1932년 | | | | 1933년 | | | |
	생산량	수이입량 (수입량)	수이출량 (수출량)	차인(差引)※ 소비고	생산량	수이입량 (수입량)	수이출량 (수출량)	차인(差引) 소비고
청주	10,307	1,973	195	12,085	12,085	2,064	213	13,936
맥주	-	5,955	-	5,955	2,933	4,546	75	7,404
약주	17,348	-	-	17,348	21,483	-	-	21,483
탁주	231,553	-	-	231,553	279,831	-	-	279,831
소주	56,202	521	515	56,208	68,727	1,300	368	69,659
기타	457	476	68	811	821	450	64	1,208
계	315,869	8,872	779	323,962	385,882	8,361	721	393,522

※ 저자 주: 어떤 대상의 부분을 뺀 것, 여기에서는 생산량, 수입량에서 수출량을 뺀 것.

이외에도 1933년 주류 생산량을 보아도 탁주가 27만 9831킬로리터로 전체 38만 5882킬로리터의 72.5퍼센트를 차지하고 있다.[5] 그 당시의 우리나라 주류 술은 탁주였던 것이다. (물론 지금처럼 맥주나 다른 술들이 쉽게 유통되거나 알려져 소비되는 시대가 아니었지만) 우리나라 사람들의 막걸리 사랑은 그만큼 대단한 것이었다. 이렇게 막걸리를 많이 마시기 위해서는 당연히 많은 막걸리를 만들어야 할 것이다. 당시 우리나라의 술 빚는 인구가 얼마나 되는지에 대한 조사가 있다. 1915년 5월 29일자 《매일신보》 기사를 살펴보면 '조선서 빚는 술이 얼마, 탁주 빚는 자가 삼십만'이라는 기사가 나온다. 관련된 내용은 다음과 같다.

"총독부에서 최근에 조사한 주세표를 보면 작년 십일월 현재의 양주 면허 인원수는 388,395명이나 되고 술 만드는 쌀 수는 1,421,500석이라 하며 이에 증수되는 세금은 40,073,566원이라는데 이를 대정이년(1913) 십일월 현재와 비교하면 인원에 18,216인 양조 쌀 수에 19,271석이 증가되었는데 이와 가치 현저히 증가되었음은 해마다 술 먹는 사람이 늘어가는 것이 아니라 각부 각군의 조사가 대단히 치밀하게 된 까닭이라더라. 그런데 그 술의 종류와 면허 인원과 양

1915년 5월 29일자 《매일신보》(국립중앙도서관 대한민국 신문 아카이브).

조 쌀 수로 말하면 일본 청주는 8,307명의 면허인이 49,876석을 양조하고 약주
는 6,613인의 면허인이 32,896석을 양조하는데 그중에서 양조 쌀 수라던지 면
허인이라던지 제일 많은 것은 탁주라 319,620인이 1,228,464석을 양조한다 하
고 또 지나 황주와 기타 잡주를 양조하는 자도 있으나 인원은 불과 7명이오 양
조 쌀 수도 95석에 불과하더라. 그중에서 청주 면허를 갖은 사람은 일본인이
지만은 기타의 종류는 다 조선 사람이고 또 주세액을 종류대로 구별하면 청주
11,670원 약주가 8,538원 탁주가 338,316원, 잡주 19원이라더라"

	주종	쌀 사용량	인원수	세금
대정2년 (1913년 11월)	청주	49,876	8,307	11,670
	약주	32,896	6,613	8,538
	탁주	1,228,464	319,620	338,316
	잡주	95	7	19
	종합	1,311,331	334,547	358,543
대정3년 (1914년 11월)	종합	1,421,500	388,395	473,566

기사 내용을 정리하면 표와 같다. 당시 많은 사람이 막걸리를 마셨다는 것
이고 또한 막걸리를 제조하는 사람만 31만 명이라니 엄청난 수인 것이다. 당
시 인구를 1699만 명으로 추정[6]하면 인구의 1.8퍼센트가 술을 만들었다는 계
산이 나온다. 이것도 성인을 기준으로 한다면 술을 만드는 데 관여한 사람은
훨씬 많다고 할 수 있다. 또한 1913년 기준으로 전체 주류에서 차지하는 막걸
리의 세금 비율은 94.6퍼센트였으며 1934년에는 30.23퍼센트(1659만 원)에 이
를 정도로 국가에서는 없어서는 안 될 세금의 담당을 한 적도 있었다(현재 전체
국세 중 주세가 차지하는 비율은 0.7퍼센트로 2조 5천억 원).[7] 참고로 당시 주세법 발표는
1909년 2월이며, 주세의 부과 방법은 영업자의 신고 수량을 기초로 했다. 하지

만 주류 제조 수량의 통계가 처음으로 표명된 것은 1913년(대정 2) 이후로 그전까지는 정확한 수량을 파악할 수 없었다. 《조선주조사》에 따른 주세법 시행 시대 주류 제조 수량은 《매일신보》의 자료와 비슷하지만 조사 시기와 생산량으로 표현해서 약간의 차이는 있다.

1930년대 주세와 부담률(《국세청기술연구소 100년사》)

연도별	1930	1931	1932	1933	1934	1935	1936	1937	1938	1939
총 내국세 (천 원)	43.479	40,392	41,166	47,625	56,129	64,802	75,392	86,413	114,491	150,230
주세 (천 원)	12,322	11,249	11,366	13,529	16,584	19,590	21,756	24,067	26,492	28,059
부담률 (퍼센트)	28.34	27.84	27.61	28.40	29.54	30.23	28.85	27.85	23.13	18.67

1913년 처음 주류 제조 수량 통계를 보면 우리나라의 많은 사람이 막걸리를 마셨고 좋아했다는 것을 알 수 있다. 하지만 지금의 막걸리는 전체 주류 시장의 10퍼센트를 넘어서지 못하고 있다. 1988년을 기점으로 막걸리와 맥주 소비량이 교체되면서 지속적으로 감소한 것이다. 이유는 많겠지만 1913년의 막걸리의 소비량을 보면서 다시금 막걸리의 르네상스 시대가 열렸으면 하는 바람이 있다. 그렇다고 무작정 술을 많이 마시자는 의미는 아니지만 과거부터 마셔왔던 막걸리의 가치를 좀 더 알고 즐겼으면 한다.

[참고 4]

막걸리 만들기

전통 막걸리의 주재료는 쌀, 누룩, 물이다. 전통 방식으로 집에서 빚었던 막걸리는 고두밥을 찌고 이를 잘 식힌 뒤에 누룩과 버무려 빚었다. 막걸리 제조법 중 한 번에 빚어 완성하는 단양주는 밑술을 따로 만들지 않아 양조 방법이 단순하고 술 빚는 시간도 짧았다.

단양주가 한 번에 빚어 빠르게 마시는 술이라면 이양주 이상 중양주는 밑술과 덧술 형태로 이루어져 좀 더 긴 시간 발효와 숙성을 거친다. 발효 기간이 짧은 단양주로 탄산이 많고 청량감 있는 막걸리를 얻을 수 있다면 이양주 이상의 숙성주는 탄산 특유의 청량감은 적지만 목 넘김이 부드럽고 맛이 깊은 술을 얻을 수 있다.

전통 막걸리의 양조에서는 밀로 만든 누룩만 발효제로 사용하지만, 현대의 막걸리 양조에서는 밀누룩 대신 입국(粒麴)만 사용하거나 입국을 주도적으로 사용하면서 개량 누룩과 전통 누룩을 추가하는 것이 가장 큰 차이점이다.

현대 막걸리의 제조법은 전분질 원료와 발효제의 종류에 따라 양조장마다 약간씩 차이는 있지만 대체로 '원료 처리 → 밑술 제조 → 담금 및 발효 → 제성 → 포장'의 순서로 이뤄진다.

전통 막걸리 제조법(다양한 제조법 중 대표적인 방법 하나만 소개)

1. **쌀 불려 물 빼기:** 쌀을 씻어 체에 밭쳐 물기를 뺀다.
2. **고두밥 짓기:** 찜통에 증자포를 깔고 쌀을 올려 증기로 40~50분 찌고 10분 정도 뜸을 들인다. 고두밥이 익으면 상온에서 식힌다.
3. **효모와 누룩 더하기:** 식힌 고두밥에 누룩과 효모, 물을 넣고 손으로 잘 섞어준다(효모는 넣지 않을 수도 있다).
4. **옮겨 담기:** 끓는 물로 소독한 항아리에 옮겨 담는다. 공기가 통하도록 항아리 입구를 깨끗한 천으로 덮는다.
5. **발효:** 실내 온도가 15~25도 유지되는 곳에 두고 발효시킨다.
6. **저어주기:** 발효를 시작한 뒤 처음 3~4일간 하루에 한두 번씩 막걸리를 저어준다.
7. **거르기:** 발효를 시작한 뒤 거품이 나지 않고 윗부분이 맑아지면 거른다.

8. **도수 조절하기:** 걸러서 얻은 막걸리의 도수는 16도 정도다. 물을 더해 원하는 도수를 맞춘다.

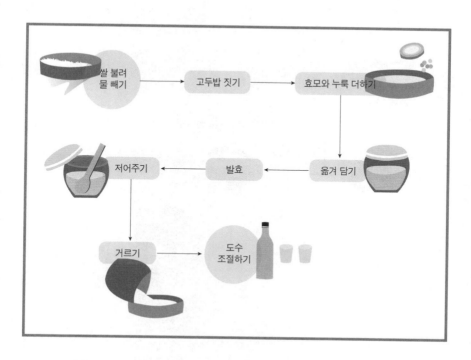

현대적 막걸리 제조법

1. **밑술 담금:** 술을 안전하게 빚기 위해 적은 양의 술을 담아 효모를 배양한다.
2. **1차 담금:** 발효에 필요한 효모를 확대 배양한다.
3. **2차 담금:** 당화 및 알코올 발효가 왕성하게 진행한다. 발효 중에 알코올 및 탄산 가스가 생성된다. 후발효가 일어나도록 팽화미를 넣는다.
4. **거르기:** 숙성된 술의 찌꺼기를 거른다.
5. **제성:** 술의 맛과 알코올 규격을 보장한다.
6. **병입:** 완성된 술을 병에 주입한다.

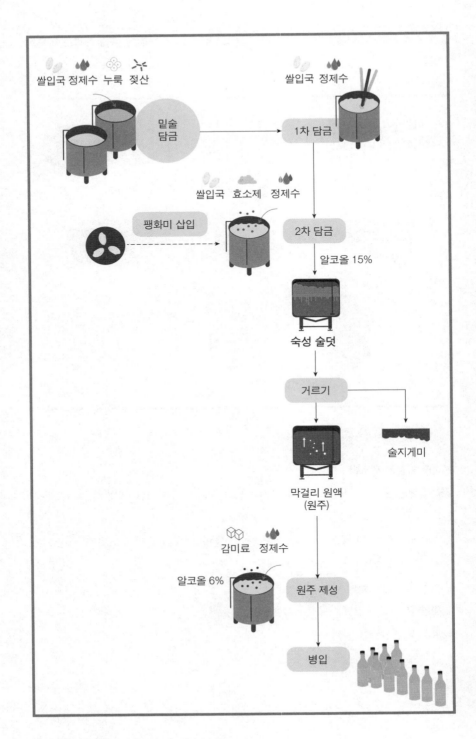

쌀입국 정제수 누룩 젖산   쌀입국 정제수

밑술
담금   1차 담금

쌀입국 효소제 정제수

팽화미 삽입   2차 담금

알코올 15%

숙성 술덧

거르기

술지게미

막걸리 원액
(원주)

감미료 정제수

알코올 6%   원주 제성

병입

외국인의 눈에 비친
개화기 조선인의
술 문화

주변을 보면 술을 많이 마시거나 잘 마시는 것을 자랑하는 사람이 있다. 얼마나 자랑거리가 없으면 그런 걸 자랑할까 생각할 수도 있다. 어리고 젊을 때는 별 것 아닌 것도 자랑스럽고 멋있다고 여길 수 있다. 특히 친구들보다 술을 더 잘 마시고 덜 취하면 별 것 아닌 걸 알면서도 어깨가 올라간다. 대학교 시절에는 술을 잘 마시지는 못했지만 남에게 지기 싫어서 객기로 술을 마시기도 했다. 달력의 날짜를 지워가면서도 마셔봤고 친구의 자취방에서 아침 해가 뜰 때까지도 마셔봤다.

세계보건기구WHO, World Health Organization의 〈술과 건강에 대한 국제 현황 보고서 2018〉에 따르면, 대한민국의 2015~2017년 연평균 1인당 알코올 섭취량은 10.2리터로 일본의 8리터와 중국의 7.2리터를 제치고 동북아시아 최고의 주당 국가로 등극했다. 남성이 16.7리터로 여성의 3.9리터보다 4배 이상 많았다. 알코올 16.7리터는 360밀리리터 소주(17도) 273병, 500밀리리터 맥주(5도)

668캔을 마셔야 섭취할 수 있는 양이다. 이는 일주일에 소주 다섯 병이나 맥주 열세 캔가량을 꼬박꼬박 마셨다는 것을 뜻한다.[1] 지금은 덜 하지만 우리나라의 음주 문화를 보면 폭탄주와 함께 술을 강요하고 폭음, 회차에 술잔 돌리기도 빠뜨릴 수 없다. 폭음 문화는 음주 분위기를 화기애애(和氣靄靄)한 매개체로 활용하는 것이 아니라 취하는 것을 목표로 삼고 정신을 잃을 때까지 마시는 문화다. 폭음 문화의 대표적인 사례가 '원샷'이다. 한번 잔을 들면 의무적으로 바닥이 보이도록 비워야 하고 더 나아가 파도타기 등 개인의 컨디션에 따라 양을 조절하며 마실 수 없는 분위기를 조장한다. 그러다 보니 음주 후에 숙취로 고생을 하는 사람이 많았다.

폭음이 허용되는 나라

폭음 문화가 전통적인 한국의 음주 문화라 할 수는 없다. 과거에는 풍류를 즐기며 술을 가까이하고 계절마다 술을 만들어 적당히 즐기는 문화였다. 술 마시는 것을 조심하기 위해 '향음주례'(향촌의 선비나 유생들이 학덕과 연륜이 높은 이를 주빈(主賓)으로 모시고 술을 마시는 잔치)를 통해 술 마시는 예를 갖췄다. 하지만 이러한 풍류 문화와 함께 폭음 문화는 조선 말기에도 있었다. 조선 말기 개화기 술 문화를 알기 위해서는 객관적인 시선이 필요한데 당시의 외국인

폭탄주.

선교사나 여행자의 기록을 통해 알 수 있다. 조선은 선교사에게 포교의 대상이었으며 여행자에게는 새로운 미지의 세계였다. 물론 서양인의 시선으로 바라봤겠지만 간접적으로나마 조선의 술 문화를 볼 수 있다.

서양인의 눈에 비친 조선인은 모두 폭음가였던 모양이다. 미국의 장로교 선교사인 언더우드(한국어 이름 원두우(元杜尤))의 《상투의 나라》에서는 "그들은 일반적으로 술에만 의존하며, 어떤 사람은 지나치게 술을 마셔서 술에 빠져 버린다"고 했다. 오페르트(독일 출신의 상인)가 1886년에 저술한 《금단의 나라 조선》에서는 "그들은 독주를 즐기며 식사 때에도 폭음을 한다. 내가 관찰한 바에 의하면 조선 사람들은 틈만 나면 술자리를 만들며 매우 무절제하다"고 했다.[2] 같은 책에서는 그들의 주량에 놀라워하는 기록도 있다.

"만일 우리 배를 찾아오는 사람들이 요구하는 대로 우리가 양주를 다 내놓을 수만 있었다면 매일 수백 명의 술주정꾼들을 만들어 놓았을 것이다. 그들 중 어떤 이들은 전에 양주를 마셔 보지도 않았지만 놀랄 만한 주량을 보였다. 한 예로 우리를 방문한 한 관리와 그의 세 명의 수하들은 불과 반 시간 만에 샴페인 네 병과 체리브랜디 네 병을 비웠다."[3]

1897년 영국 지리학자 이사벨라 버드 비숍의 《조선과 그 이웃 나라들》에서도 "지체가 높은 사람들조차도 잔치 끝에는 술에 취해 마루에 구르기도" 한다고 기록하고 있다. 1850년경 프랑스 선교사 중 다블뤼와 프티니콜라의 기록은 다음과 같다.

"폭음에 대해서는 매우 관대한 습관이 있다고 보았다. 이러한 폭음에 대해서 프티니콜라는 과도한 음주 습관 때문에 국가 재정이 낭비되고 있다고 지적하

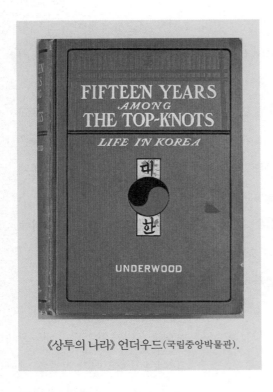
《상투의 나라》 언더우드(국립중앙박물관).

였다. 즉, 조선에서는 쌀로만 술을 빚기 때문에 곡물 낭비가 심해져서 물가 상승의 요인이 된다고 지적하였다."[4]

다블뤼(Daveluy, Marie Antoine Nicolas, 한국명 안돈이, 1818~1866)의 글을 정리한 책에서도 "그리고 취할 정도로 술을 마시는 것도 마찬가지이다. 영의정이나 임금도 공공연히 폭음을 한다. 술에 취하면 정신을 잃고 바닥에 뒹굴거나 술을 깨기 위해 잠을 잔다. 그래도 아무도 놀라거나 불쾌하게 생각하지 않고, 혼자 쉬도록 내버려 둔다. 우리 눈으로 볼 때 이것은 큰 타락이다. 그러나 이 나라 사람들은 그렇게 생각하지 않는다. 관습이다. 그래서 허용되며, 아주 고상한 일이 된다. 이에 대해서 무슨 말을 하겠는가?"[5]라고 기록했다.

이처럼 조선에 온 선교사나 여행가들의 눈에는 조선의 술 문화는 많이 마시고 무절제한 모습으로 비쳤다. 특히 선교사들의 입장에서는 유럽 천주교회의 엄숙주의적인 신앙관에서 나온 판단이 작용해서 조선인의 성격이나 사고방식을 부정적으로 평가한 부분도 있었을 것이다.

외국인이 바라본 조선의 술

개화기 당시 서양인들의 눈에 비친 술은 어떤 종류가 있었고 그 맛은 어땠을까?《금단의 나라 조선》에서는 "조선의 술은 수수 등의 곡식을 빚어 만들며 중국의 술과 비슷하며 맛이 없고 탄 냄새를 풍긴다"고 했다.[6] 프랑스인 에밀 부르다레가 4년간 머물면서 쓴 조선 관련서인《대한제국 최후의 숨결》에서도 "토속 음료수로는 술이 있는데, 술 냄새가 고약하다. 연기와 알코올과 등잔 기름 냄새가 한꺼번에 난다"고 했다. 이사벨라 버드 비숍의《조선과 그 이웃 나라들》에서는 다음과 같이 기록하고 있다.

"조선의 술은 외형상 버터밀크를 닮은 매우 감칠맛이 도는 하얀 음료에서부터 매우 순하고 물로 희석된 강한 냄새와 타는 듯 독한 맛의 화주(火酒, 소주)[참고 5]까지 다양하다. 이 중간에 보통의 곡주가 있는데 약간 노란 듯한 일본의 정종과 중국의 삼수(samshu, 수수 또는 쌀로 빚은 증류주)와 유사한 것으로써 다소 역겨운 냄새와 맛을 지닌다. 그것들은 다소 강하게 연기 비슷

소줏고리를 이용한 소주 만들기.

한 물보라와 기름, 알코올 냄새를 풍기는데 그중 가장 좋다는 것에도 퓨젤유가 남아있다. 술은 쌀이나 기장과 보리로 빚는다."[7]

조선의 술은 쌀이나 잡곡으로 빚는데 알코올 도수가 낮은 막걸리에서부터 알코올이 높은 증류주까지 매우 다양하였음을 알 수 있다. 하지만 전반적으로 소주는 탄 냄새가 나며 맛이 없다고 평하는 것을 보면 조선 술이 서양인들의 입맛에는 맞지 않았기에 별다른 매력이 없었던 듯하다.

조선 사람들은 왜 술을 좋아할까?

그렇다면 우리 조상들은 외국 술 중 어떤 술을 좋아했을까? 《금단의 나라 조선》의 기록에 의하면 "조선인들은 특히 양주나 독주가 수중에 들어오면 폭

구한말로 추측되는 술 마시는 사진(부산박물관).

음을 한다. 그들은 샴페인과 체리브랜디를 선호하며 그 외에 백포도주와 브랜디 그리고 여러 종류의 독주들도 좋아한다. 반면에 적포도주는 떫은맛 때문에 좋아하지 않는다"고 했다. 당시 외국산 술을 마실 수 있는 사람은 일부 부유층과 상류층에 한정되어 있었다.《조선과 그 이웃 나라들》에서는 당시 일부 부유층 사이에서 외국 술이 유행하였음을 기록한다.[8]

"프랑스제 시계와 독일제 도금품에 대한 기호와 더불어 외제 술에 대한 애호가 젊은 양반들 사이에서 다소간 유행이 되어 가고 있었고 이를 기꺼이 제공하는 사람들은 퓨젤유가 풍부한 감자 주정을 '오래된 코냑'이라고 내놓기도 하는데 거품이 일어나는 샴페인 한 병은 1실링에 살 수 있다."

외국인들은 조선인들이 폭음하는 이유가 무엇 때문이라 생각했을까?《조선과 그 이웃 나라들》에서는 "아마도 조선 사람들이 술고래인 한 가지 이유는 그들이 대도시일지라도 차를 거의 마시지 않는 것이며 사치스러운 청량음료가 그들에게 알려지지 않았기 때문이다"고 했다.《상투의 나라》에서도 "조선 사람들은 일본이나 청국에서처럼 차를 재배하지 않으며, 가장 부유한 사람조차도 최근에야 비로소 차나 커피의 사용법을 알게 되었으며 평민들은 너무 가난해서 차를 살 수가 없는 것이다. 이상하게도 그들은 결코 우유를 마시지 않으므로 연회를 벌이는 경우 손님들에게 제공할 수 있는 무해한 음료수가 없다"고 했다.[9] 1890년 중반부터 20여 년간 자전거로 조선 전역을 누빈 선교사 제이콥 로버트 무스(1864~1928)의《1900, 조선에 살다》에서는 "조선 사람들은 차나 커피를 마시지 않는다. 사람들 대부분은 그런 것을 본 적도 없다"고 기록하고 있다.[10] 즉, 조선 사람들이 폭음을 할 수밖에 없는 이유는 술 이외의 음료 문화가 거의 발달하지 않았기 때문이라고 서양인들은 분석하고 있다. 물론 위의 내용은 서양인의 눈에 비친 우리의 단편적 음료 문화일 수도 있다. 우리의 음료 문화에서 차를 마시는 문화도 존재했고 식혜나 수정과, 숭늉 같은 음료도 있었다. 물론 외국의 차 문화나 마시는 음료들과 비교해서는 소비가 적었기 때문에 그렇게 생각하거나 말할 수도 있다.

현재 대한민국의 폭음 문화가 조선 시대부터 이어진 것이라고 할 수는 없다. 그 당시의 사회와 지금의 사회는 차이가 있으며 조선 이후 우리는 크나큰 사회·문화적 변화를 겪으며 발전해왔다. 급속한 변화를 통해 우리도 모르는 사이 폭음하는 음주 문화를 당연하게 여기고 받아들였을지 모르지만 폭음은 결코 장려되어서는 안 된다. 세대가 바뀌면서 술 문화도 변하고 있고 회사의 회식 문화도 그 분위기에 맞춰가고 있다.

대부분의 사람들은 술을 즐기고 술자리를 좋아하는 이유로 상대와의 대화를 첫 번째로 꼽는다. '술 한잔 하러 가자'는 말은 물리적으로 '술을 마시고 취하자'는 의미가 아니다. 소통과 관계 형성, 인간적 사귐 등 사회적 의미가 내포되어 있다. 술은 사람과 사람을 연결하는 관계 유지의 보조 아이템이다. 술이 단지 취하기 위한 수단이 아닌 비언어적 커뮤니케이션의 중요한 매체로 이용되고 있는 것이다.

[참고 5]

소주 만들기

증류식 소주

증류는 발효된 술덧에 포함된 휘발성 성분만을 분리하는 작업으로 에탄올이 주요 성분이다. 알코올의 끓는점은 78.32도로 물(100도)보다 낮기 때문에, 알코올을 포함한 용액을 가열시켜 수증기로 만들고 증기를 냉각시켜 다시 액체로 만들면 알코올 농도가 높은 액을 얻을 수 있다. 이것이 술 증류의 원리다.

전통적으로 소주를 증류하는 방식은 '소줏고리'라는 장치를 사용한다. 술덧을 솥 안에 넣고, 솥 위에 소줏고리를 올려 놓는다. 술덧에 열을 가열하면 증발한 에탄올은 중간 부분에 뚫려있는 고리를 통과하여 찬물이 담긴 윗면의 용기 바닥에 도달한다. 윗면의 찬물을 계속 갈아주면 용기 바닥에 도달한 에탄올은 온도가 낮아져 윗면 용기 바닥에서 다시 액체화된다. 이것이 이슬처럼 떨어지면서 중앙 고리 주변에 모여 밖으로 돌출된 긴 대롱을 통해 밖으로 흘러내린다.

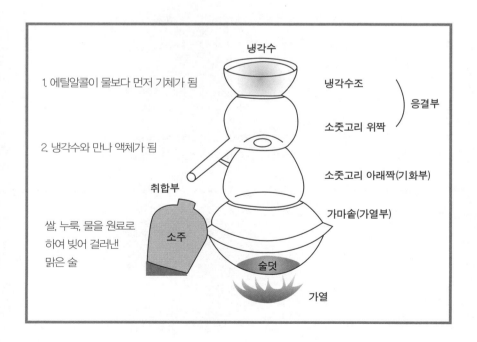

희석식 소주

희석식 소주에 쓰이는 95퍼센트 고순도 에탄올 '주정'을 원료로 한다. 주정의 원료는 수입산 타피오카가 가장 많이 사용된다. 또한 감자 등 당해의 주정 사용 가능 재료의 수급 상황에 따라 달라지며 보통 당해 가장 싼 재료가 선택된다. 정부가 주정의 원료를 정해 전국 9개의 주정 제조업자에게 직접 배급하면, 주정 제조업자는 주정을 만들어 대한주정판매에 일괄 납품한다. 주류 업체는 주정을 사와서 물로 희석하고 감미료(과거에는 사카린, 현재는 토마틴, 올리고당, 자일리톨, 아스파탐, 스테비오사이드 등)를 섞어 소주를 완성한다.

첨가물 — 부드러운 맛과 함께 물 냄새를 잡는 기능 등 소주의 맛 차이를 결정

물 — 주정에 물을 첨가해 알코올 농도 조정. 소주의 80퍼센트 이상 차지

주정 — 전분이나 당분이 함유된 물료를 발효시켜 알코올분 95퍼센트 이상으로 증류한 것

3장

시대에 따라
우리 술은
어떻게 변화했을까?

'전통'. 자주 접하는 단어다. 전통 음식, 전통 한복, 전통 한옥 등 우리 민족에게
전통은 문화의 상징이며 마케팅의 수단이 되기도 한다. 전통의 사전적 의미는
'어떤 집단이나 공동체에서, 지난 시대에 이미 이루어져 계통을 이루며 전하여
내려오는 사상·관습·행동 따위의 양식(국립국어원 《표준국어대사전》)'[1]이다. 실체
를 가진 하드웨어보다는 정신적인 소프트웨어를 뜻하는 것이므로 실체가 없
으니 전통을 정의해서 말하기란 어려운 일이다.

　한때 한복이나 개량 한복 착용 시 '고궁 무료 입장'에 대한 논란이 있었다.
변형된 개량 한복이 전통의 변질이냐 아니면 시대의 흐름이냐에 대한 논란이
었다. 전통의 변형은 많은 사람의 의견이 첨예하게 대립하는 부분이다. 이러
한 논란과는 반대로 전통의 생활화 작업을 하는 곳도 있다. 불편한 한복을 일
상복처럼 편하게 입기 위해 소재, 디자인, 공정을 개선해서 만든 생활 한복은
많은 사람의 사랑을 받고 있다. 전통 한옥도 한옥의 큰 틀은 유지하되 그 안의
생활 환경은 현대적인 건축 디자인과 결합한 형태로 변하고 있다. 한옥의 외
형과 정신은 유지하면서 그 내부는 생활하기 편리하게 개선한 것이다. 이날치
밴드의 '범 내려온다'로 익숙해진 퓨전 국악이나 퓨전 판소리도 처음에는 전통
에 대한 논란이 있었으나 이제는 자연스럽게 받아들인다. 이러한 사례는 전통
에 얽매이지 않고 전통을 현대적으로 해석하거나 새로운 기술을 접목했기에
가능한 것이다.

　현대적으로 해석하는 이 시대의 전통주는 어떤 모습이어야 할까? 전통주

는 '한 나라나 지역에 전통적으로 내려오는 양조법으로 만든 술'[2](국립국어원《표준국어대사전》)로 정의하고 있다. 우리나라의 양조법은 역사가 오래되고 다양하며 복잡해서 어떤 제조 방식이나 기준을 전통주로 정의해야 할지 단정짓기 어렵다. 현재 전통주를 만드는 큰 업체들은 현대적인 제조법을 결합한 곳이 많다. 전통주가 가진 의미나 원료 배합, 맛을 유지하고 있기 때문에 그 전통주를 인정하고 보전할 가치가 있다고 판단하는 것이다.

전통주 중에서도 새로운 시대의 흐름에 맞춰 완전히 재탄생한 것도 있다. 식품 명인 중 전통주 원료에 현대적인 술을 혼합해 일명 클럽주를 만들어 젊은 사람들이 가는 클럽에서 판매한다거나 칵테일을 만들 때 사용되는 원료로 사용할 수 있는 제품을 만들기도 한다.

고도수의 프리미엄 막걸리도 젊은 층이 마시기 쉬운 알코올 6퍼센트로 낮춰 생산되는 제품이 많아졌다. 도수를 낮춘 제품들도 젊은 층의 소비 기호에 맞춘 전통주의 재탄생이라 할 수 있다. 이러한 제품들은 올드했던 전통주의 외형도 변화시켰다. 술 이름, 병 모양, 라벨 등에 세련된 스타일을 접목함으로써 핫한 아이템이 되고 있다. 물론 위의 사례는 매우 드문 경우다. 대부분의 전통주는 전통이라는 굴레에 얽매여 있다. 이제 그 굴레에서 벗어나야만 할 것이다. "전통은 진화하므로 전통이 된다(《한옥이 돌아왔다》 도시건축가 김진애 박사)"라는 말처럼 전통주 역시 그동안 오랜 역사 속에서 변화를 통해 진화했기에 지금도 우리 곁에 남아 있다고 생각한다. 그동안 역사의 변화 과정에서 전통주는 어떻게 변해 왔는지 살펴보면서 현재의 전통주 모습은 어떻게 달라질지 같이 고민해 보려고 한다.

조선의 금주령,
전통주의 변화
그리고 술의 다양화

술은 인류의 역사 이래 현재까지 이어 온 몇 안 되는 상품 중 하나일 것이다. 술의 기원이 언제인지는 알 수 없지만 옛 기록을 살펴보면 고대 이집트 신화에서는 부활과 풍요의 신인 오시리스가 곡물 신에게 맥주를 만드는 법을 가르쳤다고 하고, 그리스 신화에서는 디오니소스, 로마 신화에서는 박카스를 술의 시조라고 한다. 중국은 하나라 우 임금 시절 의적(儀狄)이 처음 술을 빚었다고 하고 우리나라에는 천제의 아들 해모수가 물의 신 하백의 세 딸 중 막내 유화를 유혹해 술 대접을 한 후 정을 통해 주몽을 낳았다는 탄생 신화가 있다.[1] 이처럼 전 세계적으로 술과 관련된 전설이나 건국 신화가 있다는 것은 술이 인류 보편적이었다는 것을 알게 하는 자료가 된다. 현재에 와서 종교적인 이유로 술을 못 마시게 하는 나라가 있거나 술을 규제하는 나라는 있어도 다른 이유로 판매를 금지하는 국가는 많지 않다. 과거 집권층은 알코올이 강한 진통, 마취 작용, 중독성으로 건강을 망치는 물질이며, 주로 식량을 재료로 만들다 보니 식량을 낭비하는 물질로도 판단했다. 그로 인해 역사적으로 술을 금지하려는 시도가 여러 번 있었다. 술의 제조, 판매를 금지하는 금주법(禁酒法)이 그것이다.

1920년대를 배경으로 만든 미국 영화에는 '금주법'이라는 용어가 자주 등장한다. 〈원스 어폰 어 타임 인 아메리카〉(1984), 〈언터쳐블〉(1987), 〈가을의 전설〉(1994) 등 많은 영화의 배경으로 금주법 시대가 다루어졌다. 가장 익숙하고 유명한 영화는 마피아를 소재로 한 〈대부〉(1972)일 것이다. 알 카포네를 위시한 갱들은 밀주(密酒)를 생산하고 거래하며 막대한 부와 권력으로 세상을 쥐락펴락하는 시대 배경을 다룬 영화다.

하지만 이 영화는 너무 오래되어서 추억 속에 희미한 기억으로만 남아 있다. 금주법 관련 영화로 기억되는 또 하나의 영화는 〈위대한 개츠비〉(2013)다.[2] 첫사랑 데이지를 잊지 못하고, 막대한 부를 쌓은 뒤 데이지를 찾지만 끝내 비참한 죽음을 맞는 주인공 개츠비를 다룬 영화다. 개츠비가 돈을 번 방법은 금주법에서 금지된 주류 밀수업이었다. 금주법이 시행된 미국의 경우도 아이러니하게 금주법 시대에 많은 사람이 밀주로 돈을 벌게 되었고 그 중심에 마피아가 있었다.

외국의 금주법

가톨릭을 믿는 유럽의 경우 기근이나 정치적 이유로 금주법이 시행되기는 했지만 강력하지는 않았다. 유럽의 술 만드는 주원료의 대부분이 포도나 사과 등의 과일로 주식이 아니었기 때문에 가뭄 등의 식량 부족 때에도 원료로써의 영향이 적었다. 더구나 유럽 문명에서 술은 단순히 즐길거리가 아니라 종교적 의미를 갖기도 했다. 가톨릭에서는 포도주와 빵을 예수의 피와 살로 여겨 미사 때 사용했으므로 무작정 금주법을 시행할 수가 없었다.[3] 반면 미국에서는 건국 초기부터 전 세계에서 몰려든 이민자들로 맥주, 진한 사과주, 위스키, 럼주 등 다양한 술이 소비되었다. 당시 미국인들은 한 사람당 연간 약 3.5갤런(1 갤런은 3.785리터)의 알코올을 소비했는데 이를 한국과 비교한다면 16.8퍼센트로 소주를 210병 정도 마셨다는 것을 의미한다. 특징적인 것은 술을 많이 마시는 사람 중에 고위층이 많다는 것이다. 대니얼 오크렌트Daniel Okrent의 책《Last Call: Rise and Fall of Prohibition》에 의하면 미국의 초대 대통령인 조지 워싱턴(George Washington, 1732~1789)은 농장에 증류기를 가지고 있었고, 2대 대통령이자 미국 역사상 최초의 부통령인 존 아담스(John Adams, 1735~1826)는 매일 진한 사과주를 마시면서 하루를 시작했다고 한다. 3대 대통령인 토마스 제퍼슨(Thomas Jefferson, 1743~1826)은 와인 수집뿐만 아니라 직접 호밀을 길러 위스키도 만들었고 4대 대통령인 제임스 매디슨(James Madison, 1751~1836)은 매일 위스키를 한 파인트(미국 기준 473밀리리터)씩 마셨다고 한다. 또한, 미합중국의 육군 사병들은 1782년 이래로 매일 4온스(미국 기준 118.29밀리리터)의 위스키를 배급 받았다.[4] 미국 중부에서 수확된 옥수수로 만든 값싼 버번 위스키의 영향과 지도층의 술에 대한 관대한 인식 때문에 사회적으로 과도한 음주 문화가 자리잡게 되었다. 이러한 주류 소비는 지속적으로 증가하였으며 금주법 시행의 빌미를 제공하게 되었다.

결과적으로 지나친 음주는 가정 폭력, 회사 무단결근으로 인한 노동력 감소 등 각종 사회 문제를 낳았다. 산업화가 본격화되면서 도시 지역의 과도한 음주 풍토가 큰 문제로 지목되었다. 이외에도 제1차 세계대전은 곡물 전용을 제한하게 하였으며 이것은 더 강한 금주 운동으로 확산되었다. 이런 다양한 문제로 1919년 10월 28일, 미국 의회가 볼스테드법Volstead Act을 통과시켰다. 정식 명칭이 '전국 금주법National Prohibition Act'인 이 법의 통과로 이듬해부터 술의 제조와 판매, 수송과 수출입이 전면 금지되었다.[5] 하지만 기대와 결과는

금주법에 버려지는 술.

매우 달랐으며 효과도 없었고 문제가 더 많았다. 대통령마저 밀주를 찾는 상황에서 약 3만 킬로리터에 이르는 술이 국경과 해안을 통해 밀수되고 가정마다 지하실에 증류기를 두고 술을 만들었다.[6] 금주법의 역설이라면 밀주를 통해 돈을 번 사람이 있다는 것이다. 금주법 시대에 약용 알코올 원료인 생강의 미국 내 공급 독점 기업 대표인 아먼드 해머(1898~1990)가 밀주로 돈을 번 대표적인 케이스며[7] 음지에서 가장 횡재한 세력은 조직폭력단인 마피아다.[8] 결국 금주법이 폐지된 것은 1933년 대공황을 맞아 대형 사업을 벌이던 루스벨트 행정부의 세수 확보를 위한 명분으로 헌법까지 수정하며 금주를 풀고 술로 세금을 걷기 시작했다.

우리가 잘 들어 보지 못한 금주법 시행 국가들도 있다. 러시아의 금주법이라 하면 러시아 제국 말에서 소련 초기에 있었던 금주법과 고르바초프 시절 금주법이 유명하다. 우선 1914년 여름 당시 차르였던 니콜라이 2세는 군(軍) 내 음주로 인한 문제를 없애고자 러시아 전역에 보드카 등 주류의 생산 및 판매를 금지하는 명령을 내렸다. 통계에 따르면 이때 노동 생산성은 약 15퍼센트 증가했으며, 이외에도 예금이 증가하고 범죄 건수가 줄었다고 한다. 하지

만 금주법으로 인해 미국처럼 음성적 주류 제조업자들이 활개를 치는 문제로 1923년 폐지되었다.[9]

두 번째 금주법은 1985년 6월 1일 당시 서기장이었던 미하일 고르바초프의 서명하에 시행되었다. 정확히 말하면 금주법까지는 아니고 술의 구매에 제한을 두는 절주법이었다. 법의 시행 목적은 술을 만드는 데 쓰는 곡물을 줄여 식량 문제도 일정 부분 해결하고, 의료 비용도 줄여 정부 예산을 아끼려고 시행한 것이었다. 하지만 고르바초프도 여러 문제로 인해 버티지 못하고 1987년에 절주법은 철회되었다.[10]

아시아권에서는 주로 기근이 들면 식량 절약을 위해 금주법을 시행했다. 《삼국지연의》에는 유비가 곡식을 아끼기 위해 금주법을 내리고 법령에 따라 술을 담글 때 사용되는 기구를 가진 사람까지 처벌하는 명령을 내렸다는 내용도 있다.[11] 아시아권 국가들의 술은 사과주나 포도주 같은 과실주가 아닌 쌀이나 밀을 원료로 하는 곡주이기 때문에 술을 빚은 만큼 밥 지을 곡물이 줄어들 수밖에 없었다. 탁주가 아닌 소주 같은 증류 과정이 들어간 고품질의 술은 곡물이 훨씬 더 소모되기 마련이다. 당연히 이렇게 만들어진 술은 일반 백성보다는 상류층이 즐기는 기호 식품이었으며, 유교 문화권에서의 금주법 시행은 상류층의 근검과 기강을 강조하려는 정치적 목적도 있었다.

우리나라의 시대별 금주법

그렇다면 우리나라에서는 시대별로 어떻게 금주법이 시행되었으며 전통주와 어떤 관계가 있을까?

《삼국사기(三國史記)》에 따르면 백제 때 곡식이 여물지 않아 백성들이 사사로이 술을 빚는 것을 금했다는 기록(다루왕 11, 서기 38)이 있다.[12] 고려 시대에도 《고려사》의 〈형법지(刑法志)〉에는 '현종 원년(1010) 승려와 노비가 서로 다투는 것을 금지시켰으며 또, 비구나 비구니가 술을 빚는 것을 금지하였다'는 기록이 있다[13] 이외에도 충목왕 1년(1345) 5월 '무신일(戊申日)에 가뭄으로 술을 금지하다'라고 하였고, 우왕 9년(1383) 3월에는 가뭄이 들자 '날이 가물자 금주령을 내렸다'와 '가뭄으로 술을 금하였다'는 두 번의 기록이 있다.[14] 조선 시대에도 기근이 들었을 때 식량 절약 차원에서 종종 금주령이 내려졌다. 조선 전기까지는 금주와 관련해 당시 왕의 수교(受敎, 임금이 내리던 교명)를 통해 구두 형태로 전달된 것을 집행하는 한시적인 효력을 가졌을 뿐이었다. 이후 중종 38년(1543)에 편찬된 《대전후속록(大典後續錄)》 법전에 금주가 명문화되기 시작했다. 사회 경제적인 발전에 따라 금주법의 항목은 더욱 세밀하게 추가되고, 술을 통제하기 위한 방법도 다양하게 논의되었다. 하지만 금주법에도 불구하고 유교 제사에 사용한다는 명분하에 양반가에서는 몰래 소주를 만들어 먹는 일이 다반사였다.[15]

박소영의 논문 《조선시대 금주령의 법제화 과정과 시행 양상》(전북대학교 사학과, 2010)을 보면 조선 전기의 금주령은 유교 이념 실천과 곡식 소모를 막으려는 방편으로 활용되었다고 한다. 당시에는 술을 마시는 게 사회 문제로 다룰 정도까지는 아니어서 법전에 기재되지 않았던 것으로 보인다.

조선 최초의 법전인 《경국대전》(성종 16, 1485)의 법조문에는 금주 관련 조항이 없다. 《대전후속록》(중종 38, 1543)의 〈형전〉에 노인과 병자 외에 소주를 금지한다는 금주 조항이 처음으로 등장한다. 소주가 다른 주종보다 곡물을 많이 소비하는 고급 주류에 속했기 때문이고 향락과 사치 풍조를 조장했다고 생각했다.

이처럼 곡물을 많이 소비해서 문제가 된 술 중에 삼해주(三亥酒)가 있다. 삼해주는 세 번에 걸쳐 빚은 술로 제조법은 조금씩 다르지만 많은 곡물이 소비된다. 삼해주의 많은 소비로 인한 곡물 소비 증가는 금주령 강화의 요인이 됐기에 삼해주에 대한 금지령은 법전에 따로 기록되었다. 삼해주는 발효주로 마셨든 소주로 마셨든 보편적으로 음용되는 술이기 때문에 곡물 낭비를 막고자 법전을 통해 통제한 것으로 보인다. 영조 7년에는 서울의 경우 하루에 수백 석의 미곡이 양조에 소비된다고 하였고, 영조 10년에는 이조참판 송인명이 술을 많이 빚을 경우 30~40석 혹은 50~60석의 쌀을 삼해주를 빚는 데 소비한다고 지적했다.[16] 이렇듯 당시 술 빚는 데 소비되는 쌀의 양은 전국적 규모로 볼 때 전체 인구의 주식 소비량의 1/3 내지 1/4이고 서울만을 한정해 볼 때는 1/2 정도에 이른다고 보았다(《정조실록》권 13, 6년 6월 정묘).[17] 18세기 말엽에는 양조 규모가 크게 확대되어 푸줏간의 고기와 시장의 생선 태반이 술안주로 쓰이고, 이로 인해 시장의 반찬 값이 날마다 뛰어 문제가 되었다. 이렇듯 술이 사회 경제적으로 미치는 영향은 결코 미미한 것이 아니었기에 강력한 통제로 이어질 수밖에 없었다.

영조는 금주법을 강하게 시행한 왕으로 유명하다. 영조 때부터 사대부 집안에서 술을 빚어 사사로이 판매하는 것에 대한 문제의식을 느껴 양조를 금지하기 시작한 것이다. 사대부 집안에서까지 술을 만들어 판다는 것은 양조가 그만큼 경제적 수단으로 가치가 높았던 것으로 보인다. 이에 관한 기록은 영조 5년에 처음 등장한다.[18] 술을 빚음으로 특히 사대부와 세력 있는 가문에서 양조하는 폐단이 적지 않아 술을 빚어 생활하는 서민들이 도리어 피해를 받게 되었다. 결국 《신보수교집록》(영조 15, 1739)〈형전〉에서는 사대부 집안에서 술을 많이 빚어 사사로이 판매하는 것을 금하고, 양조 규모(대양 1섬 이상, 소양 5말 이상)에 따라 법정 기준을 나누어 죄를 물었다.[19]

하지만 농업생산력 증대에 따라 시장이 확대되고 전국적으로 정기적인 시장이 개설되는 등 경제가 활성화되면서 아이러니하게도 금주법을 강하게 시행한 영조 때에 술집인 주가(酒家)라는 표현이 처음으로 등장한다. 이것은 당시 술을 파는 곳이 형성되었음을 알 수 있다. 영조 32년(1756)부터 강력한 금주법을 내놓고 음주의 뿌리를 뽑고자 했다. 10여 년이 지나 해제된 금주법은 유례없이 엄격했다고 평가한다. 하지만 처음 금주법이 내려지고 1년이 지난 뒤 영조는 "오늘은 금주(禁酒)를 한 지 일주년이 되는 날이다. 금주를 어겨 섬으로 유배된 자가 700여 명이나 되는데 모두 풀어주도록 하라(《영조실록》 33년 10월 24일)"는 왕명을 내리기도 한다.[20] 왕의 명령으로 금주법이 시행되었지만 1년 사이에 700여 명이 유배를 갈 정도로 금주법은 지켜지기 힘든 법임을 알았기 때문에 석방을 시켜준 것은 아닐까 생각해 본다.

반면 영조와 다르게 손자인 정조는 술의 폐해가 있더라도 이는 법으로 다스릴 문제가 아니며 금주 자체를 막을 수 없다고 생각한 듯하다. 가뭄 때문에 금주령을 잠시 시행한 적은 있으나 정조는 규제를 철폐하는 정책 방향을 취했다. 하지만 당시에 폭음과 과음이 사회와 가정에 끼친 폐해가 상당히 심했고, 술 과소비로 인한 경제적 문제 역시 무시할 수 없었다.

정조 9년(1785) 《대전통편》에는 "길거리에서 주정한 자는 장형(죄인의 볼기를 큰 형장으로 치던 형벌) 100대의 형에 처한다"는 형법이 만들어졌다.[21] 술주정에 대한 형법을 규정한 것이다. 정조대에는 양호(釀戶, 술 빚는 집)라는 단어가 자주 등장하고, 풍년이 든 해가 많아 가는 곳마다 주점이 번성한다는 기록이 있어 상업적인 술집이 보편화된 것으로 보인다.

술을 못 마시게 하는 방법의 하나로 아예 술을 만들지 못하게 한 노력도 있었다. 중종 때에는 도성의 각 시장에 누룩을 파는 데가 7~8곳이 있어 하루 거래량이 7~8백 문(門)이 되며, 그 누룩으로 술을 빚어 쌀 소비가 1천여 석에 이르렀다고 한다.[22] 이것으로 보아 양조의 기본 재료인 누룩 시장이 형성되었고 유통도 원활했음을 알 수 있다. 결국 금주를 위해 술의 근본인 누룩을 만들어 매매할 수 없도록 한 것이다. 누룩 매매 금지에 대한 내용은 순조 22년(1822)에 만들어진《수교정례(受敎定例)》에 반영된다. 누룩 금지 조항은 장형 100대와 도(徒, 관에 구금하여 소금 굽기, 쇠 다루기 등과 같은 힘든 일을 강제로 시키는 형벌) 3년의 형률로 기재되었다.[23] 이후 순조 32년(1832)에는 조율사목(照律事目, 죄의 판결을 법률의 적용 등에 관한 규정)을 통해 금주 위반 사례와 그에 따른 형률이 구체적으로 제시되어 당시 금주 위반이 다양하게 행해진 것으로 보인다. 특히 누룩을 관에 보고하게 함으로써 관이 본격적으로 누룩과 술을 통제하려는 의지를 보여 주었다. 고종 4년(1867)에 편찬된《육전조례(六典條例)》에는 금주가 당연한 것으로 명시되어 있어 조선 말기까지 금주 정책이 고수되고 있음을 알 수 있다.

이처럼 조선은 오랫동안 사회의 변화에 따라 금주법을 체계화하며 세분화했고 경제 변화에 따라 금주 법조문은 4개의 범주로 나눌 수 있다.

첫째, 노병자 외에 소주를 금지하는 것
둘째, 대양(大釀, 술을 많이 빚다)과 매매를 금지하는 것
셋째, 회음(모여서 술을 마심)을 금지하는 것
넷째, 후주(酗酒, 술주정)를 금지하는 것

이를 보다 구체적으로 살펴보면 술을 빚는 것, 마시는 것, 파는 것, 사서 마시는 것, 술주정하는 것, 안주를 많이 차려서 마시는 것, 제사에 술을 금하는 것, 누룩을 금하는 것 등 세부적으로 나뉜다. 조선의 금주법에서는 금주법을 해제하지만, 술주정을 금하기도 하고, 사사로이 술을 빚는 것을 금하지 않으면서 술을 매매하는 것만 금지시키기도 하며, 금주를 해제하면서도 술을 많이 빚는 것과 술주정을 금하는 등 다양한 형태의 금주법을 시행함으로써 금주의 틀은 유지하면서도 유연한 법의 집행을 보여 주었다.

금주법의 강화 이유 중에 하나로 술 제조의 발달도 영향을 미쳤을 것이다.

더 맛있는 술을 마시고자 하는 욕망과 함께 알코올이 높은 고도주를 만들기 위해 더욱더 많은 쌀을 사용한 것 역시 금주법 강화와 연계된다. 이러한 금주법 시대에도 술 빚는 문헌에 기록되는 술의 종류는 다양화되고 제조 방법은 지속적으로 발전했다. 결국 술이라는 것은 개인의 기호 식품이며 욕구이기에 법으로 막거나 통제하기가 어려운 것이다. 이제 우리 사회는 개인의 욕구를 국가의 법이나 제도로 감시받지 않을 정도로 성숙해 있다. 술이라는 기호 식품도 인생에서 즐거움을 주는 존재로 영원히 남기를 바란다.

조선의 과하주,
유럽의 포트와인보다
먼저라고?

여름이 다가오면 방송이나 신문에서 올해 여름은 역대급으로 더울 것이라는 날씨 예보를 한다. 기억의 한계 때문인지는 몰라도 예보처럼 그해 여름이 가장 더운 것처럼 느껴진다.

더위를 이기는 방법은 많지만 무엇보다 시원한 맥주 한잔은 여름 날의 더위와 피로를 날려주는 최고의 음료다. 알코올 도수가 낮아 부담 없이 마실 수 있고 퇴근 후 편의점 앞이나 집에서 간단한 안주에 한두 캔 즐기면서 여유로운 시간을 보내기에도 제격이다.

여름은 청량감 있는 맥주의 인기가 높은 반면 전통주의 소비가 줄어드는 계절이기도 하다. 특히 발효주가 대부분인 전통주의 경우 냉장 시설이 발달되지 않았던 과거에는 유통 과정에서 변질되는 일이 흔했다. 물론 현대에는 냉장 시설이 발달한 만큼 유통기한이 지나지 않는 한 술이 변질되거나 쉬어서 버리는 경우는 없다.

증류주의 탄생과 이동

기원을 밝히기 위한 연구는 계속되고 있지만 발효주가 정확히 어디에서 시작했는지 아직 알 수 없다. 반면 증류주의 기원은 아랍이 시초라는 정도만 알려져 있다.[1] 곡물이나 과실 따위를 발효시켜 만드는 발효주는 증류법을 만나면서 완전히 새로운 맛과 향을 지닌 술로 변화했다. 나라마다 가지고 있던 고유의 발효 술 제조 방법에 증류라는 단계를 더 거치면서 증류주라는 새로운 술의 카테고리가 탄생한 것이다.

유럽에서는 포도주를 증류해서 브랜디를 만들었고 중국에서는 곡류술(수수, 조 등)을 증류해서 고량주를 만들었다. 우리나라에서는 쌀로 만든 술을 증류해서 소주가 되었다. 증류주를 만드는 방법은 여러 경로를 거쳐 우리나라에 들어왔을 것으로 추정된다.

조선 시대에 이수광(李睟光)이 편찬한 우리나라 최초의 백과사전인 《지봉유설(芝峯類說)》(1614)에는 우리나라의 소주 제조가 원나라에서 유래되었으며 이때는 오직 약으로만 쓸 뿐이었다고 했다.[2] 고려 시대에 와서 몽골은 고려의 지배와 일본의 원정을 목적으로 평양, 영흥, 제주에 행정부를 설치한다. 또한 일본 침략을 위해 제주도에 병참 기지도 만든다. 이렇듯 평양과 안동, 제주를 중심으로 많은 몽골인들이 살았으며 그들이 아랍으로부터 배워온 증류주 제조법을 자연스럽게 받아들였다.

전해오는 문헌 중에서 가장 오래된 '소주'의 표현은 《고려사》 우왕 1년(1375) 2월 교서에 등장한다. '사람들이 검소함을 알지 못하고 사치스럽게 쓰며 재물을 손상시키고 있으니, 지금부터는 소주(燒酒), 화려한 수를 놓은 비단, 금이나 옥(玉)으로 만든 그릇 등의 물건은 한결 같이 모두 사용을 금지한다'고 했다.[3] 적어도 우왕 이전에 소주가 도입되었다는 것을 알 수 있다. 증류주 제조법이 발달하고 조선 시대를 거치면서 소주는 가양주 형태로 지방마다 독창적이

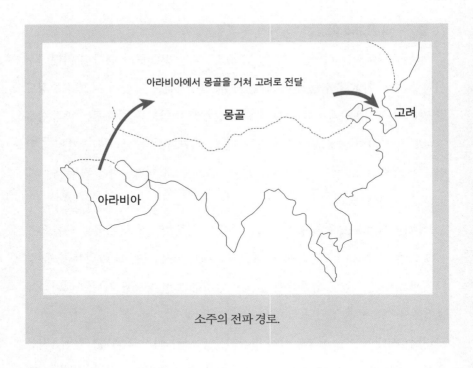

아라비아에서 몽골을 거쳐 고려로 전달

몽골

고려

아라비아

소주의 전파 경로.

고 특색 있게 계승되어 누구나 제조, 유통, 소비할 수 있었다. 이처럼 증류주가 많아지고 우리나라 제조법과 혼합되면서 과거에는 없던 형태의 술들이 탄생하게 된다.

새로운 술의 등장

대표적인 술이 과하주(過夏酒)[참고 6]다. 지날 과(過), 여름 하(夏), 술 주(酒). 과하주는 이름 그대로 온도와 습도가 높은 여름철에 술이 상하는 것을 극복하는 데 목적을 두고 만든 술이다. '여름에 빚어 마시는 술', 또는 '여름이 지나도록 맛이 변하지 않는 술'이라는 뜻을 담고 있다.[4] 일반적인 과하주는 탁주와 약주의 발효 중간에 도수가 높은 증류식 소주를 첨가해 저장성을 높인 술로 탁주나 약주보다 도수가 높고 맛도 달다. 발효시킨 술에 증류주를 섞어 알코올 도

수 20도가 넘는 술로 만들면 술의 단맛은 유지되면서 쉽게 상하지 않는다. 탁주나 약주의 발효 과정 중에 도수 높은 소주를 첨가하면 미생물의 활동이 중단되면서 술 속 당 성분이 남아 결과적으로 단맛과 술맛이 오랫동안 유지되는 것이다.

　과하주가 언제부터 우리나라에서 만들어졌는지는 정확하지 않다. 1670년 《음식디미방(飮食知味方)》이라는 문헌에서 처음 언급된 것으로 보아 술을 빚은 것은 그 이전으로 추측만 할 뿐이다.[5] 물론 소주를 넣어서 만드는 술이므로 소주가 만들어진 이후에 가능했을 것이다. 하지만 소주 제조법이 우리나라에 퍼지기 전에 알코올을 추가해 보존 기간을 향상시킨 술들은 이미 있었다. 속성주와 단맛이 강한 술이나 탁주를 급하게 약주로 만들어야 할 경우 혹은 여름철 술 빚기 등에서 그 내용을 볼 수 있다. 《산가요록(山家淰綠)》(1459년경)의 '급시청주(急時淸酒)'나 《음식디미방》의 '시급주'는 미리 만들어 둔 탁주로 다음 술을 빚을 때 물 대신 사용해서 술 빚기를 한다. 발효 중이거나 발효가 끝날 무렵 기존 술을 넣는 경우로 《양주방(釀酒方)》(1837)의 '부의주(浮蟻酒)', 《주찬(酒饌)》(1800년 초)의 '송엽주(松葉酒)' 등에서 이와 같은 술 첨가 제조법을 볼 수 있다.[6] 결국 발효주를 첨가해서 보존 기간을 연장하던 기존 제조법에 증류주가 발달하면서 소주를 넣는 방법이 추가되었고, 그에 따라 과거보다 발달된 형태의 술인 과하주가 만들어진 것이다.

다르지만 비슷한 술

　이 세상에 비슷한 제조법을 가진 술이 과거부터 여러 나라에 존재한 것은 우연이라기보다는 필연이라고 할 수 있다. 과하주와 비슷한 제조법으로 만든 술이 외국에도 있다. 포르투갈의 포트(포르투, Port), 마데이라Madeira 와인과 스페인의 셰리Sherry, 프랑스의 뱅 두 나튀렐Vin Doux Naturel, 이탈리아의 마르살라

Marsala 같은 술이다. 이 술들은 포도 발효 과정에서 과실주를 증류해 만든 브랜디를 첨가해 달콤한 맛을 내는 주정 강화 와인이다.[7] 그중에서도 포르투갈의 포트와인과 스페인의 셰리가 대표적이다. 이 둘은 모두 와인에 증류주(브랜디)를 추가해 저장성을 높였다. 16세기 이후 대항해 시대에 와인(발효주)을 변패시키지 않고 먼 곳까지 옮겨야 하는 필요성도 커졌다. 특히 17세기에 영국과 프랑스가 주축이 된 스페인 왕위 계승 전쟁으로 영국의 와인 수입상들이 프랑스 대신 포르투갈에서 와인을 수입하게 되었다. 이러한 국가 간 분쟁으로 와인 무역에 제약이 생기고 새로운 와인 대체 수입국을 찾는 과정에서 보존성과 이동성을 높이기 위한 수단으로 강화 와인이 만들어진 것이다.[8] 과하주의 원료는 쌀이고 포트와인은 포도가 원료다. 원료는 다르지만 둘 다 단맛이 강해 알코올이 거의 느껴지지 않을 정도로 묵직한 느낌이 비슷하다. 포트와인과 과하주를 마셔본 사람이라면 포트와인을 마실 때는 과하주를, 과하주를 마실 때는 포트와인을 떠올릴지도 모른다. 다양한 문헌의 기록이나 사실들을 종합해 보면 우리의 과하주 제조법이 외국의 포트와인 제조법보다 100년 정도 앞서는 것을 알 수 있다. 증류주는 외국으로부터 전해 받았지만 우리가 가진 과거의

포트와인이
숙성되고 있는
오크통.

방법에 접목시켜 새로운 종류의 술을 먼저 탄생시킨 셈이다.

제조법은 다르지만 외국의 술과 우리나라의 술에서 유사한 재료를 사용해 기시감(Déjà Vu, 데자뷔)을 갖는 술도 있다. 프랑스 압생트와 전통주 애주(艾酒)가 쑥을 사용한 대표적인 경우다. 압생트는 19세기 유럽에서 유행했던 술이다.[9] 증류주로 알코올 도수가 높지만 프랑스 사람들은 아랑곳하지 않고 사랑했다. 애주는 1540년 무렵 발간된 전통 조리서 《수운잡방》과 1680년경의 《요록》에 기록되어 있고 쑥을 넣어 만든 발효주다.[10] 발효주와 증류주라는 차이는 있지만 비슷한 부재료를 넣어 만든 두 술에서 쑥향을 느낄 수 있다. 압생트의 향기를 맡고 있으면 애주의 쑥 향기가 떠오른다.

또 소나무 향이 나는 대표적인 술로 진(gin)과 송순주가 있다.[11] 진은 호밀 등의 원료를 증류하여 노간주나무 열매로 소나무 향(테르펜)을 낸 술이다. 다양한 칵테일을 만드는 데 사용한다. 비슷한 향의 우리 술 송순주는[12] 봄날 소나무 순이 연초록으로 올라오면 마디를 끊어서 송순을 만든다. 보통은 곡물 발효주에 솔잎과 송순을 넣어 만든다. 처음 진을 마셨을 때 머릿속에 송순주가 떠올랐다. 송순주를 잘 이용한다면 진과 비슷한 술을 개발하거나 칵테일 원료로 다양하게 사용할 수 있겠다는 생각을 하게 된다.

소득 증가와 함께 외국의 다양하고 좋은 술들이 수입되고 있다. 전통주들도 과거와 견주어 볼 때 맛과 품질이 향상되었다. 하지만 아직도 외국 술의 가치는 높게 평가하면서 전통주의 가치는 낮게 보는 경향이 있다. 과하주가 포트와인이나 셰리에 비해 결코 맛이 떨어지지 않는 데도 전통주라는 이유만으로 무시하거나 관심을 두지 않는다. 압생트는 들어봤어도 애주는 들어보지 못했고, 진은 마셔봤어도 송순주는 모른다.

BTS나 영화 〈기생충〉, 드라마 〈오징어 게임〉 등 문화면에서 이제는 외국의 것을 받아들이던 단계를 넘어 우리의 것을 세계에 보여줄 수 있을 정도로 자부심이 올라가 있다. 전통주 생산자와 소비자 모두 우리 술에 자신감을 가져도 된다. 전통주 제조를 조금 더 규모 있게 제품화한다면 세계의 술들과 경쟁도 가능할 것이다. 우리에게 맛있는 술은 외국인에게도 당연히 맛있을 것이라 확신한다.

[참고 6]

과하주 만들기

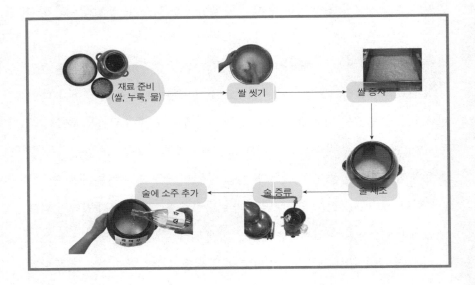

과하주 제조방법

《음식디미방》(의역)

1. 누룩 두 되에 끓여서 식힌 물 한 병을 부어 하룻밤 재워 둔다.
2. 위에 뜬 찌꺼기는 제거한다.
3. 찹쌀 한 말을 깨끗이 씻는다.
4. 잘 익도록 찐다.
5. 식힌 후 2의 미리 내린 누룩 물과 섞어 넣는다.
6. 3일 후에 좋은 소주 열 복자를 부어 두면 독하고 달다.
7. 7일 후에 쓰라.

원문 풀이

1. 누룩 800g에 끓여서 식힌 물 3.42리터를 부어 하룻밤 침지한다.
2. 걸러서 찌꺼기를 제거한다.
3. 찹쌀 5.4킬로그램을 씻는다.
4. 물빼기 후 찐다.
5. 식힌 다음 누룩물과 섞어 항아리에 넣는다.
6. 3일 후에 좋은 소주 11.4리터를 부어 둔다.
7. 7일 후에 걸러 음용한다.

조선 최초의
주류 품평회
실시간 업데이트

세계적인 스타 셰프인 고든 램지가 우리나라의 한 맥주 CF를 촬영하면서 술맛을 평가한 것에 대해 많은 사람이 설왕설래했다. 우리나라의 대기업 맥주도 맛있다고 옹호하며 자신은 그 맥주만 마신다는 사람이 있는 반면 폭탄주용 맥주로나 어울리지 외국 맥주에 비해 맛이 형편 없다는 사람도 있다. 술은 기호 식품이다. 기호 식품은 "술, 담배, 커피 따위와 같이, 영양소는 아니지만 독특한 향기나 맛이 있어 즐기고 좋아하는 음식물"[1]이다. 한 사람의 기호만으로 제품의 품질을 결정하는 것은 어려운 일이다. 기호 식품의 뜻처럼 맛과 향기를 평가하는 데는 정해진 기준이 없기 때문에 개인이 느끼고 판단해서 만족하면 맛있다고 느낄 수 있는 것이다.

《신의 물방울》이라는 일본 만화가 와인계에 붐을 일으킨 적이 있다. 당시 전통주 회사에서 술 연구를 담당했기에 관심을 가지게 되었다. 하지만 읽으면 읽을수록 와인을 마시고 난 후의 표현에 거부감이 들었다. 주인공이 와인을 마시고 나서 "무화과, 금감, 부엽토 그리고 희미한 민트와 시나몬…. 얼마나 다이내믹하고 사방으로 터지는 여운인가. 작은 과일을 깨물면 거기서 새로운 태양이 탄생하는 것 같아. 그러면서 우아하고 고요한 대지이기도 해"라고 시음평을 한다.[2] 와인도 기호품이기 때문에 사람마다 느끼는 감정과 떠오르는 이미지는 다를 것이다. 하지만 《신의 물방울》의 와인에 대한 평가 및 묘사는 그동안 알고 있던 와인의 색과 향, 맛 등을 통해 상태와 품질을 평가하는 일반적인 와인 평가 방법과 차이가 있었다. 물론 만화는 어디까지나 만화이기에 재미를 위해 과도한 표현을 했을 수도 있다. 하지만 일반적으로 테이스팅에서 사용되는 객관적 기준이나 용어보다는 주관적이고 모호한 표현을 많이 사용했다. 간혹 책에서 다룬 와인을 마실 때 만화의 표현은 어떻게 나온 것인지 궁금했다. 소비자에게 공감을 받지 못하는 표현이나 평가는 결과적으로 관능에 있어 무의미하지 않을까 하는 생각이 들었다.

전통주를 연구하면서 가장 중요하게 여기는 것은 많은 소비자를 만족시킬 수 있는 술을 만드는 것이었다. 제품을 개발하면서 되도록 많은 사람에게 시음을 시켜 보고 최종적으로 가장 좋아할 만한 술을 제품으로 내놓지만 실제 시장에서 소비자들이 좋아할지는 장담할 수 없다. 술 역시 기호 식품이기에 개인의 차이가 있는 것은 알지만 그래도 '맛있는 맛'이라는 것에 대해서 공통되는 부분은 있지 않을까 고민하게 된다. 이러한 것을 극복하기 위해 전문가 그룹에서 사용하는 것이 관능검사다. 관능검사는 "여러 가지 품질을 인간의 오감(五感)에 의하여 평가하는 제품 검사로 검사 분야에서 과학적 계측화가 상당히 진보되었으나 이화학적 평가가 불가능한 품질의 특성에 대하여는 유일한 방법이다"[3]라고 정의하고 있다. 많은 사람이 관능검사라는 단어는 들어봤지만 그것이 얼마나 복잡하고 과학적인지는 모르는 경우가 많다. 관능검사는 몇몇 사람이 맛이나 향기로 품질을 규정하는 것이 아니라 목적에 따라 검사 방법과 통계적인 처리, 심리학까지 가미해 맛과 향에 대해 종합적인 판단을 내리는 상당히 복잡한 평가 방법인 것이다.

이렇게 복잡한 관능 평가를 전문적으로 미리 해보고 술에 대한 설명이나 추천을 해주는 사람이 '소믈리에'다. 작은 범위에서의 소믈리에는 '매장에서 고객에게 음식과 어울리는 와인을 추천해주고 서비스하는 사람'이다.[4] 큰 범위에서의 소믈리에는 '와인의 시음·평가·관리 등 식료품 전반을 담당하는 이'를 말한다. 최근에는 와인 외에도 다양한 분야에서 관능 및 평가를 하는 전문가로 의미가 확장되었다. 워터(물) 소믈리에, 티(차) 소믈리에 등이 대표적이다. 소믈리에의 중요성을 일찍 인식한 술 생산 국가들은 자신들의 술을 설명하고 평가하는 소믈리에 직업군을 만들었다. 일본에는 키키자케시(きき酒師)가 있고 맥주 업계는 씨서론Cicerone, 칵테일에서는 바텐더가 비슷한 역할을 한다.[5]

전국에 흩어져 있는 수많은 전통주 중에 좋은 술을 찾기란 쉽지 않다. 매장에서 소비자에게 술을 추천하는 것이 소믈리에의 역할이라면 '우리 술 품평회'는 전통주 전문가와 소믈리에가 한자리에 모여 관능 평가를 통해 상을 주는 대회다. 여러 전문가가 관능을 하고 그 결과로 순위를 정하기 때문에 조금

1915년 4월 21일자 《부산일보》(국사편찬위원회 한국사데이터베이스).

더 정확한 관능 평가가 가능하다. '대한민국 우리 술 품평회'는 매년 전국에 있는 우리 술들을 출품 받아 서류 및 관능 평가를 통해 상을 준다. 주종별로 대상, 최우수상, 우수상을 선발하는데 해마다 15개 정도의 맛있는 술이 선발된다. 2017년부터는 주종별로 대상만 다시 평가한 후 품질이 우수하고 맛있는 술을 찾아 대통령상을 주고 있다.

제1회 주류 품평회

신문 기록으로 보아 우리나라에서 처음 열린 주류 품평회는 청주(사케) 품평회로 1915년 4월 21일자《부산일보》의《마진일간》에 올라와 있는 마산양조조합의 발족과 주류 품평회 개최를 찬성하는[6] 논단의 내용이 최초의 품평회 관련 기사(일간논단)다. 기사 내용은 다음과 같다.

조선청주품평회

마산양조조합의 발족과 관련된 조선청주품평회를 이윽고 6월 6일에 마산에서 가장 성대하게 개최할 것을 결정한 주최 측은 그 준비를 위해 바야흐로 필사적인 태세로 분주히 움직이고 있는데, 우선 우리는 전적으로 이 일에 찬동하고자 한다. 옛날부터 마산이라는 지역은 조선에서 으뜸가는 아름다움을 지닌 산자수명(山紫水明)의 고장일 뿐만 아니라 양조업에 적당한 지역으로도 유명하다. 저번에 이곳을 시찰한 오하라 전 지방 국장의, "마산의 수질 및 쌀의 품질, 기후는 양조업에 상당히 알맞습니다. 나는 돌아가서 데라우치 총독에게 이곳 마산의 양조업을 크게 장려하도록 보고하였습니다."라는 언급에도 나타나듯이, 또한 작년에 부산에서 열린 본 도의 제1회 물산공진회에서 명예의 월계관을 받은 사람도 마산의 양조업자인 사실을 보아도, 마산이 훗날 조선에 있어서 유명한 양조업의 고장이 되는 것에 대해서는 이제 그 누구도 이견을 가지지 않는다고

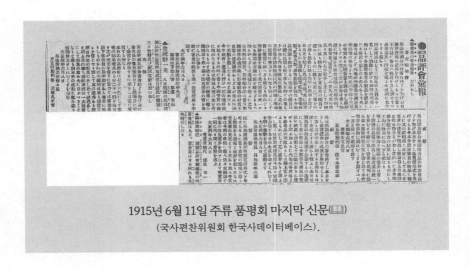

1915년 6월 11일 주류 품평회 마지막 신문(📖)
(국사편찬위원회 한국사데이터베이스).

믿는다. 이와 같은 이유로 우리들은 마산에서 청주품평회가 개최되는 것에 찬
동하며, 나아가 매년 이러한 종류의 품평회가 마산에서 개최되기를 바라마지
않는다.

이처럼 최초의 주류 품평회는 마산이라는 지역의 양조 특성이 양조에 적
합한 지역이기에 품평회가 지속적으로 개최되기를 바라는 내용이다. 마산이
라는 지역이 양조에 적극적인 이유는 많지만 다음에 자세히 다루어 보려고 한
다. 이후《부산일보》에서는 대회가 끝나는 날까지 지속적으로 마산의 청주품
평회에 대한 기사를 올렸다(17회 기사화). 지금 보면 신문을 통한 실시간 방송 형
태라 할 정도로 관심이 많았다.

청주품평회 휘보

(휘보: 한 계통의 여러 가지를 종류별로 분류하여 한데 모아 알리는 기록이나 보고)

심사보고서 마산 청주품평회의 심사 종료를 알리며 오늘 포상 수여의 식전을 거행함에 있어서, 이에 여기 심사의 개황을 준비함과 동시에 출품한 여러분에게 소감을 말씀드리게 된 것을 참으로 영광으로 여기는 바이다. 출품 청주 73점, 출품 인원 51명으로서도, 조선에서 처음 개최되는 것임에도 불구하고, 각 도의 관련 업자들의 제품을 망라하는 성황을 보였을 뿐만 아니라 그 외, 참고 제품으로 나다, 히로시마, 후쿠오카 등의 일본 내의 각 양조지로부터 대표적인 방순(芳醇, 향기롭고 맛이 좋은 술)을 기증받아 비교대심상(비교하고 조사함)에 있어서 기대를 저버리지 않았다. 그리하여, 심사는 이 분야에 가장 정통하고 있는 심사위원인 치쿠야마 사부로효우에 씨, 우치다 류키치 씨, 시뇨다 겐이치 씨, 이마이 히사지로 씨와 함께 지난 7일에 착수하여 주로 이주법(利酒法, 술 맛을 보는 방법-관능법)에 의거하여 정밀한 심사로 이심을 거듭한 후, 우량으로 인정한 것에 대해서는 다시 삼심을 하여 가장 엄격하게 또한 가장 공평하게 평가를 내리며 오늘 마치게 되었다. 빛깔, 향미 모두 우수한 것을 선발하여 우등 2점, 일등 3점, 이등 6점, 삼등 10점을 뽑아서 지금 출품 청주를 개평하니, 출품한 것 중의 우량품은 우에 비견하여 구태여 제품 이입의 필요가 없을 정도의 것이며, 일본 내의 다른 지역에서 물건을 들여오기를 청할 필요가 없을 정도와 같아서 이는 업자 여러분들이 기술의 연찬과 학리의 응용을 위해 노력한 결과로 참으로 경축하는 마음 금하기 어렵다. 그런고로, 조선 전도를 통틀어 아직 주질(술의 품질)의 통일이 부족하고 소위 지방주의의 범위를 벗어나지 못하는 것은 유감스럽지만, 생각해보니 이러한 것들은 원료가 잘 정제되었는지의 여부, 원료배합률이 적당한지의 여부, 발효의 적합 여부, 특히 저장 용기의 재질 불량 등에 주의하지 않음으로 인해 원주의 미점을 훼손한 것으로 판단했다. 바야흐로 사회가 발달함에 따라 대중들의 기호가 점점 향상하는 시대를 맞이하여 이번 수상에 뽑히지 못한 제품은 물론, 입선의 영예를 안은 제품 어느 것도 기호의 변천에 비추어 분발하여 앞으로 점점 개량진보의 결실을 맺기를 바란다. 이에, 심사에 관련한 개괄적인 내용을 개관하며 포상수여를 신청한다.

다이쇼 4년 6월 8일

심사(위원)장 조선총독부 중앙시험장 기수훈 8등 쿠사미치 츠네하루

▲고사 축사 일속

8일 개최의 마산 청주품평회 포상수여식 당일에 여러분들이 낭독하는 고사 및 축사 답사는 다음과 같다.

고사 마산청주품평회 심사 완료를 알리며 이에 심사장의 심사 보고를 마치면서 우등자에 대해 포상수여에 이르게 되어 참으로 경하하는 바이다. 본 대회의 출품 총수는 73점이며 심사 결과 우량의 제품 21점을 뽑았다. 이것의 결정은 심사장 이하 심사위원의 공평 및 엄정한 심사에 의한 것으로 이 식별은 가장 적절한 것으로 믿고 있다. 이리하여 이들 우수한 청주는 일본 내의 '순량(醇良)'에 비해 결코 손색이 없다고 한다. 조선산 술의 대대적인 발전이기도 하고 이 산업을 위해 크게 기뻐할 일이며 누구라도 이 대회의 성적을 거울삼아 힘써 노력할 것을 바란다.

다이쇼 4년 6월 8일

마산 청주품평회 회장 / 정5위 훈4등 미마스쿠메키치

축사 마산주조조합 주최의 청주품평회 심사 종료를 알리며 오늘을 정하여 포상수여식을 거행한다. 이번 품평회의 심사결과를 보니 그 성적도 매우 훌륭하여 동업자들의 주의를 크게 환기시키면서 예상 이상의 효과를 불러일으키는 결과를 얻었다. 한데, 이 또한 본 품평회 관계자

여러분들의 노력의 결과에 의한 것으로서 기쁜 마음 금할 길 없다. 생각건대, 최근 학리와 기술의 현저한 발전에 의해 청주의 품질을 개량하여 점차 그 통일을 보게 된 여러분은 용케 심사의 비판을 잘 견뎌 극복하여 점점 진취적인 경영의 대책을 강구함으로써 본 품평회 개설의 목적에 부합하길 기대한다는 말을 전하며 축사를 대신한다.

다이쇼 4년 6월 8일
경상남도 장관 / 정5위 훈4등 사사키 후지타로

축사 마산청주품평회의 심사를 종료하며 오늘 포상수여식을 거행함에 있어 이 자리에 설 수 있게 됨에 매우 영광으로 여기는 바이다. 생각건대, 본 품평회는 주조업의 개량 발전을 위해 기획되었는데, 그 출품의 수는 전 조선 각 생산지의 제품을 망라하여 총 73점에나 달하였다고 한다. 아울러 일본 내의 각 생산지의 참고제품의 출품도 있어 금상첨화가 되었으니 참으로 성대한 대회라고 해야 하겠다. 업자 여러분들은 이제부터 차츰차츰 분투노력하여 후일의 대성을 기하기를 바라며 이 조촐한 헌사를 드림으로 축사를 가름한다.

다이쇼 4년 6월 8일
마산부협의회원 메가다 헤이자브로(일본인 목재상)

답사 이에, 마산청주품평회의 포상수여식을 거행함에 있어서 내빈들의 참석에 대단히 감사드리며 정성스럽고 돈독한 지도와 더불어, 축사를 할 수 있게 되었음을 수상자의 영광으로 여기는 바이다. 우리 수상자들은 이번의 성적을 거울삼아 몇 배로 더욱 분투노력하여 이 업의 개량 진보를 기할 것을 다짐하며 수상자 일동을 대신하여 삼가 답사를 드린다.

다이쇼 4년 6월 8일
수상자 총대 후카미 토라이치

최종 심사는 6월 10일에 막을 내렸으며 그 결과에 관련된 기사는 6월 11일 신문 기사가 마지막이다. 출품작은 청주 73품목으로 총 세 번의 심사로 우등 2점, 일등 3점, 이등 6점, 삼등 10점을 뽑았다는 내용과 심사보고서, 축사 등도 포함되어 있다. 특히 조선의 청주 제품의 품질이 좋아서 일본에서 물건을 가져올 필요가 없을 정도라는 말과 함께 전 조선으로는 주질의 통일 및 지방은 아직 부족함이 있다는 것을 통해 품질의 향상이 필요하다는 내용도 덧붙였다.

6월 10일 기사에는 우등 2점으로 김내탁(마산) 강본 진삼, 죽인(인천) 인천 주조조합이 받은 것으로 기록되어 있다. 현재 이 술에 대한 정보는 남아 있지 않아 아쉽게도 맛볼 수는 없다.

공장형 술의 부흥, 가양주의 쇠퇴

우리나라 최초의 '조선청주품평회'는 이렇게 대단원의 막을 내렸다. 이후 1917년 전 조선 주류 품평회가 경성에서 개최되었고 이후에도 많은 품평회가 각 지역에서 개최되었으며 품평회 자료를 찾아보면 그 횟수가 많아 여기에 나열하기도 어려울 정도다. 또한 1915년 4월 29일자 《부산일보》에는 "주류 품평회 출품-도쿄시 오카공원에서 열린 전국 주류 품평회에 마산 지역에서 출품해야 하는 것은 이미 보고한 이름, 종류를 마산상업회의소를 경유해서 출품작을 보냅니다."라는 짧은 광고성 기사지만 일본에서 개최되는 품평회에도 출품할 수 있도록 출품 방법에 대한 내용까지 나올 정도로 일본과 조선 술에 대한 경계가 없었다.

이 당시 대회들의 특징을 보면 몇몇 대회만 조선총독부에서 주관하고 대부분의 품평회는 각 지역이나 전국 단위 주조협회가 주관했다. 품평회의 취지를 이해하고 신뢰하게 된 이후에는 지역을 순회하면서 진행할 정도로 품평회 행사는 흥행에 성공했다. 하지만 이때는 우리 술의 암흑기이기도 했다. '주세령'(1916년 7월)에 의해 생산량 최저 한도를 정함으로써 소규모 양조장을 정리하고 공장형으로 변모하는 계기가 되면서 우리 술의 억압이 시작된 것이다.[7] 다양한 주류 품평회를 통해 공장형 술들의 부흥이 시작된 기초가 되었지만 애석하게도 집에서 만들어 마시던 가양주는 쇠퇴하기 시작한 시점이기도 하다.

현재 전국의 양조장은 800개 정도라고 알려져 있다. 그럼에도 우리 술 관련 품평회가 많지 않고 상을 받은 것 자체로 이슈가 되지 않는 것은 안타까운 현실이다. 전통주 품평회가 많아질수록 소비자에게 다양한 전통주 정보를 제공할 수 있는 기회도 많아지는 계기가 될 것이다.

술은 기호 식품이기에 전문가를 비롯해 다른 사람의 입에 맛있다고 해도 나의 입에는 맞지 않을 수 있다. 그런 이유로 전문가의 입장에서 다른 사람에게 술을 소개하는 것은 상당한 부담으로 작용한다. 술은 주종마다 특징이 있고 주종 간의 비교를 통해 어떤 술이 더 훌륭하다고 말할 수도 없다.

와인은 원료인 포도와 오크통 숙성 시 맛과 향, 맥주는 맥아와 홉, 위스키는 맥아와 오크 숙성 등 모두 다른 특징을 가지고 있다. 전통주 역시 쌀을 기반으로 한 누룩과 다양한 발효 방법에서 나오는 제조법으로 전통주만의 맛과 향의 특징이 있다. 다른 주종의 술과 비교하여 맛있다 맛없다를 판가름하는 것은 잘못된 생각일 수 있다.

2022 대한민국 우리 술 품평회 수상작.

구한말
양조용 쌀 품종은
'곡량도'

농업 관련 기관에서 일을 하기 전까지 농업은 나와 관계 없는 분야였다. 우리나라의 쌀 자급자족이나 농민들의 삶이 얼마나 힘든지는 방송을 통해 스치듯 보는 것이 전부일 정도로 무관심했다.

'농업의 공익적 가치'라는 것이 있다.[1] 오래전 농업은 단순히 먹거리만 생산하는 부가 가치가 낮은 산업으로 인식되었다. 시대가 지나면서 다양한 농산물의 생산 활동을 통해 부가적으로 식량 안보, 환경 및 경관 보전, 수자원 함양 및 홍수 방지, 지역 사회 유지, 전통문화 계승 등 다양한 공익적 기능을 가지고 있다는 것을 알 수 있게 되었다. 농업의 공익적 기능을 화폐 가치로 환산하면 얼마나 될까?

2018년 국립농업과학원과 한국농촌경제연구원이 공동 연구한 〈농업의 다원적 기능 및 토양자원 가치 설정 연구〉에 따르면 국내 농업이 수행하는 다원적 기능의 연간 가치는 약 27조 8993억 원으로 평가할 수 있다고 밝혔다. 그중 환경 보전에 대한 가치가 66.8퍼센트로 가장 크고, 이어 사회·문화 14.7퍼센트, 식량 안보 11.2퍼센트, 농업 경관 7.3퍼센트 순으로 나타났다. 이러한 '농업의 공익적 가치'를 통해 생산을 넘어 우리가 지켜야 하는 중요한 공동체적 가치로 만든 것이다.[2]

농업의 다원적 기능 가치(2016년 불변 가격 기준)

단위: 억 원

구분		논	밭	농업 일반	농업 전체	점유비(%)
		124,341	46,323	108,329	278,993	100.0
환경 보전	홍수 조절	13,552	3,300	15,679	32,531	11.7
	지하수 함양	23,000	976	-	23,976	8.6
	기온 순화	28,103	9,619	-	37,722	13.5
	대기 정화	32,079	26,780	-	58,859	21.1
	토양유실 저감	2,120	-	-	2,120	0.8
	축산분뇨 소화	6,765	5,648	-	12,413	4.4
	수질 정화	18,722	-	-	18,722	6.7
	소계	124,341	46,323	15,679	186,343	66.8
농업 경관		-	-	20,452	20,452	7.3
사회 문화 기능 (농촌활력 제고 기능 포함)		-	-	41,040	41,040	14.7
식량안보		-	-	31,158	31,158	11.2

농업의 모든 작목이 다 중요하겠지만 특히 쌀(벼)은 의미 자체가 다른 듯하다. 쌀은 단순히 배를 채운다는 의미를 넘어 우리의 역사와 삶에 녹아 있던 부의 상징이었다. 삼시 쌀밥 먹는 게 소원이던 시절이 있었을 정도로 쌀은 먹고 사는 것과 직접적인 연관이 있다. 황금 들판은 자연스럽게 풍족함의 상징이

되었고 익어가는 벼를 보는 것만으로도 행복을 느끼는 이유가 되었다. 벼가 익어가는 가을은 수확의 계절이기 때문에 농촌에서 매우 바쁜 시기다. 수확의 기쁨이란 직접 농사를 짓지 않아도 느낄 수 있을 것이다.

무늬만 전통주, 수입 쌀 막걸리를 마시는 농민들

힘든 농사일 중 잠깐의 휴식 시간에 마시는 막걸리의 맛은 경험해본 사람만이 알 수 있는 힐링 그 자체일 것이다. 아이러니하지만 쌀을 수확하는 농민들은 대부분 수입 쌀로 만든 막걸리를 마신다. 왜 그럴까? 지역의 양조장들이 가격 문제로 인해 수입 쌀을 이용할 수밖에 없다 보니 일어나는 웃픈 일이다.

매해 국정 감사를 통해 막걸리를 생산하는 대형 업체에서 수입 쌀을 이용해 만든 막걸리가 많다는 내용의 기사가 있었다. 2015년을 기준으로 전체 387개 막걸리 제조업체의 76.7퍼센트가 막걸리의 원료로 수입 쌀을 사용한다고 한다. 특히 막걸리 매출액 상위 30위권 내 기업의 수입 쌀 사용 비율은 무려 82.1퍼센트나 된다. 전체 막걸리 시장의 43.4퍼센트로 점유율 1위를 기록하는 업체의 막걸리는 90.7퍼센트가 수입 쌀을 사용하고 있으며, 매출 2위 기업으로 8.1퍼센트의 시장 점유를 보이고 있는 업체 역시 76퍼센트의 수입 쌀을 사용하고 있다. 우리가 알고 있거나 마시는 막걸리의 대부분은 수입 쌀로 빚어져 '무늬만 전통주'라고 해도 과언이 아닐 정도다.[3] 가장 큰 원인은 가격이다. 2021년 기준 한 해 동안의 쌀 수입량은 약 40만 톤이었는데 그중 가공용 쌀(단립종)의 가격은 1킬로그램당 923.5원이었다. 2020년 정부미(나라미) 1킬로그램당 2840.25원에 비교하면 3분의 1 수준이다. 햅쌀 1킬로그램당 3500~4000원 선인 가격과 비교하면 차이가 더 크다.[4] 양조장도 이익을 창출해야 운영이 되기 때문에 수입 쌀을 사용한다고 해서 양조장을 비난할 수도 없다.

양조용 쌀의 중요성

쌀이 귀하던 시절에는 무조건 많은 양의 쌀 생산을 원했고 밥맛은 그다음 문제였다. 쌀이 자급화되고 생활 수준이 향상되면서부터 맛있는 밥에 관심을 갖게 되었다. 좋은 쌀이란 무엇인지, 어떻게 하면 더 맛있는 쌀밥을 먹을 수 있을지 등 먹거리에 대한 근본적인 고민을 하게 된 것이다. 맛있는 밥을 먹겠다는 소비 트렌드는 쌀밥을 먹는 소비자뿐만 아니라 술을 만드는 사람에게도 적용되고 있다. 전통주 원료 중 쌀은 다른 재료에 비해 비중이 크기에 많은 관심을 가질 수밖에 없다. 현재 우리 술에는 대부분 수입 쌀이나 몇 년 묵은 정부미를 사용한다. 양조 쌀 품종에 대한 가치도 아직은 정립되어 있지 않다. 2011년 농림수산식품부는 국내에서 재배되고 있는 상위 20개 품종의 쌀을 대상으로 '막걸리 제조 시 품종별 쌀 성분 및 특성과 알코올 함량 및 제성비율'을 조사하고 전문가와 소비자의 관능 평가를 분석하여 양조장들이 쌀 품종에 맞는 막걸리 제조 방법을 사용할 수 있게 했다. 하지만 이 연구 이후 지속적인 양조용 쌀 품종에 대한 연구는 더 이상 진행되지 못하고 있다.

일본은 양조용 쌀에 대한 연구 결과가 많다. 그만큼 양조용 쌀 품종에 대한 중요성을 높게 평가한다. '주조 호적미'는 일본 술 만들기에 적합한 성질을 가지는 주조 전용 쌀 품종의 총칭이다. 밥으로 먹는 쌀보다 크기가 크고 심백(쌀알 중심부가 불투명)이 있는 것이 특징이다.[5] 일본은 전체 지역에서 우수한 신품종을 개발하거나 오래된 품종을 부활시켜 일본 술의 다양성을 풍부하게 발전시키고 있다. 일본은 전체적으로 약 96품종(2011)이 재배되고 있는데 그중 우리에게 알려진 것은 야마다니시키(山田錦)가 대표적이다. 향기가 많은 다이긴조용으로 인기가 많으며 1936년에 품종이 등록되었다. 고햐구만고쿠(五百万石), 미야마니시키(美山錦)도 많이 알려져 있다.[6] 일본의 주조 호적미를 이야기하다 보면 우리의 양조 쌀은 무엇인지에 대한 고민을 하게 된다. 전통주 연구에서 새로운 양조용 쌀 품종을 개발하는 것은 중요한 일이다. 다만 새로운 양조용 품종을 만드는 데는 오랜 시간이 필요하다. 특히 그 품종에 대한 농가 재배 및 양조장의 사용 여부에는 가격 등의 어려움도 뒤따른다. 그렇기 때문에 현재 재배되는 밥용 쌀 품종 중에서 전통주 제조에 어떠한 양조 특성을 갖는지 정보 제공이 우선적으로 필요하다. 양조에 쌀이 중요한 만큼 과거에는 전통주에 어떤 쌀을 사용했는지 신문에서 찾아보았다.

우리 술에 사용한 쌀 품종

우선 구한말 우리나라의 쌀 품종 상황을 이해할 필요가 있다. 우리나라의 벼 재래종 수집·조사서인 《조선도품종일람》(1911~1912)에는 1451가지의 품종이 기록되어 있다.[7] 당시 일본의 조선 쌀 정책은 일본인의 입맛에 맞는 쌀을 조선 땅에서 생산·수탈하는 것이었다. 일본은 우리나라 재래 품종의 재배나 밥맛을 원하는 것이 아니었다. 일본 쌀 품종의 보급과 농법 개량이 시도된 것은 1903년부터였다. 국사편찬위원회에서 출판한 《쌀은 우리에게 무엇이었나》를 살펴보면 일본은 조선 농업을 개량하기 위해 1906년 6월 경기도 수원에 권업모범장(勸業模範場, 현 농촌진흥청의 전신)을 개설하였고 일본의 농업 방법을 권업모범장에서 시행해 보고 일본인의 입맛에 맞는 쌀을 생산하려고 했다. 권업모범장은 일본의 품종을 도입하여 조선의 기후와 토질에 맞는 품종으로 개량해 농촌에 보급했다. 이 당시 일본은 조선에서 자국의 자본주의 발달을 위해 필요한 식량과 원료를 공급받으려고 생산성 증대를 농업 정책의 최우선 과제로 삼았다. 1912년 조선 총독 데라우치 마사타케(寺內正毅)는 쌀 생산에 대한 중대 훈시를 발표하였고 이에 따라 농업 정책이 구체화되었다. 조선총독부는 쌀의 품종 개량, 비료, 개관 사업 등을 중심으로 전통적인 쌀의 품종과 재배법을 개량한다는 미명하에 일본의 품종과 일본 농법의 보급에 앞장섰다. 1925년 이전

야마다니시키는 미야기현으로부터 미야자키현에 이르기까지 2부 30현에서 생산된다.

긴푸

아키타코마치

데와산산
고하쿠만고쿠

야마다니시키

핫탄니시키1호

도쿄

미야마니시키
히토고코치

히다호마레

오마치

사케 품종 쌀 지도(일본주라벨용어사전 참고, 독립행정법인 주류 종합연구소 발행).

권업모범장을 통해 도입된 대표적인 개량 품종은 조신력(早神力), 은방주(銀坊主), 곡량도(穀良都), 애국(愛國) 등이었다. 개량 품종의 보급률을 보면 1912년 5퍼센트에 지나지 않았지만, 이후 크게 증가하여 1920년에는 65퍼센트, 1936년에는 86퍼센트에 달해 재배 품종의 주종을 이루게 된다.[8]

권업모범장에서 재래종 종자 수집 사업을 벌이고 그것을 조선 시대 문헌과 대조하여 정리한 것이 《조선도품종일람》이다. 이 책에는 같은 품종을 다르게 표기한 것을 제외하면 931품종이 된다. 즉 논 메벼가 579품종, 논 찰벼가

223품종, 밭 메벼가 74품종, 밭 찰벼가 55품종이다.[9] 조동지, 석산조, 예조, 용천조 등의 품종은 일제 강점기 농업 통계자료에도 이름이 나올 정도로 오랜 기간 재배되었다.[10] 그중 581종이 중부와 남부 지방에서 재배되었고 비료를 다량 투입하는 일본식 농법에서는 적합하지 않았지만 가뭄에 강하고 수분이 없는 토양에서도 발아력이 우수한 특징이 있었다.[11]

품종 개량 쌀이 다양해지면서 밥쌀 외에 양조에 적합한 쌀을 찾기 시작했다. 양조 쌀과 관련해《조선주조사》나《국세청기술연구소 100년사》등의 자료에서는 탁주나 약주의 쌀 품종에 관련하여 멥쌀과 찹쌀을 비교 시험하거나 지역별로 멥쌀과 찹쌀을 사용했다는 내용은 있지만 구체적인 쌀 품종에 대한 내용은 찾아볼 수 없다. 반면 이 당시 청주(사케)에 사용된 쌀 품종에 대한 내용은 많이 나온다.《조선주조사》에는 "양조 쌀로서 곡량도(穀良都), 웅정(雄町), 다마금(多摩錦), 금(錦), 금방주(錦坊主), 다하금(多賀錦), 백옥(白玉), 복방주(福坊主), 육우(陸羽) 132호 등이 사용되었다고 한다. 특히 음미할 때는 전남 웅전과 곡량도, 경기 곡량도, 경상남북 곡량도, 논산 웅전, 충북 금 등이 지정되었다"는 기록이 있다.[12] 이러한 품종 중에서도 양조용 쌀로 곡량도(穀良都)가 자주 거론되었다.

1928년 4월 15일자《중외일보》에는 '조선미는 양조미로 최우등'이라는 내용의 기사가 있다.

朝鮮米는
釀造米로 最優等
대장생양조시험소에서
시험한결과 성적이우량

1928년 4월 15일자《중외일보》
(국립중앙도서관 대한민국 신문 아카이브).

"대장생양조시험소(저자 주. 일본의 국립양조연구소)에서는 작년에 충남논산의 곡량도(穀良都)종으로써 청주를 시험적으로 비저본 결과 조흔성적을 어덧는데 금녕에는 경상북도 대구산 곡량도종 이등미와 전남목포산 웅정(雄町)종 이등미 열석을 일본에서 술 쌀로 제일조타는 강산현적반군(岡山縣赤盤郡) 산 일등미 열섬을 똑가튼 방법으로써 비교 시험한 결과 족음도 손색이 업는 성적을 어덧슬뿐 아니라 돌이서 일본쌀로 비즌편이 술빗이 조치못한 편이엇는데 이와가티 성적이 조흔이상에는 장차 조선쌀이 이방면이 만히수용 될것이라더라"

비슷한 내용으로 1932년 5월 21일자 《동아일보》에는 '양조쌀 원료로 경기 곡량도 판로'라는 제목의 기사가 있다. 양조쌀 원료로 쌀 품종 중 하나인 경기도 곡량도가 양조 시험에서 양호한 성적을 거둬 주조업자에게 배부하고 좌담회를 통해 곡량도에 대한 구매를 독려한다는 내용이다. 특히 주조용 원료미로 품질 개선을 위해 건조 및 도정 등의 미곡 검사에 신경 쓰고 있다는 내용도 있다. 기사 내용을 보면 곡량도 자체는 청주(사케) 제조에 적합한 품종으로 보인다. 하지만 당시 양조용 쌀의 차이가 크지 않아 곡량도의 일부는 조선의 탁·약주에도 사용되었을 것이라는 추측이 가능하다. 또한 《주선주조사》에 지역별로 쌀 품종이 다르게 사용되고 있다는 내용을 보아[13]도 지금보다 술의 원료인 쌀의 중요성을 높게 생각한 듯하다.

당시 일본과 비슷한 기후였기에 충분히 일본처럼 양조용 쌀을 재배할 수 있었을 것이다. 일제 강점기에 일본의 양조용 쌀을 우리나라에 심어서 역수출한 기록이 있을 정도로 양조용 쌀을 심는 것은 문제되지 않았다.

호평 받던 우리 쌀 지금은 어디로

1927년 6월 12일자 《중외일보》 기사에는 '조선미 주조미로 호평-일본 북

해도에서'라는 제목이 보인다. 조선미가 가격이 낮고 술을 만드는 데 큰 문제가 없다는 평가와 함께 일반인의 평가는 중립이었다는 것이다. 특히 조선미는 양조미로는 중간 정도의 품질이지만 가격이 좋아서 금후에 더욱 환영받을 것이라고 한다. 앞의 두 기사를 보면 1927, 1928년에 일본 품종의 쌀들 중 조선에서 재배가 된 쌀들을 일본에 주조미로 수출하였으며 그 품질이 일본의 사케를 만드는 데 문제가 없었고 일부는 더 좋은 점도 있다고 할 정도로 쌀의 품질이 좋았다는 것을 알 수 있다.

현재 우리나라도 구한말보다 더 좋은 쌀 품종이 개발되었고 그 품종들을 밥쌀용으로 먹고 있다. 하지만 전통주에 사용되는 쌀은 품종에 대한 고민이나 쌀 가격 경쟁력 등이 어려운 여건이다. 또한 일제 강점기를 거치면서 높은 생산성을 요구하는 일본 품종과의 교배를 통해 우리 토종 쌀 품종들은 거의 자취를 감추었다. 지금 우리가 먹는 밥쌀용의 상당 부분도 일본 품종이거나 일본 품종의 영향을 받은 것들이다. 이처럼 술의 중요한 원료인 쌀은 일제 강점기를 거치면서 완전히 교체되었다.

양조에서 쌀 품종은 맛을 결정하는 중요한 요소이기에 막걸리, 약주에 대한 양조 쌀 연구는 중요한 분야다. 하지만 앞선 신문이나 참고 자료를 봐도 막걸리나 약주의 양조 쌀 품종 연구는 과거에도 청주(사케)보다 부족했고 지금도 부족하다. 쌀 품종 연구에는 많은 시간과 비용이 들어가기 때문에 양조 전용 쌀 품종에 대한 연구는 시간을 두고 지속적으로 하되 지금 당장 할 수 있는 일부터 해야 할 것이다. 국내에서 많이 생산되는 쌀 품종만 해도 현재 20여 종이 넘고 지금도 지속적으로 개발되고 있다. 전통주의 가치를 인정받기 위해서는 꼭 양조용 전용 쌀 품종이 아니더라도 자기 술에 맞는 밥쌀용 품종을 찾아 양조장만의 술 빚기를 할 수 있어야 한다. 와인에 관심을 가지고 공부하는 사람들은 대부분 포도의 품종이나 테루아르 등에 대한 대화를 나누며 와인을 마신다. 우리도 막걸리를 마실 때 쌀 품종을 알고 마실 수 있는 소비자들의 소비 형태와 양조장의 인식 전환이 필요하다.

전통주는 기본적으로 국산 농산물을 이용해서 만든다. 농산물을 직접 재배하는 곳도 있지만 상당수는 국산 농산물을 소비하는 것이다. 안동 지역 증류주 3개 업체가 연간 소비하는 쌀의 양은 540톤가량으로 80킬로그램짜리 6천 가마에 이른다고 한다. 이 소비량은 안동 지역에서 한 해에 소비되는 쌀(1만 4350톤)의 4퍼센트가량 차지할 만큼 많은 양으로 술 제조에 쌀의 소비량이 어느 정도인지 보여주는 좋은 사례다.[14] 전통주의 소비가 증가하면 국산 농산물의 소비가 증가하고 결국은 농가 소득의 증대로 연결될 것이다. 이것이 '전통주의 공익적 가치'이며 전통주를 보존해야 하는 것은 산업적, 사회·문화적 가치를 설명할 수 있는 이유가 될 것이다.

그 많던
조선의 누룩은
어디로 갔을까?

　스마트폰의 사진 기능이 향상되면서 필름 카메라를 찾아보기 쉽지 않다. 전문가나 수집가가 아닌 이상 필름 카메라를 소유하고 있는 사람도 많지 않다. 필름 카메라를 이용해 사진을 찍던 시절에는 사진 촬영의 절차가 복잡했다. 우선 카메라가 필요했고 필름이 있어야 했다. 무엇보다 중요한 것은 사진을 손에 쥐기까지의 기다림이다. 카메라에 필름을 넣고 사진을 찍어도 현장에서 제대로 찍힌 상태를 모르는 채 사진관에 인화를 맡겼다. 기술이 발달해 30분 속성 사진이 나오기 전까지는 사진을 받기까지 하루나 이틀 정도의 시간이 필요했다. 가끔은 중요한 사진인데 흔들려서 초점이 맞지 않거나 빛이 들어가 사진을 망치기도 했다. 낭패를 당하는 일도 많지만 필름 카메라의 사진은 기다림과 설렘을 대표하는 낭만 도구였다.

　스마트폰의 등장과 발달로 사진을 촬영하는 게 어렵지 않게 되었다. 초기 스마트폰은 사진기의 역할을 대신하기 어려웠지만 화소수가 높아지고 처리

추억의 필름카메라.

능력이 좋아지면서 필름 카메라를 대체하기에 충분해졌다. 스마트폰으로 사진을 찍고 그 자리에서 사진이 흔들렸는지 초점은 잘 맞는지를 확인하고 마음에 들지 않으면 지우고 몇 차례든 찍고 지우기를 반복할 수 있다. 심지어 보정기능도 있어 스마트폰 자체가 카메라와 포토샵의 역할을 동시에 하고 있다. 사진을 찍은 후 사진관에 필름을 맡기고 인화된 사진을 찾으러 가는 일련의 과정이나 기다림, 설렘, 낭만은 다 사라져 버렸다.

발효의 기다림과 설렘

모든 발효 제품은 짧든 길든 시간의 흐름을 인정하는 기다림의 연속이다. 술을 만드는 것 역시 과거나 현재나 오랜 기다림이 필요하다. 술을 포함해 된장, 식초, 젓갈 등도 발효와 숙성의 시간이 필요하고 그 기다림 속에 완성에 대한 설렘도 가질 수 있다. 발효의 대부분은 미생물을 통해 진행되기 때문에 발효 기간을 마음대로 단축하는 것에는 한계가 있다. 다만 과학이 발달하면서 미생물 관리를 통해 조금 더 안정적인 발효가 가능해진 것이다. 전통주를 만

술 제조에 사용되는
누룩.

드는 주재료는 간략하게 쌀, 누룩, 물이다. 재료마다 중요한 역할이 있지만 그 중 누룩[참고 가]은 당화와 발효가 주된 역할이다.

우리나라의 대표적인 밀누룩은 밀기울(밀을 빻아 체로 쳐서 남은 찌꺼기)에 물을 넣고 일정한 형태(사각, 원형 등)로 모양을 만든 후 적당한 온도에서 곰팡이와 함께 다양한 효모와 미생물을 배양시킨 것이다.[1] 누룩은 술 제조 시 전분질의 원료인 쌀 등을 분해해 당을 만들고 누룩에서 배양된 효모가 분해된 당을 이용해서 알코올을 생산한다. 누룩의 품질에 따라 미생물의 종류와 그 숫자가 달라 알코올 생산량이나 맛, 향 등 전통주의 품질이 결정된다고 할 정도로 중요도가 높다. 누룩은 발효 과정에서 중요한 역할을 하지만 현재 전통주 업체에서의 누룩의 지위는 그다지 높지 않다. 무엇보다 100퍼센트 누룩을 이용해서 술을 만드는 양조장이 많지 않다. 누룩의 사용량은 대규모 생산 업체로 갈수록 확연하게 떨어진다. 그렇다면 전통주 제조에 중요하다는 누룩의 사용량이 줄게 된 이유는 무엇일까?

누룩의 역사

누룩의 역사는 매우 오래되었다. 고대 누룩과 누룩 빚는 법을 가장 잘 알 수 있는 문헌은 중국의 북위(北魏 386~534) 때 산동성 태수(太守) 가사협(賈思勰)이 저술한 《제민요술(齊民要術)》이다. 이 책에는 밀을 가루 내어 반죽한 뒤 뭉쳐서 만든 병국류(餅麴類)를 비롯하여 곡물 낟알이나 곡분(穀粉)을 가루나 알곡 형태로 만든 산국류(散麴類)는 물론 14종의 누룩 만드는 법이 소개되어 있다. 《제민요술》 속의 누룩을 살펴보면 현재 동아시아에서 양조용으로 만들어지는 대부

《제민요술》 속의 대표 누룩

형태		특징	누룩의 종류
병국 (餅麴)	분국 (笨麴)	볶은 밀을 거칠게 갈아 물에 반죽하여 누룩 틀에 넣고 성형한 후 말린 쑥 등을 깔아서 띄운 누룩. 신국에 비해 발효력이 약하지만 술 거르기가 쉽다.	진주춘추국, 이국, 대죽백타국
	신국 (神麴)	볶은밀, 찐밀, 날밀을 곱게 갈아 같은 양을 혼합해 반죽·성형하여 띄운 누룩	삼곡맥국, 신국, 하동신국, 와국, 청국법
	백료국 (白醪麴)	곱게 간 밀을 가수·성형하여 누룩떡을 만들고, 호엽(胡葉)을 삶은 호엽탕에 익힌 다음 뽕나무 장작을 태운 재 속에 넣고 띄운 누룩	백료국
산국 (散麴)	황의 (黃衣)	밀알이 시큼해질 때까지 물에 담가둔 다음 걸러 푹 쪄서 펴놓고 물억새, 도꼬마리 위에서 띄운 흩임 누룩. 남조계의 식차(食次)에는 찹쌀로 만든 황의가 소개되었다. 찹쌀황의는 일본의 쌀누룩(Koji)과 유사한 형태	황의
	황증 (黃蒸)	밀을 제분하여 가수한 후 증기로 푹 찐 다음 펼쳐서 띄운 흩임 누룩 1960년대 우리나라에서 개발된 밀가루 입국과 유사	황증
	얼(蘖)	밀, 보리를 물에 담가 싹을 틔워 말린 것 맥주와 위스키의 발효제인 맥아와 유사	얼

(우리 술 보물창고 참고).

분의 누룩이 기술되어 있다.[2] 우리나라의 경우 고려 이전의 문헌에는 누룩에 대한 기록이 없지만 《삼국사기》, 《삼국유사》 등의 문헌에 술에 대한 기록이 있는 것으로 볼 때 술을 만드는 데 필수 재료인 누룩도 삼국 시대부터 있었을 것으로 미루어 짐작할 수 있다. 중국과 지리적으로 인접한 우리나라는 중국과의 문명 교류가 활발할 수밖에 없었다. 같은 문화권에서 활발한 문화적 교류가 이루어진 것으로 볼 때 우리나라의 술 제조 방법만 독립적으로 생각할 수 없다. 따라서 우리 고유의 양조법과 중국의 양조법이 오랜 교류를 통해 자연스럽게 융화되고 누룩에 대한 정보도 공유되었을 것으로 추측한다.

고려 인종(1124)때 송나라 사신 서긍이 쓴 《고려도경》에 "고려에서는 찹쌀이 없고 멥쌀에 누룩을 섞어서 술을 만드는데, 빛깔이 짙고 맛이 독해 쉽게 취하고 속히 깬다(다른 기록들을 보면 고려에도 찹쌀이 있었음을 알 수 있음[3])"는 누룩에 관한 기록이 있다.[4] 이러한 누룩은 술 종류의 다양화, 고급화, 산업화와 함께 발달한다. 누룩 만드는 법은 조선 초 전순의(全循義)가 쓴 《산가요록》(1450)에 최초로 소개되어 있다.[5] 이후 《사시찬요초(四時纂要抄)》, 《음식디미방》, 《수운잡방》, 《산림경제》, 《임원십육지(林園十六志)》 등 40여 권의 책에 누룩 빚는 법이 소개되어 있다.[6]

우리 술 종류인 탁주, 약주, 소주의 체계가 완성된 조선 시대에는 누룩을 파는 상점인 '은국전(銀麴廛)'이 종로의 시전 거리에 매우 많았다. 은국전은 조정에 세금을 내는 시전의 하나로 술을 빚는 사람들에게 누룩을 공급하는 상점이었다. 얼마나 많은 누룩이 술을 만드는 데 사용되었는지 중종 36년(1541)에는 도성의 각 시장에 누룩을 파는 데가 7, 8곳이 있어 하루에 거래량이 700~800문(門)이 되며, 그 누룩으로 술을 빚어 쌀 소비가 1천여 석(석, 부피의 단위로 180리터이며 벼는 200킬로그램을 지칭)에 이르렀다고 한다.[7] 하지만 세금을 내지 않는 난전도 있었기에 실제 누룩 생산량은 더 많았을 것으로 추정된다. 누룩이 다양해지고 재료가 고급화되면서 더불어 술도 발달하여 많은 곡식이 소모되었을 것이다.

조선 말기에는 다양한 누룩이 있었다. 소맥을 분쇄하여 제조하는 분국(紛麴)은 약주, 합주, 과하주 제조에 많이 사용되었으며 거칠게 밀을 분쇄한 조국(粗麴)은 탁주, 소주 등의 제조에 구분해서 사용했다. 이 당시 조선의 양조 현황을 정리한 《조선주조사》에 따르면, 1924년만 하더라도 전국에 2만 8206개의 누룩 제조장이 있었고 면허 인원은 3만 7759명, 그 공장들이 만들던 누룩 양은 4만 5103톤이었다. 당시 주요 곡자 지역을 조사한 결과를 정리한 《조선주조사》에는 경성(서울), 전주(全州), 강경(江景), 광주(光州), 마산포(馬山浦), 광주(黃州), 평양(平壤), 평안북도, 구신의주, 안변(安邊), 함경북도, 광주군(廣州郡), 청도군(淸道郡) 지역의 누룩 제조 방법에 대해 자세히 기록해 놓았다.[8] 이 당시에는 각 지역마다 특색 있는 소규모 누룩 제조장이 있었다. 누룩 제조장이 많다는 것은 다양한 술이 생산된다는 의미라 할 수 있다.

일제 강점기 세금 목적 개량 누룩 제조

탁주와 약주 제조에는 여전히 전통 방식의 누룩을 사용했다. 전통적으로 민가에서는 온도와 습도가 높은 삼복더위에 주로 누룩을 성형하여 온실이나 광에 배열하거나 부엌, 천장 등에 매달아 띄웠다. 하지만 당시 일제 강점기에 세금을 걷으려는 일본의 입장에서 조선의 자가 제조 및 판매용 누룩의 품질이 고르지 못해 술 품질 개선이 어렵다고 판단했다. 특히 누룩의 자가 제조가 많다 보니 밀주의 원료로 제공될 수 있다고도 생각했다. 결국 각 도에 있는 누룩 제조장을 통합하기로 했으며 품질 향상을 위해 1923년경부터 경북을 시작으로 충북, 경기, 전북, 전남 등 각 지방별로 누룩 제조 시설을 집약시킴과 동시에 개량 누룩(현재 양조장들이 사용하는 단일균으로 만든 누룩이 아닌 과거의 누룩을 개량했다는

의미의 개량 누룩)의 제조를 권장했다.[9]

경상남도의 경우 1927년 김천개량누룩조합이 설립되고 점차 누룩 제조장도 대형화하면서 2466개의 누룩 생산 공장을 1929년에는 786개로 감소시켰다.[10] 개량 누룩은 선반식 누룩실을 두고 온도와 습도를 조절하여 제조하였는데, 이로써 품질이 일정해지고 사계절 제조가 가능하게 되었다. 반면 이때부터 전국적으로 누룩 생산 공장이 감소했으며 누룩의 다양성도 서서히 사라졌다고 볼 수 있다.

연도별 누룩제조장수(《국세청기술연구소 100년사》)

연도별	1924	1925	1926	1927	1928	1929	1930	1931	1932	1933
제조장 수	28,206	27,236	27,059	14,721	11,883	1,434	772	153	143	102

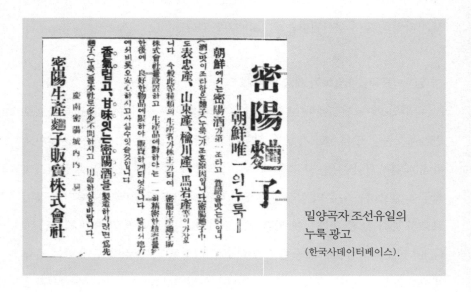

밀양곡자 조선유일의
누룩 광고
(한국사데이터베이스).

당시에는 누룩을 많이 사용했기 때문에 누룩 관련 신문 기사도 심심찮게 볼 수 있다. 밀양곡자라는 곳이 신문에 지속적으로 나온다. 현재는 찾아보기 힘든 누룩 판매 광고가 있어 소개한다. 1928년 10월 19일자《동아일보》4면의 광고 내용이다.

밀양곡자 – 조선유일의 누룩

"조선에서는 밀양주가 좋다고 상찬을 받는 터입니다. 술맛이 좋다 함은 국자(누룩)가 좋은 원인입니다. 밀양국자 중도 표충산(表忠産), 산동산(山東産), 유천산(楡川産), 마암산(馬岩産) 등이 가장 좋습니다. 금반 차등 종류의 생산자가 주주가 되어 밀양 생산곡자판매 주식회사를 설치하고 생산품에 대하여는 일일이 정밀한 검사를 마친 후에 양호한 물품에 한하야 판매하게 되었습니다. 따라서 지방에서 비로소 안심하시고 사실 수 있을 것입니다. 향기롭고 감미있는 밀양주를 제조하시려면 위선 국자(누룩)를 본사로 다소 불문하시고 용명하심을 바랍니다."

밀양에서 만든 술이 맛이 좋은데 그것은 누룩이 좋아서이니 밀양 누룩을 많이 사달라는 광고다. 1930년 10월 3일자《동아일보》'곡자제조장 지정에 주조업자 반대 맹렬'이라는 기사에서도 누룩 공장 통합에 대한 내용이 나온다. 기사의 내용은 서울을 포함한 경기도의 1개 도시만 누룩 제조 공장을 둘 수 있고 나머지 지역은 총 7개소의 누룩 공장에서 생산되는 누룩만 사다 써야 한다는 것이었다. 농촌에서 가내 부업으로 누룩을 만들거나 판매하는 것은 금지되었다. 규모가 큰 양조장에서 자체 소비용으로 누룩을 만드는 것도 금지되었다. 자유롭게 만들던 누룩을 국가가 통제하자 경기도 내의 양조장 주인 등 여러 사람이 격렬하게 반대한 것이다.

지속적 감소로 설 자리를 잃은 누룩

일제 강점기를 지나며 우리의 누룩 제조장은 지속적으로 감소했다. 광복 이후 누룩의 소비가 감소하는 일이 또 생겼다. 우리 술에 입국(粒麴)이라는 일본식 누룩 제조 방법이 널리 퍼지면서부터다. 입국은 일제 강점기에 도입된 새로운 일본식 누룩 제조법으로 '흩임 누룩'이라고도 했다.[11] 당시에는 사케(일본 청주)와 흑국 소주 정도에만 사용되었다.

입국을 조금 더 살펴보면 증자된 전분질 원료(쌀 또는 밀가루 등)에 백국균(白麴菌)이라는 *Asp. luchuensis*(아스퍼질러스 루체니시스) 곰팡이를 뿌려서 인위적으로 배양을 한 것이다. 입국을 사용하면 *Asp. luchuensis*가 생산하는 구연산 등으로 인해 다른 오염을 일으키는 미생물의 생장이 어려웠고 그로 인해 많은 물을 사용해서 술을 만들 수 있기 때문에 양조장들이 선호했다.[12] 하지만 법적으로 전통주(탁주, 약주)는 과거부터 누룩만을 사용했고 입국은 전통적 제조법이 아니기 때문에 사용을 불허했다.《국세청기술연구소 100년사》에 따르면 1962년에는 전체 원료 대비 10퍼센트 이상의 누룩을 사용하는 조건으로 입국을 추가하여 사용할 수 있도록 일부 허용했다. 이후 입국은 사용 금지와 해제가 반복되다가 1971년부터 자유롭게 사용할 수 있게 되었다.[13] 결과적으로 정부의 정책 방향과 함께 양조장들이 술 제조 시 안정성을 유지하기 위해 입국을 이용한 술 만들기를 요구하면서 누룩으로 만든 술은 설 자리를 잃게 된 것이다.

현재 누룩을 대량으로 생산하는 제조장은 세 곳 정도다. 나머지는 소량 생산에 그치거나 생산을 하더라도 사용하는 양조장이 적다. 전통주의 다양한 발전을 위해서는 누룩 연구가 필수고 그 연구는 지속적으로 진행되어야 한다. 지금까지 누룩에 관한 연구는 연구소나 대학에서 우수한 균을 얻기 위한 연구로 진행되었다. 그 결과 몇몇 업체들이 전통 누룩에서 분리한 균들을 이용해 만든 누룩을 사용하고 있다. 하지만 누룩을 생산하고 소비하는 양조장이 많지 않아서 대량 생산의 한계를 가지고 있다. 업체들은 자신들의 술이 다른 업체의 술과 차별되기를 바란다. 그 특징을 위해 많은 고민을 하지만 원료만으로는 차별성을 만들기 어렵다. 오히려 다양한 미생물이 있는 누룩을 차별화시킴으로써 술맛도 다르게 하고 나만의 미생물이라는 스토리도 충분히 만들 수 있을 것이다. 모든 양조장이 누룩만을 100퍼센트 사용해서 술을 만들 필요는 없다. 입국에 누룩을 추가해 사용해도 특색 있고 다른 형태의 맛과 향을 만들어 낼 수 있다.

전통주의 누룩은 외국의 다른 술과 차별화할 수 있는 훌륭한 재료이기 때문에 양조인들의 관심과 연구자들의 연구가 끊임없이 이루어져야 한다. 현재 상태로 10년, 20년이 지나고 나면 전통주에서 누룩이라는 재료는 찾아보기 어려워질지도 모른다. 그래도 다행인 것은 프리미엄 전통주에 대한 소비자의 관심이 높아지면서 누룩을 사용한 다양한 술이 출시되고 있다는 점이다.

전통주의 다양화와 차별화를 위해서는 지금보다 더 다양한 누룩이 생산되고 이 누룩을 사용한 술들이 만들어져야 할 때이다.

[참고 7]

누룩 만들기

전통 누룩에는 재료나 제조 방법 그리고 부재료 사용 방법에 따라 여러 종류로 나누어진다. 각각 만드는 방법도 다르다. 그러나 누룩이 만들어지는 과정이나 발효에 관하여 역할은 거의 같다. 누룩은 밀 등 주재료에 적당량의 수분을 주고 주변 온도를 따뜻하게 해주면 볏짚과 공기 중의 누룩곰팡이와 효모가 활착하여 번식하게 되는데 이들 효모와 누룩곰팡이를 이용하여 술을 빚는다. 전통적으로 술을 빚을 때 이용되는 누룩은 밀누룩과 보리누룩, 쌀누룩, 녹두누룩이 있으며 그중 밀누룩이 가장 널리 이용되었다.

쌀누룩과 녹두누룩은 특수 누룩으로 분류하는데, 쌀누룩은 미곡(米麯)과 이화곡이라 한다. 이화곡은 이화주를 빚을 때 쓰인다. 녹두누룩은 녹두곡 또는 향온곡이라고 하여 향온주나 백수환동주(白首還童酒) 등 특수한 술에 한하여 사용된다.

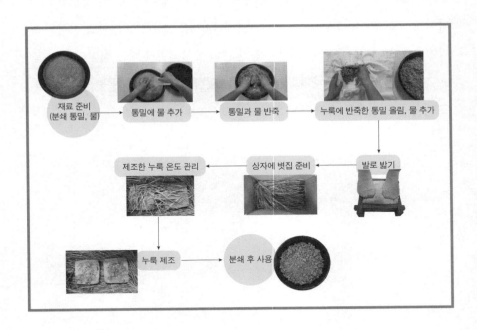

누룩 재료

거칠게 빻은 통밀 1킬로그램, 물 300그램, 체(체망 눈금 3~5밀리미터), 누룩 틀, 면포, 초재(볏
집, 연잎, 쑥잎 등)

제조 방법

1. 거칠게 빻은 통밀가루를 1킬로그램 계량한다.

2. 물 300그램(원래는 20~25퍼센트)을 넣어 수분이 고루 퍼지게 비벼준다.

   (누룩의 재료를 손으로 꼭 쥐었을 때 손자국이 나면서 뭉쳐지는 정도가 적당한 수분 함량)

3. 누룩 틀을 준비한다.

4. 누룩 틀 위에 부드러운 면포나 손수건을 깐다.

5. 반죽한 통밀가루를 올린다.

6. 면포로 통밀가루를 싸고 거칠게 빻은 통밀가루 반죽은 발로 꼭꼭 밟아준다.

7. 볏집이 들어 있는 종이 박스에 통밀 반죽을 넣는다.

8. 21일 정도 온도와 습도를 관리하면서 곰팡이가 피도록 만들어 준다.

혼돈주와
폭탄주는
같을까 다를까?

'포항 소맥이모'의 소맥 제조 기술이 인터넷에서 화제를 모은 적이 있다. 포항뿐 아니라 대구, 서울, 경기도, 경남 거제, 심지어 싱가포르에서까지 폭탄주 제조 영상을 보고 소맥을 마시기 위해 찾아올 정도였다고 한다.[1] 포항 소맥이모는 SNS 스타로 떠오르면서 방송에 출연하는 등 유명세를 치렀다. 도대체 소맥이 뭐라고 사람들은 이토록 관심을 가지는 것일까? 소맥은 소주와 맥주를 섞어 마시는 폭탄주의 하나다. 소맥의 시초는 양주에 맥주를 섞어 마시는 것에서 유래되지 않았을까 한다. 소맥의 탄생은 일반적으로 IMF 이후로 보는 견해가 많다.[2] 양주와 맥주를 섞는 폭탄주가 소맥으로 교체된 것이다. 양주 가격의 30분의 1 수준인 소주로 비슷한 효과를 볼 수 있기 때문이다.

현대의 폭탄주

소맥에 사용되는 소주는 17도 전후, 맥주는 4.5도 수준이다. 비율에 따라 다르지만 가장 맛있는 소맥 비율은 소주 1, 맥주 3의 비율로 섞어서 7.7~8도 수준이다. 도수로만 보면 6~7도 수준인 막걸리보다 조금 높다. 맥주에 소주를 섞으면 맥주만 마셨을 때처럼 탄산이 많아 목이 따갑지도 않고, 맥주 맛이 소주 특유의

소맥 제조.

쓴맛을 없애 목넘김도 훨씬 부드럽다. 상대적으로 저렴한 소맥은 계층을 막론하고 회사 회식부터 대학교 축제에 이르기까지 빠른 속도로 퍼졌다. 2010년대 중반 이후에는 주류 회사에서 소맥(쏘맥)자격증을 발급하는 등 소맥 제조법을 마케팅에 적극 활용하기도 한다. 한 주류 회사에서 술을 즐겁게 마시자는 취지에서 특별 발행한 이벤트성 자격증으로 초기에는 퀴즈를 맞힌 사람과 소맥 레시피 공모전에 당선된 사람, 파워블로거, 연예인 등을 대상으로 한시적으로 발급했다. 하지만 일반 소비자들의 관심이 증가하면서 일반인에게도 이벤트성 자격증을 발급하고 있다.[3]

우리나라에는 소맥 외에도 다양한 술을 섞어 마시는 폭탄주 문화가 있다. 대표적으로 위스키에 맥주를 섞는 고전적 폭탄주가 있고 막걸리에 사이다를 섞어 마시는 '막사'도 있다. 막걸리에 사이다를 섞어 먹어보지 않은 사람은 왜 막걸리와 사이다를 섞는지 모를 것이다. 하지만 막사를 좋아하는 사람은 막걸리와 사이다를 섞은 맛이 막걸리만 마시는 것보다 탄산감과 단맛이 있어서 더 좋다고 한다. 사실 막사는 1970년대부터 마셔왔던 전통 있는 제조 방법이다. 1970년대 말을 배경으로 한 영화 〈남산의 부장들〉에서는 막걸리에 사이다를

막사 제조.

섞어 마시는 장면이 나온다. 영화에서 대통령은 양은 주전자에 막걸리와 사이다를 3분의 1씩 넣은 후 "이게 막걸리와 사이다의 비율이 중요해"라고 한다. 영화처럼 막걸리와 사이다를 섞어 마시는 문화가 이미 널리 퍼져있었다는 것을 알 수 있는 장면이다.[4]

1977년 이전 밀가루로만 막걸리를 만들던 상황에서 쌀막걸리가 부활되면서 밀에 입맛이 길들여진 사람들이 쌀막걸리의 맛을 심심하게 느꼈던 것 같다.[5] 막걸리 맛이 예전과 같지 않자 맥주나 사이다를 타서 마시는 것을 즐겼다. 당시 대통령도 막걸리와 사이다를 섞어 마시는 것을 즐겼다고 한다. 막사를 만드는 영화 장면이 단순히 상상만은 아니었을 것이다.

1980년대에도 막걸리의 소비가 감소되기는 했지만 막걸리와 사이다를 섞어 마시는 것은 대학생들 사이에 흔한 모습이었다. 《매일경제》 1982년 9월 6일자 '대학생 은어 외래어가 많다'라는 기사에는 "막걸리+사이다=막사이사이"라는 외래어를 쓴다고 했다. 대학생들의 '막사이사이'가 기사화가 될 정도로 막걸리와 사이다를 섞는 것이 보편적이었다. 술을 섞어 마시는 것은 소비자 스스로 재료를 조합해 레시피를 만들어 마시는 펀fun 문화의 일종이었다.

소맥은 소주와 맥주의 단점을 보완하여 마시는 술이라 마시기는 쉽지만 알코올 섭취량이 많아질 수밖에 없다. 결국 술을 많이 마시는 결과를 낳기 때문에 폭음을 하게 된다. 최근에는 혼술, 홈술 등의 음주문화 및 사회 인식 변화와 자성의 목소리 등으로 폭음 분위기가 변하는 추세다.

조상들의 혼돈주

조상들도 폭탄주를 만들어 마셨다고 한다. 방송이나 자료 등 문헌에 나와 있는 조선의 '혼돈주'(混沌酒, 막걸리에 증류식 소주를 섞은 것)가 폭탄주의 시초라면서 막걸리와 소주를 섞어서 마셨던 방법이라고 한다.[6] 하지만 이것은 잘못된 내용이다. 조선의 혼돈주는 막걸리와 소주를 섞어 마시는 방식이 아니다. 혼돈주라는 이름이 적혀 있는 《양주방》 및 《주방문》에는 술을 섞어 마시는 폭탄주 제조법이 아닌 술을 '빚는' 제조 방법이 있다. 《주방문》의 〈혼돈주〉법을 현대적으로 해석한 《한국전통지식포탈》에 의하면 다음과 같다.[7]

'혼돈주' 제조법이 적힌 《승부리안 주방문》 (서울대학교 규장각한국학 연구원).

"백미 6되를 가루 내어, 2되 탕기로 8탕기를 끓여서 식거든 좋은 섬누룩 1되, 석임(술을 만들 때 쓰는 효모) 1되를 넣어 빚는다. 그리고 3일 만에 찹쌀 4되를 깨끗이 씻어 찌고 술밑을 걸러 섞어 넣어 3일이면 쓸 수 있다. 여름에 빚기 좋은 술이다."

이처럼 혼돈주는 술을 빚는 방법이다. 그렇다면 혼돈주가 폭탄주와 같이 술을 섞어 마신다는 말은 어디에서 시작된 것일까? 그 시초는 《조선무쌍신식요리제법》에서 찾을 수 있을 것이다. 이 책은 1936년에 출간된 제3판 증보판을 그대로 재현해 복간한 이용기(李用基)의 일제 강점기의 조리서다.[8] 당시의 한국 전통 음식을 비롯해 68항목 총 790여 종의 조리법이 실려 있다. 뿐만 아니라 서양, 일본, 중국 요리를 만드는 법도 포함시켜 작성한 책이다. 이 책에는 혼돈주에 대해 소주와 막걸리를 혼합해서 마신다는 내용을 담고 있다. 당시의 제조법을 해석하면 다음과 같다.

"혼돈주는 찹쌀로 빚은 막걸리에 소주를 타서 먹는 것이다. 좋은 소주 한 잔을 좋은 막걸리 반 사발에 따르되 가만히 한 옆으로 일 분 동안을 따르게 되면 소주가 밑으로 들어가지 않고 위로 말갛게 떠오른다. 이때 마시면 다 마시기까지 막걸리와 소주를 함께 마실 수 있게 된다. 막걸리는 차고 소주는 더워야 좋으며 소주로 홍소주를 넣으면 빛깔이 곱다. 맛은 매우 좋으나 아무리 술을 잘 마시는 사람이라도 다섯 잔 이상은 더 마실 수 없을 정도로 매우 취하는 술이다."[9]

현대의 폭탄주 제조법과 유사한 《조선무쌍신식요리제법》의 혼돈주 내용이 사람들에게 소비되었고 조선 시대에 발간된 《주방문》이나 《양주방》의 혼돈주와 동일한 명칭이다 보니 조선 시대부터 '혼돈주=폭탄주'를 만들어 마셨다고 굳어진 듯하다. 물론 술을 섞어 마시는 방법이 조선 시대라고 없지는 않았을 것이다. 하지만 위에서 언급한 혼돈주가 폭탄주가 아닌 것은 확실하다.

그렇다면 언제부터 폭탄주나 폭음 문화가 시작됐을까? 폭탄주의 유래는 알 수 없다. 20세기 초 가난한 미국의 부두 노동자들이 적은 돈으로 빨리 취하기 위해 싸구려 위스키와 맥주를 혼합해 마신 게 시초라고도 하고, 같은 시대

러시아의 벌목공들이 시베리아의 강추위를 이기기 위해 보드카와 맥주를 섞어 마시는 것에서 시작됐다고 주장하는 사람도 있다.[10] 한국에서는 1983년 강원도의 군, 검찰, 안기부, 경찰 등의 지역 기관장 모임에서 처음으로 만들어 마셨고 이후 널리 퍼졌다고도 한다.[11] 무엇이 정설인지는 알 수 없지만 결국 싼값으로 빨리 술에 취하려던 것은 틀림 없는 것 같다.

폭탄주나 폭음이 한국의 음주 문화를 대표하지는 않는다. 과거에는 풍류로써 술을 가까이 하고 계절마다 술을 담가 적당히 즐기는 음주 문화를 가졌다. 술을 마시는 것을 조심하기 위해 향음주례를 통해 술 마시는 예를 갖췄다.[12] 조선 이후 사회·문화적 변화를 겪어온 바로 당시와 지금의 사회는 차이가 클 수밖에 없다. 급변하는 현대화에 우리는 자신도 모르게 더 많이 마시고 빨리 취하는 음주 문화를 당연하게 여겼을지 모른다. 이제 그런 음주 문화와 폭음은 결코 장려되어서는 안 된다. 몸이 상할 정도록 술을 마실 이유도 없다. 관계를 편하게 만드는 도구로만 술을 사용되면 충분할 것이다.

4장

알수록
빠져드는
우리 술 이야기

지금까지는 우리 술과 관련하여 연구자뿐 아니라 일반인도 대부분 고문헌의 제조 방법 재현에만 집중했다. 고문헌의 술 제조 방법(레시피)을 분석하고 술이 어떻게 만들어졌는지에 초점을 맞춘 것이다. 우리 술 연구도 자연과학에 집중되면서 술 제조 방법, 유용 미생물 분리 등의 분야에 매진했다. 이것은 일제 강점기에 단절된 우리 술의 재현을 위해 고서의 《주방문》(술을 만드는 제조 방법이 있는 책)을 해석하고 현대에 맞게 생산하려는 노력의 결과물이다. 특히 과거 제조 방법을 현대에 맞게 변형한 술들에 대한 소비자의 관심이 높아지면서 양조장들은 고문헌 제조법에 많은 관심을 보인다. 반면 제조법 이외에 오랜 역사와 함께한 우리 술과 식문화의 조화에 대한 연구 내용은 많지 않다. 시대별로 유행한 술과 만들어진 과정, 궁궐의 술과 서민의 술

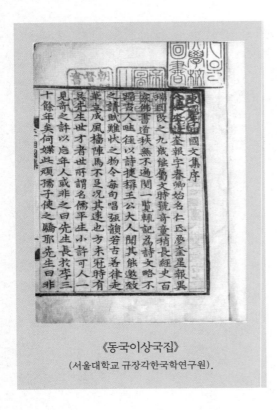

《동국이상국집》
(서울대학교 규장각한국학연구원).

에 대한 차이와 술마다 지닌 의미에 대한 연구가 부족하다.

우리 술의 역사에서 가장 먼저 거론되는 문헌은 이규보(李奎報)의《동국이상국집》제3권에 수록된 〈동명왕(〈東明王〉)〉편(1241)이다. 동명 성왕 건국 신화 중 술에 얽힌 부분에 천제(天帝)의 아들 해모수가 강의 신 하백의 딸 유화를 술로 유혹해 도망가지 못하게 해서 주몽(동명 성왕)을 낳았다는 내용이 있다.[1] 이를 통해 당시 사람들이 이미 술을 빚어 함께 마셨다는 사실을 유추해 볼 수 있다. 하지만 당시에 마시던 술이 무엇인지 정리된 내용을 찾기란 쉽지 않다. 당시 술의 원료와 제조법은 어떤 술의 것을 사용했는지 알 수 없다. 또한 술 제조법이 이땅에서 발생했는지 중국이나 다른 나라를 통해 들어왔는지 술 제조법의 이동 경로에 관한 내용도 자세하지 않다.

많은 사람이 중국에서 시작된 주류 제조법이 우리를 거쳐 일본으로 갔다고 한다. 하지만 당시 중국은 하나의 나라가 아니고 지역이 많아 술 제조법이 다양했고 어느 지역의 술 제조법이 넘어왔는지도 정확하지 않다. 일본도 교역이 활발했기 때문에 우리나라에서만 술 제조법을 배웠는지도 의문이다. 술 역사에 관한 연구에는 아주 먼 과거까지의 자료가 필요하기 때문에 현재의 국내 자료만으로는 부족하다. 주변국인 중국이나 일본의 자료까지 검토해야만 제대로 된 우리 술 역사를 말할 수 있을 것이다.

우리 술의 역사 연구는 어떨까?《조선왕조실록》이나《승정원일기》에는 우리가 알고 있는 조선의 임금이 직접 마셨다는 술 이름의 기록이 없다. 향온(香醞)이 언급이 되기는 하지만(첫 언급은 세종 9년 7월)[2] 어떤 때는 술 제조법을 어떤 때는 향온주(香醞酒)라는 술의 이름으로 혼합해서 사용했다. 동시대의 다른 문헌과 자료를 통해 과연 임금이 마셨던 술이 무엇인지에 관해 더 많은 연구가 필요해 보인다.

그리스 신화의 포도주를 만드는 디오니소스, 이집트의 피라미드 건축 때 마셨다는 맥주 등 외국의 주류들은 그 역사가 오래되기도 했지만 술 마케팅 수단으로도 적절하게 활용한다. 역사란 단순히 과거가 아니다. 현재에도 흐르고 있기 때문에 정확히 알아야 한다. 우리나라는 일제 강점기를 거치며 우리 술의 역사 단절로 인해 잘못된 내용이 정설처럼 받아들여진 것들이 꽤 있다. 치우침 없이 균형 있는 발전을 위해 더 늦기 전에 우리 술 역사에 대한 연구가 필요하다. 우리 술은 특히 자연과학에 비해 인문학적 연구가 많지 않다. 이 작업은 공공기관뿐만 아니라 술을 만드는 제조자, 고문헌 해석 전문가 그리고 고대 사회 연구 전문가들의 협업을 통해 이루어져야 한다.

우리 술 역사에 대해 잘못된 내용이 있다면 어디서부터 잘못된 것인지 알아내고 밝혀야 한다. 우리 술의 왜곡은 정보의 부족과 미비한 연구로 인한 것이라 할 수 있다. 그러므로 지금이라도 다시 한번 정리해 볼 필요가 있다.

약주와 청주,
같은 술
다른 느낌

역사에 가정(假定)은 없다고 하지만 중요한 사건마다 그때 그 일이 일어나지 않았다면, 그때 다른 선택을 했다면 등 가지 못한 길에 대해 상상해 보곤 한다. 그때로 돌아갈 수 없다는 것을 알면서도 가정법을 도입해 보는 것이다. 일제 강점기를 거치면서 가양주가 사라지고 그로 인해 우리 술의 역사가 끊겼다는 것은 참으로 슬픈 일이다. 일제 강점기를 거치면서 왜곡되고 변질된 것이 많아 우리 것으로 되돌리기에는 많은 시간과 노력이 필요하다. 만약 일제 강점기를 거치지 않고 대한제국에서 그대로 이어왔거나 광복 후 오로지 우리 식으로 주세법을 만들어 발전시켰다면 현재 우리 술의 위상은 어느 정도일까? 세계와의 활발한 교류와 발효 과학, 주세법 등 지금과는 다른 형태로 발전했을지도 모른다는 상상을 하게 된다.

일제 강점기에 도입한 우리 술의 주세법에는 아쉬운 점이 많다. 식민지 과정에서 일본에 의해 일본식 주세 제도가 들어온 것은 부인할 수 없는 사실이다. 그중에서도 오래된 논쟁 중 하나이자 키보드 배틀(인터넷 공간에서 벌어지는 사용자들 간의 댓글 말싸움을 의미)이 자주 일어나는 주제는 '약주(藥酒)'와 '청주(淸酒)'의 명칭이다.

청주는 사라지고 약주만 남아

일제 강점기인 1909년에 경제권을 침탈한 일본인들은 세금 확보를 목적으로 주세법을 만들었다.[1] 그때 처음으로 시도된 술의 분류는 양성주, 증류주, 혼성주였다. 그중 양성주는 청주(사케), 약주, 백주, 탁주, 과하주, 기타 양조제성한 주류로 분류되었다.[2] 술의 분류 개념을 정하면서 일본의 맑은 술인 사케를 자신들이 사용하고 있던 한자 그대로 청주(淸酒)라고 지정하고, 조선의 맑은 술인 청주를 다른 형태의 이름인 약주(藥酒)로 정해버린 것이다. 광복 후 대한민국 정부가 설립되어 1949년 10월에 새로 주세법이 제정되었지만 법을 새로 만드는 어려움으로 인해 일제 강점기의 법을 그대로 답습했다. 이후 주세법이 무수히 손질되고 바뀌었지만 주세법 속에 '청주(사케)'라는 명칭은 그대로 일본의 술을 가리키고 과거부터 맑은 술을 지칭하던 조선의 청주는 '약주'라는

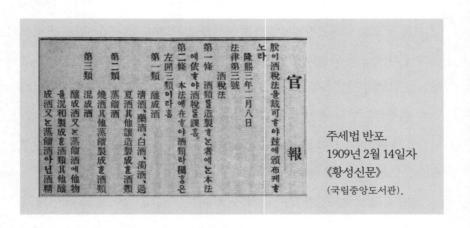

주세법 반포.
1909년 2월 14일자
《황성신문》
(국립중앙도서관).

이름으로 변하여 지금까지 이어지고 있다. 바로 여기서부터 논쟁이 시작된다. 일제에 의해 우리의 맑은 술을 지칭하는 청주가 사라지고 역사를 알 수 없는 약주만 남은 것이다. 그렇다면 '약주'와 '청주'의 정확한 뜻을 알아볼 필요가 있다.

술의 제조 방법 및 유통, 소비 등의 주류와 관련된 거의 모든 규정을 적은 법이 주세법이다. 이 주세법에서 맑게 여과되어 있는 술을 부르는 두 가지 이름이 있다. 제조 방법도 크게 다르지 않으며 형태적(여과 여부)으로도 비슷하다. 하나는 약주(藥酒)이고 하나는 청주(淸酒, 사케)다. 주세법에서의 대표적인 제조 방법은 다음과 같다.[3]

약주: 녹말이 포함된 재료(발아시킨 곡류는 제외한다)와 국(麴) 및 물을 원료로 하여 발효시킨 술덧을 여과하여 제성한 것

청주(사케): 곡류 중 쌀(찹쌀을 포함한다), 국(麴) 및 물을 원료로 하여 발효시킨 술덧을 여과하여 제성한 것 또는 그 발효·제성 과정에 대통령령으로 정하는 재료를 첨가한 것

주세법 상의 제조법에서는 큰 차이를 알 수 없지만 주세법 시행령을 보면 '청주 제조에 있어서 쌀의 합계 중량을 기준으로 하여 누룩을 100분의 1 미만으로 사용해야 한다'고 되어 있다.[4] 다시 말해 제조법이 같아도 누룩을 1퍼센트 이상 사용하면 약주, 1퍼센트 미만 사용하면 청주가 되는 것이다. 맑은 술이라는 공통점 때문에 형태만으로 두 가지 술을 나누는 데는 어려움이 있다.

이렇듯 맑게 여과된 술의 형태는 같지만 서로 다르게 관리되는 약주와 청주에 대해 조선 시대에는 어떻게 묘사했는지 보려고 한다. 《조선왕조실록》에는 약주가 52번, 청주가 108번 언급되고 있다. 처음 약주가 언급된 것은 《태종

실록》9권, 태종 5년(1405) 5월 24일이다.

"의정부에서 예궐(詣闕)하여 약주(藥酒)를 올리니, 임금이 허락하지 아니하였다. 청하기를 두세 번에 이르러서 좇았다. 처음에 임금이 가뭄이 심함을 근심하여 어선(御膳)을 줄이고 풍악을 폐하며, 혹 낮에 한 끼만 들기도 하여 20여 일이 되었는데, 이때에 이르러 비가 흡족히 내렸기 때문에, 하윤(河崙)과 조영무(趙英茂) 등이 술을 올린 것이다."

신하들이 태종의 건강을 위해 약주를 마시라고 청한 것이다. 이후에도《조선왕조실록》의 기록 중 임금과 관련된 내용은 건강을 위해 술 마시기를 청하였고 대부분 약주로 기록이 되어 있다. 임금이 내리는 일부 하사품도 마찬가지다. 이것은 술의 기능을 약으로 강조했기에 붙인 명칭이 아닌가 싶다.

청주와 관련된 내용도《조선왕조실록》에 있다.《태종실록》14권, 태종 7년(1407) 10월 19일에 청주가 처음 거론되었다.

"판예빈시사(判禮賓寺事) 이태귀(李台貴)를 보내어, 대마도(對馬島)에 가서 수호관(守護官) 종정무(宗貞茂)에게 조미(造米)·황두(黃豆) 각각 1백 50석, 송자(松子) 1백 근(斤), 건시(乾柿) 60속(束), 소주(燒酒) 10병(瓶), 청주(淸酒) 30병(瓶), 천아(天鵝) 1수(首), 은어(銀魚) 1항(缸)을 주고, 또 종정무의 어미에게 홍단자(紅段子)·초(綃) 각각 1필(匹)씩을 주었다."

대마도의를 지키는 종정무에게 청주 30병을 하사한 기록이다. 이후 많은 기록에도 청주에 대한 기록은 임금이 내리는 하사품 또는 사직관련 제사와 관련된 기록에서 많이 찾아볼 수 있다.

조선의 약주와 청주

그렇다면《조선왕조실록》에서 약주와 청주를 바라보는 시선은 어땠을까?《조선왕조실록》에는 술을 일종의 약으로 생각하고 임금에게 약 마시기를 권했다. 그중 세종대왕과 관련된 기록이다.[5]

"술은 오곡의 정기라 적당하게 마시고 그치면 참으로 좋은 약입니다. 정부 대신이 신 등으로 하여금 기필코 술을 드리도록 하였습니다. 엎드려 바라건대 신 등의 청을 굽어 좇으십시오." 임금이 이번에도 허락하지 않았다. 하연이 굳이 청하기를 네댓 번을 하고, 민의생은 눈물까지 흘렸으며, 승지들도 술을 권하였다. 그럼에도 임금은 거절하며 말했다.

"내가 마땅히 요량하여 마시겠다."

태종과 비슷하게 가뭄으로 인해 술을 마시지 않자 건강을 위해 술 마시기를 청했고 세종은 거절하면서 추후에 때가 되면 마시겠다고 한 것이다.

또한《조선왕들, 금주령을 내리다》라는 책에 이렇게 적혀 있다.[6]

"조선 시대에 술은 바로 약이요 음식이었다. 당시 사람들은 몸이 아프거나 허약할 때 약으로 술을 마시거나 약을 먹을 때 술을 함께 마셨다. 술은 곧 약주(藥酒)요 음주는 복약(服藥), 즉 약을 복용하는 것으로 인식되었다. 당시에 자주 쓰인 주식(酒食)이라는 말도 술이 일종의 음식으로 여겨졌음을 보여준다. 술과 약, 술과 밥은 떼려야 뗄 수 없는 사이였다. 약식동원(藥食同源)이라는 말처럼 주식동원(酒食同源)이자 주약동원(酒藥同源)이었다."

고문헌에 청주에 대한 검토 자료를 보면 언급은 많으나 구체적 제법이 없어 정확히 어떤 술을 지칭하는지 또 어떻게 빚는지 분명하지 않다.《주방문》에도 '청주'라는 단어가 들어가는 술은 많지만 일반적으로 '맑다', '시원하다'는 것을 강조하여 이름 붙여진 술들이다. 청주는 한자로 풀이하면 맑은 술로 탁주의 탁한 술과 대비되는 표현이라 당시에도 있을 수 있는 단어였을 것이다. 중국에도 맑은 술을 淸酒(청주)라고 하는 경우가 있다.[7] 일본 역시 맑은 술을 淸酒(청주, 사케)[8]라고 한다. 우리도 맑은 술은 청주라고 했다. 청주는 동아시아 한자 문화권에서 '맑은 술'을 가리키는 하나의 단어로 볼 수 있다.

그렇다면 맑은 술을 가리키는 '청주' 대신 '약주'의 배경은 무엇일까? 약주라는 명칭에 관련된 설은 몇 가지가 있다. 가장 많은 것이 청주를 약으로 마시는 것이 허용되었기 때문에 금주령을 피하기 위해 약주가 되었다는 설[9]이 있고, 선조 때 서성의 집에서 빚은 술이 유명하였는데 그의 호가 약봉(藥峰)이었고, 그가 사는 곳이 약현(藥峴)이어서 좋은 청주를 약주라 부르게 되었다는 설이 있다.[10] 두 번째 설은 조선 초기인 태종 때부터 약주라는 말이《조선왕조실록》에 사용된 것으로 봐서 신빙성이 약하다. 이외에《간본규합총서》에 약주라는 술 제품이 나오고 약산춘과 약주를 연결하여 약산춘의 간편한 술빚기를 약주라고 했다는 설이 있다.[11]

이러한 설(說)과 달리하는 것도 있다. 우리나라 음식과 과자 중 약(藥) 자가 붙은 것이 몇 가지 있는데 약과(藥果), 약식(藥食), 약포(藥脯) 등이다. 이것은 의식동원 또는 약식동원의 기본 사상이 반영된 것으로 음식에 참기름이나 꿀을 넣어 약처럼 이롭게 한다는 뜻에서 '약'자가 붙은 것처럼 약주 역시 몸에 좋은 술에 붙인 것으로 해석될 수 있다.[12] 현대에서의 '약주'는 약재가 들어간 술이나 웃어른께 올리는 술로 인식하고 있다. 하지만 앞의 자료를 종합해 보면 조선에서는 임금이 마시는 약이 되는 술을 약주라고 하거나 청주를 높여 부른 것으로 생각할 수도 있다. 지금도 어른들에게 '약주 드셨냐'고 묻는 것은 그 전통의 연장이 아닌가 싶다. 이 역시 다양한 논리 중 하나로 생각하면 된다.

우리는 약주에 대해 얼마나 알고 있을까? 먼저 구한말의 약주에 대해서도 몇 가지 의문이 생긴다. 먹을 것이 부족했던 일반 백성이 과연 많은 양의 쌀을 맑게 여과시키는 등 과정이 복잡한 약주를 만들어 마셨을까? 과연 우리는 약주를 많이 마시던 민족이었을까? 먼저 약주의 구한말 기록을 보면《조선주조사》에는 우리나라의 1913년 술 생산량 통계가 나와 있다.

당시 한반도 전체 술 제조량은 22만 1900킬로리터였고 조선 탁주의 생산량은 19만 4660킬로리터, 소주는 1만 5253킬로리터, 청주(사케)는 7162킬로리터, 조선 약주는 4780킬로리터였다. 비율로 보면 조선 탁주의 비중이 87.7퍼센트, 소주 6.9퍼센트, 청주 3.2퍼센트, 조선 약주가 2.2퍼센트를 차지한다. 이처럼 처음 통계가 기록되었을 당시에는 청주(사케)가 조선 약주보다 더 많이 소비되었다. 물론 이것은 당시 조선에 들어와 사는 일본인이 많았고 1910년 한일합병 후 일본의 영향으로 청주(사케)가 많이 퍼져 있어 가능했을 것이다.

이후 1924년에 약주와 청주(사케)의 생산량이 각각 1만 754킬로리터, 8301

주세법 시행 시대 주류소비량표《조선주조사》

단위: 킬로리터(kL)

종별	1913년(대정 2)				1933년			
	생산량	수이입량	수이출량	총소비량	생산량	수이입량	수이출량	총소비량
청주	7,162	5,698	-	12,860	12,085	2,064	213	13,936
맥주	-	3,349	-	3,349	2,933	4,546	75	7,404
약주	4,797	-	-	4,797	21,483	-	-	21,483
탁주	194,659	-	-	194,659	279,831	-	-	279,831
소주	15,253	2,427	-	17,680	68,727	1,300	368	69,659
기타	28	193	-	522	821	450	64	1,208
계	221,900	11,969	-	233,870	385,882	8,361	721	393,522

킬로리터로 역전되었으며 1933년에는 탁주 27만 9831킬로리터(72.5퍼센트), 약주 2만 1483킬로리터(5.6퍼센트), 청주(사케) 1만 2085킬로리터(3.1퍼센트)로 전체 생산량에서 약주의 비중은 5.6퍼센트까지 상승[13]했지만 통계가 있던 1913년부터 지금까지 전체 소비량을 보면 약주를 우리의 대표 주류라고 하기에는 소비량이 그렇게 많다고 할 수는 없다. 오히려 소주보다도 생산량이 적은 3위의 술이었다.

하지만 약주의 소비가 적다고 해서 그 가치도 적었던 것은 아니다. 《식탁 위의 한국사》를 요약하면 다음과 같다.

조선 후기부터 약주는 양반이 마시는 술로 취급되었다. 주세법으로 인해 집에서 술을 만들지 못하기 전까지 약주는 양반집에 수시로 있는 봉제사(奉祭祀, 조상의 제사를 받들어 모심)와 접빈객(接賓客, 집안에 찾아오는 손님을 대접)을 위해 직접 만드는 경우가 많았다.[14]

서울의 양반집에서나 마실 수 있던 약주가 19세기 말 이후부터는 양조장에서 만들어 팔기 시작하면서 일반인도 맛볼 수 있게 되었다. 19세기 말에는 조선에 자리를 잡고 일본식 청주를 생산하기 시작한 일본인조차 약주를 높이 쳐주었다. 조선통독부상공과장이 《조선주조사》에 쓴 글에도 "약주의 상품은 청주를 앞서고 과실주를 초월한다"[15]고 했다. 조선 약주는 분명 고급술이었다. 1908년 1월 10일자 《황성신문》에 실린 '명월관 확장 광고'에도 명월관에서 판매되는 요리와 술 종류가 나온다. 약주(藥酒), 소주(燒酒), 구화주(倶和酒, 일본술 구비), 국정종주(菊正宗酒), 각종 맥주 등으로 소개하고 있다. 그중 약주가 가장 먼저 등장하는 것으로 보아 약주가 조선요리옥의 명성에 잘 어울리는 술로 생각한 듯하다.[16]

다른 논란이 있는 약주의 누룩 사용에 대해서도 살펴보자. 일제 강점기에 누룩 사용을 억제하여 대부분 약주에도 누룩을 사용하지 못하게 했다고 한다. 하지만 《조선주조사》에 나오는 약주의 제조법에는 입국을 이용한 약주의 제조 방법이 없고 오직 누룩만을 이용해서 제조한 누룩과 시판 누룩을 사용하여 비교 시험하는 것만 있다. 특히 1920년 약주 시험에서는 전량 시판 누룩을 사용하였으며 비교 시험구로만 청주 입국을 사용했다고 기록하고 있다.[17]

주세법 시행령에 따른 누룩과 입국 사용의 변화

한편 광복 이후 1949년 11월 11일에 제정된 주세법 시행령에서도 역시 청주(사케)와는 달리 탁주와 약주에 누룩의 사용이 의무화되어 있었다. 오히려 누룩의 사용량이 줄기 시작한 것은 누룩 사용 의무화가 해제된 1957년 2월 4일 일부 개정된 주세법 시행령부터라고 할 수 있다. 이때 처음으로 약주에 한해 입국을 사용할 수 있도록 했다. 이후 다시 1960년 12월 31일에 일부 개정된 주세법 시행령에서 약주에 입국을 사용하는 것을 금지하였지만 1961년 12월 30일 개정된 주세법 시행령에 다시 약주에 입국을 사용할 수 있게 해 주었다 (단, 입국을 사용하는 경우에도 원료곡류의 10퍼센트 이상의 누룩(국자)을 사용하도록 의무화). 이후 지속적으로 누룩 사용량이 감소했는데 1965년 12월 30일 주세법 시행령에서는 약주의 누룩 의무 사용량이 원료 곡물의 10퍼센트에서 5퍼센트로 축소되었다. 1990년 12월 31일 주세법 시행령에서는 2퍼센트, 2008년 2월 22일 시행령에서 1퍼센트 이상 사용을 의무화하면서 현재까지 이르고 있다.[18]

언어란 사용하지 않으면 개념마저 바꿀 수 있다. 청주(사케)라는 단어를 주세법에 의해 사케의 대체어로 사용하다 보니 과거 우리가 사용하던 청주(맑은 술)라는 이름을 쓰지 않게 되었다. 조선 청주가 약주로 쓰이다 보니 사람들의 인식에 맞춰 쌀만 사용한 순곡주 청주는 찾아보기 어렵고, 약재가 들어간 술이 많아지게 되었다. 이제는 약주와 청주(사케)의 용어 교체를 고민할 때이다. 일본식 제조법으로 만든 청주(사케)는 사케라고 하고, 우리의 맑은 술 약주는 다시 청주라고 부르는 것이다. 이는 현재 주세법에서 여과하지 않은 탁한 술을 탁주(濁酒)라고 하는 것처럼 술의 형태 중 여과해서 맑은 술은 청주(淸酒)라는 한자 표기와도 맞을 것이다.

또한 약주와 청주의 명칭에 대한 연구가 필요하다. 단순히 약주라는 단어가 일제 강점기의 주세법으로 인해 일본의 청주(사케)에게 빼앗긴, 어찌 보면 청주보다 낮은 등급으로 치부되는 술이 아닌 우리나라 맑은 술 청주의 다른 이름은 아니었는지, 그러기에 현재 맑은 술이라는 이름의 청주와 약주에 대한 과거부터 현재까지의 정확한 사회·문화적 연구가 필요하다.

일본의 쌀 수탈은 지역 청주(사케) 산업을 발달시키고

지방 자치단체나 협회에서 판매나 홍보를 목적으로 하는 행사에 '축제' 또는 '페스티벌'이라는 단어를 자주 사용한다. 해마다 계절마다 전국에서 각양각색의 다채로운 축제가 개최된다. 2022년 문화체육관광부에서 발표한 자료를 보면 지자체별로 개최하고자 하는 크고 작은 축제가 997개에 이른다.[1] 코로나19로 인해 취소된 축제가 많지만 계산해 보면 하루 평균 2.7개의 축제가 열리는 꼴이다.

축제에는 술이 빠질 수 없지만 그렇다고 술이 주인공인 축제도 많지 않다. 외국에는 술이 주인공인 축제가 많다. 독일의 옥토버페스트 축제는 맥주 하나만으로 세계 3대 축제가 되었다. 중국의 청도 맥주 축제, 영국의 위스키 축제는 모두 술을 즐기는 축제다. 가까운 일본에도 술 축제가 많은데 그중 유명한 것은 니가타의 사케 축제인 '사케노진(酒の陣)'이다. 니가타 지역의 다양한 술을 한자리에서 마실 수 있는 행사로 많은 이에게 같은 지역의 술을 비교하며 마

일본 사케노진 축제.

실 수 있는 즐거움을 선사한다.

일본 사케 및 술 축제에 관심이 많아 사케노진에 간 적이 있다. 사케노진을 간단히 설명하면 2004년에 시작된 니가타의 사케 축제로 2일간 방문자가 약 14만 명(2019년 기준), 입장권 수익만 3억 5000엔(약 35억 원)에 이를 정도로 규모가 큰 단일 술 축제다.[2] 술은 니가타 지역의 사케만 나올 수 있으며 판매도 자유로워서 잘 파는 업체는 이틀간 4~5천만 원까지 판매한다고 한다. 니가타는 일본에서도 사케 생산량 3위를 차지하는 지역이며 다른 지역에 비해 프리미엄 사케 비율이 압도적으로 높다. 사케노진은 이런 술들을 동시에 즐길 수 있는 매력 있는 축제다.

청주(사케)로 유명한 군산

우리나라와 일본의 사이가 좋았을 때는 일식집이나 그와 유사한 식당에서 사케를 마시는 젊은 층이 많았다. 쌀 문화권인 우리와 비슷한 형태의 제조법으로 만들어 우리에게도 익숙한 청주(사케)는 결코 낯설지 않다[참고 6]. 우리나라에서도 청주(사케)를 만드는 것이 특별한 일은 아니다. 이미 일제 강점기부터 여러 지역에서 청주(사케)를 만들었고 한때는 일본에 역수출을 할 정도로 (〈사케와 고량주를 수출한 나라, 조선〉 참고) 청주(사케)의 품질이 좋았다. 그중 유명한 지역이 군산(群山)이다. 현재 국내의 청주(사케)를 만드는 대기업의 공장이 군산에 있다. 군산의 청주(사케) 생산 역사는 1945년 조선양조로 거슬러 올라간다. 이후 백화양조로 개명하고, 1970년대에 백화수복, 베리나인 양주 등을 히트시키며 굴지의 주류 회사로 성장했다. 1985년에 두산주류를 거쳐 2009년에 롯데주류가 인수하면서 군산의 청주(사케) 생산은 오늘에 이르렀다.[3]

이처럼 군산이 청주(사케)로 유명한 것은 1945년 적산(敵産) 기업인 조선양조를 인수하면서부터다. 당시 군산에 청주(사케)를 만드는 양조장이 많았다는 것을 의미한다.《군산상공회의소 100년사》에 따르면 1876년 개항 당시부터 군산에 세워진 주요 회사 및 공장은 1899년 상야주조장, 암본주조장, 1908년 적송장유주조장, 1909년 향원주조장, 1920년 군산주조(주), 1927년 조선주조(주) 등으로 양조 회사가 많았다. 이들 양조장은 모두 일본인 소유였다.[4] 군산이 청주(사케)로 유명한 것은 일본의 쌀 수탈과 관계가 있다. 일제 강점기 쌀 수탈과 지역 청주(사케) 산업의 발달에 대해 이야기 해보자.

꽃의 도시 술의 도시

군산에 관련하여 자료가 많지 않아 군산처럼 양조 산업이 발달했고 쌀 수탈 거점 지역이었던 마산의 당시 상황을 통해 군산은 어땠는지 간접적으로 알아보려고 한다. 마산은 2010년에 창원, 진해와 통합되어 창원시가 되었다. 일제 강점기 신문에서 술과 관련된 자료를 찾으면 많이 나오는 도시 중 한 곳이 마산이다. 일본인들의 자료에 따르면 마산은 '꽃의 도시'이자 '술의 도시'였다. 일본인이 쓴 책이나 관광 안내 팸플릿을 보면 무학산과 합포만, 벚꽃과 술이 환상적으로 그려져 있다. 마산 최초의 청주 양조장은 개항 5년 후인 1904년 일본 거류민 아즈마(東忠勇)에 의해 설립된 아즈마(東)주조장이다. 1905년에는 원마산 서성동에 이사바시(石橋)주조장이 설립되었다. 이외에도 1906년 장군

1937년 일본에 소개된 마산 안내 팸플릿
(허정도와 함께하는 도시 이야기 개인 블로그).

동에 설립된 고단다(五反田)주조장, 같은 해에 청계동에 설립된 엔무(永武)주조장, 1907년 홍문동에 설립된 니시다(西田)주조장, 1908년 상남동의 오카다(岡田)주조장, 1909년 장군동의 지시마엔(千島園)주조장이 계속 설립되었다. 1930년대에 들어서면 마산의 대표 산업에서 조선의 대표 생산 지역으로 성장하여 '주도(酒都) 마산'으로 불리게 된다.[5]

1920년 마산의 청주(사케) 생산량은 13개 양조장에서 4400석이었으나 부산의 6300석에는 미치지 못했다. 그러나 1923년에는 12개 양조장에서 1만 1000석을 생산하여 부산의 생산량 1만 석을 추월하며 조선 최고의 생산지가 되었다. 이후 1929년에 대형 종합 주류 생산 업체인 소화(昭和)주류가 설립되면서 1938년에는 2만 석까지 생산했다. 당시 마산의 주조장은 일제 강점기하에 내수용에서 시작하여 만주와 중국 대륙에 수출용까지 생산하게 되었다.[6]

그렇다면 마산은 어떻게 술의 도시가 되었을까? 일본은 제1차 세계대전을 계기로 공업이 더욱 발달하고 도시 인구가 급격히 증가하면서 자국에서의 식량 자급자족의 어려움에 부딪혔다.[7] 일제는 1910년부터 우리나라 땅에 대해 토지조사사업을 실시하여 수많은 농민의 농지를 침탈하기 시작했다. 조선의 토지에 대한 강제적 권리를 확보한 후 일본의 부족한 식량 공급, 군량미 충당

이시바시(石橋)주조장(후에 문삼찬 경영의 부용 양조장).
https://www.u-story.kr/777.

등을 목표로 삼고 세 차례의 산미증식계획(1차 1918~1926년, 2차 1926~1933년, 3차 1940년 이후)을 진행했다. 산미증식계획은 일제의 미곡 수탈정책으로 토지개량사업(관개개선, 지목변경, 개간, 간척)과 농사개량사업(우량품종보급, 시비증대, 경종법개선)에 의한 쌀 증산을 통하여 일본의 식량문제를 조선에서 해결하려는 의도로 진행된 것이다.[8]

쌀 수탈의 전초기지

마산뿐만 아니라 일본 수출을 위해 개항한 지역에서는 쌀 수탈이 이루어졌다. 1876년 병자수호조약(강화도 조약) 이후 부산, 원산, 인천, 목포, 진남포, 마산에 이어 군산이 1899년 5월 1일 강제로 개항되었다. 군산 역시 쌀 수탈의 전초기지였다. 일제는 1908년 10월 국내 최초로 (지금은 벚꽃 길로 유명한) 전주~군산간 도로인 전군가도(全群街道)를 포장했으며 익산~군산간 철도를 개설, 군

일제 강점기
쌀 수출 통로였던
전군가도.

산을 호남 최대의 상업 도시로 성장시켰다. 이렇게 만들어진 전군가도를 통해
최대 곡창지대였던 호남평야와 논산평야의 쌀들이 군산항에 쌓였다가 일본
으로 보내졌다. 1909년 조선의 전체 쌀 수출량의 32.4퍼센트가 군산항을 통해
일본으로 수출되었다.[9]

　이처럼 군산을 상업이 발달한 항구 도시로 성장시킨 배경에는 호남, 충청
의 농토를 빼앗아 가난한 일본 농민을 옮겨와 살게 하려는 의도가 있었다. 또
한 호남, 충청의 쌀을 일본으로 강제 수출시켜 일본의 쌀 부족을 보충하려는
목적도 있었다. 따라서 전북 지역에는 가장 많은 일본인 농장이 만들졌을 뿐
아니라 높은 사회 지배력을 가진 일본인들에 의해 이 지역은 식민정책의 중심
으로 변모했다. 군산 지방은 쌀 수출 항구라는 지리적 배경으로 인해 농장이
많을 수밖에 없었다. 1910년 한일합병에 이르기까지 전북 지역에는 24개의 일
본인 농장이 만들어졌고 이후 1920년에는 18개의 농장이 더 만들어졌다.[10]

　군산으로 진출한 일본인들은 큰 농장도 소유했지만 술을 빚는 주조장도
운영했다. 양조 산업이 시작된 것이다. 이들 주조장 중 향원주조장(香原酒造場)
에서 빚은 술 오처청주(吾妻, 내 마누라)는 전 일본주조장협회 청주 콘테스트에

서 1등을 할 정도로 품질이 좋았다.[11] 조선(군산) 쌀로 만든 청주가 일본 청주(사케) 대회에서 1등을 한 것이다. 결국 일본은 쌀 수탈을 위해 항구 도시들을 발달시켰고 그중 몇몇 지역은 집중적으로 쌀을 수출하는 곳이 되었다. 일본인의 농장과 각 지역의 많은 쌀이 생산되면서 자연스럽게 양조업까지 연결된 것이다. 이 술들은 대부분 조선인이 먹는 탁주나 약주가 아닌 고급 청주(사케)를 만드는 데 사용되었다.

광복 이후에도 이러한 적산을 이어받은 양조장들이 지속적으로 청주(사케)를 생산했다. 마산은 청주 양조장 13개를 미군정청이 접수한 후 적산 청주공장을 과거 일본인 공장에서 일했던 종업원이나 주류 제조에 경험이 있으면서 관리 능력이 있는 한국인을 선정하여 관리 운영을 맡겼다. 1946년 세무 당국으로부터 삼성(三星), 염록(艶綠), 금포(金浦), 대흥(大興), 칠성(七星) 등이 주류 제조 면허를 받아 생산에 들어갔다.[12] 관리인들은 먼저 일본인들이 사용하던 상호를 새것으로 바꾸었다. 이후 조선중앙소주는 마산중앙소주, 소화(昭和)주류는 동양주류주식회사, 야마무라(山邑)주조는 무학주조로 바뀌어 1951년 이후 불하받은 한국인이 운영했다. 일본인이 독점했던 청주(사케) 회사와 달리 탁주 업계는 주로 조선인이 경영했고 규모도 영세했다.

군산의 경우도 1915년 일본인 니시하라가 충남 논산에 조선주조(주)를 세운 뒤 조화(朝花)라는 상표로 청주를 생산하다가 생산량이 늘자 1917년 군산에 조선주조 군산분공장을 설립해 경성(서울)에 공급 물량을 맞췄다. 군산의 청주 공장은 조선주조 군산분공장을 비롯해 향원양조장, 상야양조장, 암본상점, 군산주조, 일본주조 등 6개였다.[13] 《식탁 위의 한국사》(주영하)에는 광복 이후의 청주(사케)에 대한 내용이 나온다.

광복 후 일본 청주 공장들이 적산(敵産)으로 분류되고 미군정을 통해 정식으로 한국인의 손에 넘어갔다. 그럼에도 일본 청주는 여전히 '정종'이라는 이름으로 인기리에 판매되었다.[14]

외국에도 수탈과 관련된 역사 속에서 발달한 술이 있다. 중국의 칭따오 맥주도 독일의 조차지로 있으면서 독일의 맥주 기술이 들어와 지금의 맥주 산업의 발전을 가져왔다. 필리핀의 산미구엘(산미겔) 맥주도 1890년 스페인 식민지배 당시 스페인 왕으로부터 맥주 생산 허가를 받아 1890년 필리핀 마닐라에 첫 공장을 짓고 스페인 최고의 양조 기술을 전수 받았다. 그들은 아픈 역사 속에서도 그것을 잘 활용해 세계적으로 유명한 술을 만든 것이다. 하지만 우리는 상황이 다르다. 일제는 우리의 양조 산업을 발달시키기보다 쌀을 수탈하기 위해 쌀의 품질을 향상시키고 생산량을 증대하면서 우리나라 고유의 쌀 품종들을 말살시켰다. 일제 강점기에 일찍 개항한 지역의 발달한 술 역사 중 일부는 우리 쌀 수탈과 우리 양조 역사의 아픈 기억이다. 청주(사케)라는 술이 우리 쌀 수탈의 아픈 역사와 관계가 있다는 것을 한 번쯤은 생각해 봤으면 한다.

[참고 8]

청주(사케) 만들기(다양한 제조법 중 대표적인 방법 하나만 소개)

1. 정미(도정)

현미(玄米) 상태인 쌀의 겉 부분을 깎아내어 백미로 만든다.

2. 세미, 침미, 증미

정미한 백미는 세척(세미洗米)한 후 10~15도의 물에 담고(침미沈米), 물을 뺀 후 약 1시간 쪄서(증미拯米) 찐 쌀을 만든다.

3. 누룩(고오지) 만들기

쌀 전분을 분해할 수 있는 효소(전분분해효소)를 만들기 위해 찐 쌀에 누룩균의 포자를 살포한다. 약 2일 지나면 찐 쌀은 완전히 균사로 덮인다.

4. 주모 만들기와 효모

사케 제조에서는 주된 발효를 실시하기 전에, 사전에 우량한 효모를 대량으로 증식한 주모(酒母)를 만들고 이를 이용해 술덧을 발효시킨다. 주모는 우량한 효모를 함유함과 동시에 강한 산성을 띠어 사케를 부패시키는 세균을 억제할 수 있다.

5. 술덧 첨가와 발효

앞에서 준비한 주모를 발효조에 넣고 4일에 걸쳐 누룩과 물과 찐 쌀을 넣는데 이를 술덧 첨가라고 한다. 이 과정은 세 번에 걸쳐 진행한다(양조장마다 횟수는 다르다). 발효 온도는 8~18도가 일반적이다. 발효는 3~4주일 동안 진행되고 발효가 끝나면 알코올 함유량은 17~20퍼센트다.

6. 술 거르기

발효가 끝난 후 술덧에서 사케의 액체를 짜내는 것을 술 거르기(압착)라 한다. 술덧에서 짜내는 데는 자루에 넣고 위에서 압력을 가하는 장치나 기계에 의한 가로형의 장치인 압력여과기가 사용되고 있다. 짜내어 남은 지게미를 주박(술지게미)이라고 한다.

7. 찌꺼기 분리와 여과

압착 초기에는 약간의 탁한 성분이 함유된다. 저온에 두면 이들은 찌꺼기로 침전되므로 청정한 부분을 다른 탱크로 옮긴다. 다시 청정하게 만들기 위해 여과를 실시한다.

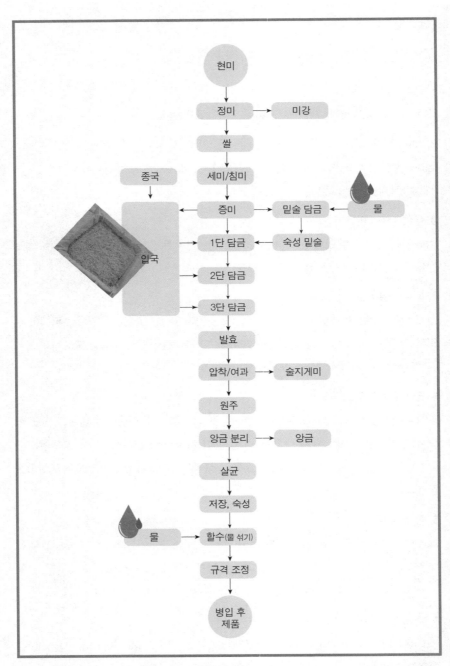

사케 제조 과정(탁·약주 개론 참고).

8. 살균

대부분의 사케는 찌꺼기 분리와 여과 후에 저온 살균(60~65도)을 실시하고 저장된다. 병입할 때에 다시 두 번째 저온 살균을 한다. 여과 후에 살균을 생략하고 출하되는 제품에 나마[生]를 붙인다.

9. 저장과 숙성

저온 살균한 직후의 사케는 가열로 인해 향이 변하여 맛이 거칠기 때문에 6개월에서 1년 정도의 숙성기간을 거친다. 대부분의 사케는 쌀 수확 후 가을에서 겨울에 걸쳐 제조되고, 다음 해 봄에서 여름에 걸쳐 숙성한 후 가을부터 출하된다.

10. 규격 조정과 병입

물을 섞은 후 규격을 조정하여 병입한다.

입국 막걸리는
언제부터
만들어 마셨을까?

　얼마 전 역사 왜곡 논란으로 16부작 드라마 〈조선구마사〉가 방송 중 2회 만에 폐지되는 일이 있었다. 역사 왜곡과 중국풍 설정 등의 문제로 시청자들의 반발에 폐지된 것이다. 충녕대군이 서역에서 온 구마신부(귀신을 쫓아내는 일을 하는 신부)를 의주 근방의 한 기생집에서 접대하는 장면이 있었다. 중국풍 소품으로 도배된 중국식 가옥에서 월병과 피단(삭힌 오리알), 중국 만두와 중국술을 먹는 장면이 문제가 된 것이다.[1] 물론 그동안 좋은 평가를 받아 온 사극 드라마도 실제로는 많은 부분에서 상황에 맞는 각색으로 비슷한 역사 오류 논란이 있었다. 최근에는 퓨전 사극 드라마나 전통 역사 드라마도 기록된 역사를 바탕으로 드라마를 만들지만 각색을 통해 역사 왜곡의 문제가 발생하기도 한다. 그를 피하기 위해 역사적 사실 중 일부만 차용하기도 하고 때로는 전혀 다른 형태의 가상 공간이나 시대를 만들기도 한다. 또 새로운 왕조를 탄생시켜 드라마를 제작하기도 한다. 이 모든 문제는 역사적 사실의 해석을 변경했다기보다는 역사적 사건을 다루는 태도나 각색한 내용을 시청자들이 어떻게 받아들이냐에 따라 결정된다고 볼 수 있다.

역사 영화를 보면 음식이나 의복, 전쟁에서 사용했던 무기 등 고증을 거쳐 재현하기 위해 부단히 노력한다. 시대마다 의식주를 재현하기 위해서는 무엇보다 당시의 기록을 찾아볼 수밖에 없다. 물론 완벽한 자료가 없을 수도 있지만 오류를 최소화하기 위해 당시의 주변 상황들을 함께 연구한다. 조선 왕조는 1392년 개국 이래 1910년 일제에 강제 병합될 때까지 519년간 존속했다. 유네스코의 세계기록유산 중 조선 왕조에서 생산된 기록물은 《훈민정음》, 《조선왕조실록》, 《승정원일기》, 《조선왕조 의궤(儀軌)》, 《동의보감》, 《일성록》, 《한국의 유교책판》, 《조선왕실 어보와 어책》, 《조선통신사에 관한 기록》으로 총 9건이다(2022년 5월 현재).[2] 이는 조선 왕조의 건국 초부터 멸망까지 꾸준하게 기록한 역사적 기록물이라는 점에서 의미가 있다.

역사의 기록은 사건에 대한 정확한 설명이나 해석이 가능하기 때문에 매우 중요하다. 역사의 아이러니는 동일한 역사적 사건도 자신의 입장에 맞춰 해석하려는 사람이 있기 때문에 발생한다. 잘못된 내용임에도 시간이 흐르면서 굳어지면 다시는 돌이킬 수 없는 왜곡이 된다. 전통주에서도 막걸리의 입국(粒麴) 이슈가 자주 거론되는 문제 중 하나다.

입국 막걸리는 전통주일까?

현재 시판되는 막걸리를 좋아하지 않는 이들이 말하는 문제점은 몇 가지가 있다. 입국, 수입쌀, 감미료의 사용이다. 이 세 가지 모두 전통적인 우리 술 제조에서는 사용하지 않았기에 발생한 문제다. 그중에서도 많은 사람이 지적하는 것이 입국의 사용이다. 오래전 한 포털사이트의 전통주 카페에서도 입국 사용에 관한 논쟁이 있었다. 질문과 답변, 반박이 오갔지만 뚜렷한 결론이 나

입국은 쌀에 곰팡이 포자(종국)를 뿌려
곰팡이를 배양한 쌀.

지는 않았다. 이러한 입국 이야기는 단순히 인터넷 카페뿐만 아니라 전통주에 대한 정책을 세울 때도 토론회장의 단골 소재였다. 물론 이런 토론회에서도 결론은 나지 않고 대부분 자신의 생각만 밝히는 정도에서 마무리되곤 했다.

《식품과학기술대사전》에 입국은 다음과 같이 설명되어 있다. "증자된 곡물에 당화 효소 생산 곰팡이를 배양한 것으로 일본식 명칭은 고오지(koji)다. 탁·약주용 입국은 백국균(白麴菌)이라는 *Asp. luchuensis*(구명칭 *Asp. kawachii*) 등을 증자한 쌀, 밀가루 혹은 옥수수가루에 배양한 것으로 이것은 탁·약주 발효 과정 중 전분의 당화, 향미 부여와 잡균의 오염방지 등의 중요한 역할을 한다(참고 예)".[3] 입국을 문제시 하는 이유는 일제 강점기에 들어온 일본 미생물이라는 것과 우리 전통주의 명맥을 끊기 위해 일본식 술 제조 과정을 강제로 사용하게 했다는 것 때문이다. 그런 이유로 현재 상업적인 막걸리 중에 입국으로 만든 것은 우리 전통 술이 아니라는 것이다. 우리 술은 입국을 사용하지 않고 누룩만을 사용했기에 지금의 막걸리는 일본 술에 가깝다는 뜻이다. 이에 대한 많은 의견이 있으므로 우선 자료를 찾아보려고 한다.

우리나라에서 술 생산량 통계가 처음으로 보고된 때가 1913년이며 이때의 일본 주세행정은 세원 확보가 목적이었기에 탁·약주의 제조법은 전통 방식 원형을 유지했다. 그 당시만 해도 조선 탁주나 약주의 입국 사용은 권장되지 않았고 일부 소주를 만드는 데 검은색 입국이 사용되곤 했다.[4] 검은색 입국을 만드는 데 사용되는 균은 검정색 포자를 가진 곰팡이로 일반적으로 흑국균이라고 한다. 이 흑국균은 기존의 누룩에 비해 구연산을 생성하여 세균 오염을 막기 때문에 술을 안정적으로 생산할 수 있었고 특히 소주를 많이 생산할 수 있었다.[5]

백국균과 흑국균

이러한 입국이 언제 만들어졌는지 알기 위해서는 입국을 만들 때 사용되는 곰팡이의 전파 경로를 먼저 살펴봐야 할 것이다. 현재 입국은 하얀색 포자를 가진 곰팡이인 백국균이 사용되고 있다. 백국균은 흑국균의 돌연변이로 인해 탄생했다.[6] 그러기에 흑국균의 전파 경로를 살펴보면 백국균을 이해하는 데 도움이 될 수 있다. 농촌진흥청에서 곰팡이 등의 미생물 연구를 하는 홍승범 박사의 글 〈막걸리를 만드는 백국균은 어디에서 왔을까?〉를 보면 흑국균은 14, 15세기경 태국으로부터 증류기, 태국 쌀 등과 함께 유구(琉球)왕국(중국

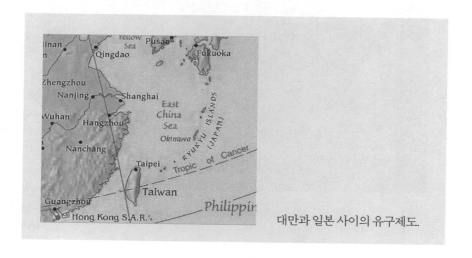

대만과 일본 사이의 유구제도.

해의 대만과 일본의 가고시마 사이에 펼쳐진 섬)을 지나 오키나와와 가고시마를 거쳐 일본에 들어온 균이다.[7] 유구(류큐, 琉球)에 들어온 흑국균은 현재 특산품인 아와모리주(砲盛酒)라는 고유의 소주가 되었다.

1879년 유구제도가 일본에 합병된 후 일본 학자들은 흑국으로 만든 아와모리주에 관심을 갖는다. 1901년에 동경대학교 대학원생인 이누이(乾環)는 오키나와의 아와모리주를 만드는 흑국균(黑麴)으로부터 한 곰팡이를 분리하고 *Aspergillus luchuensis*(아스퍼질러스 루쳬니시스, luchu는 유구의 영어식 발음)라 이름 붙였다. 이후 1911년 나카자와에 의해 *A. luchuensis*가 *A. awamri*(아스퍼질러스 아와모리)로 이름이 대체된다. 일본의 양조업자인 가와치(가와치 켄이치로, 河內源一郎 1883~1948)는 오키나와로부터 아와모리 흑국균을 도입하고 각고의 노력 끝에 1910년에 가고시마 소주에 적용시키는 데 성공한다. 이후 1924년 보존하고 있던 흑국균의 일부 포자가 회백색으로 바뀐 것을 발견하고는 이들을 순수 분리하여 소주 제조에 사용했다. 그 결과 기존 흑국균에 대비하여 입국 제조가 용이하였고 특히 고구마 소주 제조에 적합한 것을 알아냈다. 무엇보다도 흑색

흑국균과 백국균(J. Fungi 2021, 7(12), 1075).

곰팡이를 이용하였을 때에 작업장이 곰팡이로 인해 검게 오염되는 문제점을 해결할 수 있었다. 가와치는 이 균을 흑국균에 대비하여 흰색 또는 회백색을 가진다고 하여 백국균(白麴菌)이라 이름 붙였다. 이후 *Aspergillus awamori*의 변종이라 하여 *Asp. awamori* var. *kawachii*(아스퍼질러스 아와모리 바. 가와치)로 학계에 보고했다. 하지만 처음에는 일본 학계에서 크게 주목하지 않았고 양조업자들 또한 흑국균으로 이미 소주 제조가 안정화 단계에 있었으므로 백국균을 사용할 필요성을 느끼지 못했다.[8]

1931년에 가와치는 상점을 열고 본격적으로 백국균 판매에 뛰어든다. 이후 백국균은 북큐슈의 소주 제조에 이용되었고 이어 조선, 만주 및 일본에서 사용되게 된다. 그러다가 다른 사람들의 연구를 통해 1949년 *Asp. awamori* var. *kawachii*의 학명이 새로운 종인 *Aspergillus kawachii*(아스퍼질러스 가와치)라는 이름으로 붙여진다(현재 *Aspergillus kawachii* 균주는 정확한 균동정을 통해 *Aspergillus luchuensis*로 학명이 변경되었다).

백국균이 우리나라에 들어온 시기는 정확하지 않지만 기타하라(北原, 1949) 교수의 문헌에 '1949년에 백국균이 한국에서 유통된다'는 기록이 있다. 하지만 그 당시는 일본과 마찬가지로 소주에 사용되었을 것이라 추측된다. 물론 일부에서는 입국(백국균)이 세균 오염을 방지한다는 것을 알고 막걸리나 약주 등의 제조에 사용했을 수도 있다.[9] 하지만 그것은 일부 양조장에서 다양한 방법의 제조법을 시행하는 과정 중에 있었던 일로 보인다. 당시 주세법에서는 입국의 사용을 막걸리나 약주 제조에 허용하지 않았기 때문이다.

자유로운 입국 사용

1945년 광복 직후 일시적으로 탁·약주에 일본식 입국을 허용했으나 즉시 금지하였으며 1949년 주세법 개정에서도 탁주 원료는 곡류와 누룩으로 규정하고 입국은 소주와 청주에만 사용할 수 있게 했다. 이때까지만 해도 우리는 주세법에 의해 입국을 이용한 막걸리를 만들 수가 없었고 만약 만들었다면 그것은 법을 어긴 것이다.[10] 1962년 주세법 시행령 개정에 따라 탁주 제조 시 누룩을 10퍼센트 이상 사용하게 하였으며 이때부터 탁주에 일부 입국 사용이 가능해졌다. 이후 1963년 누룩 사용량 규제를 폐지하게 되었으며 이때부터 본격적인 입국 막걸리를 마시게 된 것이라 할 수 있다.[11] 물론 법에서 허용하기 전에 많은 양조장들이 몰래 사용하였기에 결과적으로 입국 제조법을 암묵적으로 허용했다고 볼 수 있다. 앞선 내용을 정리해 보면 일반적으로 알고 있는 것처럼 막걸리에 사용된 입국은 일제 강점기부터 일본에 의해 강제로 사용되기보다는 1960년대에 와서 사용이 자유로웠으며 이것은 우리 스스로 양조장에서의 제조 편의성과 소비자들의 입맛의 변화 등 여러 주변 환경 및 원인에 의해서라고 볼 수 있을 것이다. 누룩에서 입국으로 재료가 교체된 이유에 대해서는 주세법뿐만 아니라 사회적으로 막걸리가 어떠한 상황이었는지도 살펴봐야 할 것이다.

일제 강점기를 지나면서 세수 확보 차원에 따라 기업화된 양조장을 만들기 위해 주세법을 시행하고 이에 우리의 가양주 문화나 집에서 만드는 누룩이 없어지고 상품화된 누룩이 생긴 것처럼 일제 강점기 당시 전체적인 전통주의 억압적 흐름은 부정할 수 없는 사실이다. 하지만 1916년 7월 25일 제정된 주세령에서는 조선주를 '조선의 재래 방법에 의하여 제조한 탁주, 약주, 소주'로 정의하고 있다.[12] 조선의 재래 방법은 결국 누룩의 사용으로 봐야 할 것이다. 입국의 내용을 알아야 하는 이유는 우리가 만들어 마시는 막걸리가 외부의 압력에 의한 인위적 변화가 아닌 우리 스스로가 상황에 따라 변형시키고 발전시켜서 만들어온 것이기 때문이다. 또한 백국균 곰팡이도 유래를 살펴보면 일본을 넘어 유구소주를 만드는 유구국에서부터 시작한 것을 알 수 있다.

이처럼 역사의 한 부분만을 단절해서 본다면 역사를 바로 볼 수 없다. 오히려 지금의 막걸리를 배척하기보다는 왜 당시 우리의 술들은 그렇게 제조되었는지 연구하고 술의 역사를 정립해 볼 필요가 있다.

역사가 정확해야 다양한 정보와 스토리텔링으로 술에 문화를 입히는 작업도 가능할 것이다. "우주에 변하지 않는 유일한 것은 '변한다'는 사실 뿐이다(宇宙中唯一不變的是變化)"라고 한 그리스 철학자 헤라클레이토스의 말처럼[13] 지금 느끼는 막걸리에 대한 변화 역시 과거로부터 이어진 것이고, 또한 미래로 이어질 것이다. 빠르게 변하는 시대의 흐름 속에 입국 사용으로 만들어진 막걸리는 다시 어떤 형태로 변하게 될지 알 수 없다. 과거의 내용을 알고 있되 과거에만 있지 말고 미래의 변화를 준비하고 대처해야 할 것이다.

입국 만들기

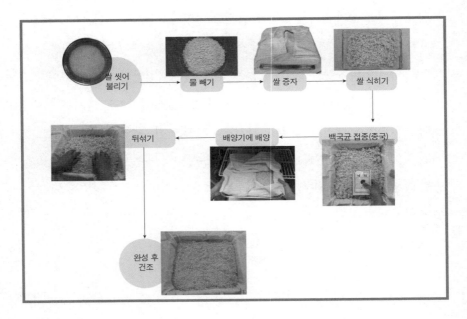

1. 쌀은 일반 백미를 사용하고 잘 씻어서 표면의 분질물과 이물질을 제거한 후 8~12시간 침지한다.

2. 1~2시간 물을 빼고 시루 또는 증미기에서 증숙한다. 증숙 시간은 김이 충분히 오른 뒤 부터 40분 정도로 하며, 김을 막고 20~30분 방치해서 뜸을 들인다.

3. 증자된 고두밥을 광목천이나 방냉기에 풀어 헤쳐 40도 정도로 식힌 다음 백국균(종국) 0.1~0.15퍼센트를 고두밥에 조금씩 살포하면서 섞는다.

5. 제국기에 백국균을 접종한 고두밥을 넣고 품온을 30도 이상 유지해 20시간 동안 제국한다.

6. 입국 발효 과정에 품온이 40도 이상 올라가므로 38도가 되게 식힌다. 제국기에 넣고 16~17시간 국을 띄운 후 보쌈(쌀의 온도와 습도를 맞추기 위해 감싼 광목 천)을 풀어헤쳐 덩어리를 부수고 뒤섞기를 통해 붙어 있는 쌀알이 없도록 한다.

7. 쌀알의 색상이 변하고 균사가 생성되었다면 입국이 완성된 것이다. 완성된 입국을 열풍 건조하여 냉장 보관하면 최소 6개월 이상 사용할 수 있다.

술알못 최남선,
조선의 유명한 술을
말하다

　최근 주류의 소비 형태는 젊은 세대를 중심으로 빠르게 변화하고 있다. 혼술(혼자 마시는 술)과 홈술(집에서 마시는 술)이라는 주류 트렌드는 전통주의 이미지마저 바꾸고 있다. 온라인에서 구매해 집에서 편하게 마시는 술로 변화하고 있고 전통주 전문 주점이나 보틀숍을 통한 고급화로 '전통주는 올드하다'는 이미지에서 벗어나고 있다. 젊은 양조인들이 업계에 들어오면서 이슈가 되는 제품들도 지속적으로 만들어내고 있다. 전체 소비 문화 트렌드가 가심비(가격 대비 심리적 만족의 비율), 소확행(소소하지만 확실한 행복), 개인화된 행복 중시 등으로 이어지는 상황에서 전통주에도 이런 현상이 반영되는 것으로 보인다.

　반면 단체로 마시는 소비는 줄고 개인 소비가 증가하는 주류 트렌드로 인해 전체 주류 소비는 지속적으로 감소하는 중이다. 〈국세통계연보〉에 의하면 2021년 전체 술 시장 출고 금액은 8조 8345억 원으로 2020년 8조 7995억 원보다 350억 원(0.4퍼센트) 증가했지만 전체적인 흐름은 감소 추세다. 출고량은

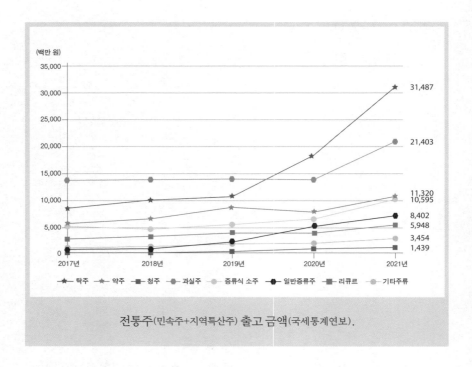

(백만 원)

| | 31,487 |
| 21,403 |
| 11,320 |
| 10,595 |
| 8,402 |
| 5,948 |
| 3,454 |
| 1,439 |

2017년　2018년　2019년　2020년　2021년

─★─ 탁주　─★─ 약주　─■─ 청주　─▲─ 과실주　─●─ 증류식 소주　─●─ 일반증류주　─■─ 리큐르　─●─ 기타주류

전통주(민속주+지역특산주) 출고 금액(국세통계연보).

2020년 321만 4807킬로리터에서 2021년 309만 9818킬로리터로 11만 4989킬로리터가 감소했다.[1] 2021년의 경우 코로나19로 인해 외식업이 주춤하면서 술 시장도 감소했다. 이렇듯 술 시장은 2015년 9조 3616억 원 이후로 꾸준히 감소하는 추세다. 이는 술을 마시는 인구의 감소와 함께 회식 문화가 줄어드는 대신 홈술이나 혼술을 즐기는 술 문화로 바뀌는 것임을 반증한다.

반면 전통주가 전체 주류에서 차지하는 비율(출고 금액 기준)은 2020년 0.71퍼센트에서 2021년에는 1.00퍼센트로 0.29퍼센트가 증가했다. 전체 시장에서 차지하는 비율은 아직 미약하지만 성장률은 다른 주류에 비해 높다. 출고 금액으로 살펴보면 2020년 626억 원에서 2021년 941억 원으로 315억 원 증가했다. 전통주의 증가를 이끈 것은 크게 탁주와 증류식 소주, 일반 증류주로 각각 133억 원, 28억 원, 17억 원의 증가를 나타냈다. 전년도에는 약 2억 원 감소한 약주도 약 14억 원의 증가세를 보였다.[2] 이처럼 전통주만 보면 최근 소비자의 관심이 증가세의 흐름을 반영하고 있는 듯하다.

전통주라는 술을 모를 때 가졌던 이미지는 오래되고 전통은 있지만 잘 마시지 않는 술, 특히 전통주를 마시는 사람은 고리타분하게 느껴졌다. 이러한 이미지는 일반 소비자도 비슷하게 느끼는 것으로 보인다. 전통주가 이런 이미지를 갖게 된 이유는 무엇일까? 전통이라는 단어가 주는 이미지도 크지만 양조장의 역할도 한몫 한다. 자신들이 만드는 술의 탄생 배경을 역사에서 찾거나 때로는 정설이 아닌 설화에서 찾으면서 더 부각된 게 아닌가 싶다.

조선의 유명한 술

전통주에 관심이 있다면 우리나라에서 가장 오랜 전통을 가진 술에 관한 이야기나 양조장에 대해 조금은 알 것이다. 여기에는 특정 시대나 지역을 대표하는 명주의 스토리텔링도 빠지지 않는다.

이러한 전통주 스토리텔링 중에 '조선의 3대 명주'는 명절 때가 되면 나오는 가장 유명한 이야기일 것이다. 전통주를 좋아하는 사람이라면 조선의 3대 명주에 대해 한 번쯤 들어 보았을 것이다. 육당 최남선이 《조선상식문답(朝鮮常識問答)》(1946)에서 언급한 내용으로 조선의 3대 명주를 감홍로, 이강고, 죽력고라고 한다.[3] 《조선상식문답》은 최남선이 1946년 조선에 관한 상식을 널리 알리기 위해 저술한 책이다. 글은 질문과 답변 형식의 문답서다. 이 책은 1937년 1월 30일부터 9월 22일까지 160회에 걸쳐 《매일신보》에 〈강토편(疆土篇)〉, 〈세시편(歲時篇)〉, 〈풍속편(風俗篇)〉 등 16편 456항목의 '조선 상식'을 연재한 것이다. 광복 후 조선 상식을 조금 더 발전시켜서 《조선상식문답》을 책으로 만들었다.

《매일신보》에 연재할 당시에는 조선의 3대 명주에 관한 내용이 없다. 《조선상식문답》을 책으로 만들면서 내용을 추가한 듯하다. 그렇다면 《조선상식 문답》에 나온 조선 3대 명주의 출처는 어디일까? 품평회를 통해 3대 명주를 선정했다는 기록은 신문이나 책에서는 찾아볼 수 없다. 추측하건대 최남선이 그 당시 주류 전문가나 민간에 소비되고 있는 것을 보고 글로 썼을 것이다. 또, 자세히 살펴보면 《조선상식문답》에는 3대 명주를 물어본 내용도 나오지 않는다. 정확한 원문은 다음과 같다.

문 : 조선 술의 유명한 것은 무엇이 있습니까?

답 : 가장 널리 들린 것은 평양의 감홍로(甘紅露)니 소주에 단맛 나는 재료를 넣고 홍곡(紅穀)으로 밝으레한 빛을 낸 것입니다. 그다음은 전주의 이강고(梨薑膏)니 뱃물과 생즙과 꿀을 섞어 빚은 소주입니다. 그다음은 전라도의 죽력고(竹瀝膏)니 청대를 숯불 위에 얹어 뽑아낸 즙을 섞어서 고은 소주입니다.

이 세 가지가 그전에 전국적으로 유명하던 것입니다. 이 밖에 금천의 두견주, 경성의 과하주처럼 부분적으로 또 시기적으로 좋게 치는 종류도 여기저기 꽤 많으며 뉘 집 무슨 술이라고 비전(秘傳)하는 법도 서울, 시골 퍽 많았습니다마는 근래에 시세에 밀려 대개 없어지는 것이 매우 아깝습니다.

이 문답은 《조선상식문답》의 〈제4풍속〉에 나오는 글이다. 바로 앞에는 약주(藥酒), 뒤에는 떡에 대한 문답이 나온다. 이 글을 읽어 보면 3대 명주가 아닌 조선의 유명한 술을 물어본 것이다. '명주'와 '유명한 술'의 어감은 다르다. 명주는 품평회를 통해 많은 사람이 인정한 술 또는 오래전부터 대중 속에서 가치가 높은 술을 뜻하는 단어다. 일반적으로 유명한 술이라고 해서 명주라고 하지는 않는다. 같은 시대에 유명한 술을 명주라고 하면 현재의 관점에서는 소주와 맥주가 명주가 될 수도 있다. 유명하다는 것은 가장 널리 퍼졌다는 뜻으로 봐야 할 것이다. 그만큼 많이 마시고 있는 술로 대중주의 의미가 더 클 것이다.

최남선은 당시 유명한 술에 대한 대답으로 가장 널리 소비되고 알려진 세 가지 술을 말했다. 《조선주조사》를 살펴보아도 개화기 때 많이 만들어지고 소비된 술로 탁주, 약주 외에도 감홍로, 이강주 등을 따로 소개한다.[4] 이것으

1997년 민속원 발간 《조선상식문답(朝鮮常識問答)》
(국립중앙도서관).

로 보아 감홍로, 이강주, 죽력고는 당시에 많은 사람이 마셨고 대중화된 술인 것임에 틀림없다.

또한 감홍로, 이강고, 죽력고는 그전에(과거에) 전국적으로 유명한 술로, 금천의 두견주, 경성의 과하주는 시기적으로 좋게 치는 술로 이야기했다. 앞의 세 가지 술은 증류주거나 증류주를 기본으로 한 술이다. 당시 살균이 어려웠던 막걸리와 약주는 변질되기 쉬워 다른 지역까지 유통되기 어려웠을 것이다. 따라서 전국으로 확대되어 소비될 수 있었던 증류주가 언급된 것으로 보인다.

최남선이 언급한 지명의 의문점

반면 시기적으로 좋은 술로는 과하주와 두견주를 언급하고 있다. 과하주는 지날 과(過), 여름 하(夏), 술 주(酒)다. 이름 그대로 온도와 습도가 높은 여름철에 술이 상하는 것을 극복하는 데 목적을 둔 술이다(〈조선의 과하주, 유럽의 포트와인보다 먼저라고?〉 참고). 발효 술에 증류주를 혼합하여 20도가 넘는 술로 만들면 술의 단맛이 유지되면서 쉽게 상하지 않는다. 보편적으로 여름에 찾고 마실 수 있는 계절주다. 또한 알코올을 첨가하기에 유통기한이 길어 전국으로 나갈 수 있었을 것이다. 당시 과하주를 만드는 양조장이 여러 곳에 있었다. 신문을 살펴보아도 많은 자료가 나오고 있다. 그 당시 유명한 곳으로는 지금도 주요 과하주(경북무형문화재 제11호) 생산지인 김천이 포함되어 있다.[5] 최남선은 그중에서 맛있는 과하주로 김천 과하주가 아닌 경성 과하주를 언급했다.

반면 금천(김천) 두견주는 약주이기에 조금 다르다. 현재 두견주로 유명한 곳은 무형문화재로 지정되어 있는 면천 두견주다. 두견주는 진달래를 넣어 만든 약주다. 앞에서 언급한 것처럼 살균이 어렵던 시기였기에 결국 두견주는 봄에만 마실 수 있는 계절주였고 전국으로 유통도 쉽지 않았을 것이다. 그렇기 때문에 두견주 역시 개화기인 봄이면 많은 지역에서 만들어 마셨을 테고 두견주가 맛있기로 유명한 고장 중에서도 소문난 금천 두견주를 문답서에 적었을 것이다. 하지만 여기에도 의문점은 있다. 금천(김천)이라는 지역이다. 당시 일제 강점기에 두견주로 유명하던 곳을 신문에서 찾아보면 지금과 동일하게 충남 당진의 면천 두견주가 유명했다. 당시의 다른 신문 기사를 찾아보아도 당진의 두견주가 유명하다는 기사는 나오지만 금천(김천)의 두견주가 유명하다는 기사는 보이지 않는다. 그런데 최남선은 금천이 유명하다고 했다. 그렇다면 금천은 어디일까?

개화기 때의 금천이나 김천의 당시 지명들을 지적 아카이브(http://theme.

강원도 삼척군 상장면 금천리

강원도 울진군 온정면 금천리

경상남도 밀양군 천화산외면 금천리

경상남도 함양군 안의면 금천동

경상북도 상주군 모동면 금천리

경상북도 의성군 춘산면 금천동

경상북도 청도군 각북면 금천동

경상북도 청도군 동상면 금천동

경상북도 청도군 금천면

전라남도 광양군 다압면 금천리

전라남도 나주군 금천면

전라남도 보성군 율어면 금천리

전라북도 순창군 구암면 금천리

충청남도 공주군 양야리면 금천리

충청남도 면천군 신천면 금천리

충청남도 홍산군 남면 금천리

충청북도 청주군 동주내면 금천리

다음으로 '김천'이 들어간 당시 지명들을 지적 아카이브로 찾아보면 다음
과 같다.

경상남도 거창군 읍내면 김천동, 경상북도 김천군

금천과 김천이라는 지명은 많지만 다른 자료와 비교했을 때 두견주가 생산되었거나 유명했다는 자료는 찾을 수가 없다. 아니면 충청남도 면천군 신천면 금천리의 '금천리'가 최남선이 언급한 곳일지도 모르겠다. 하지만 현재의 지역명과 비교해도 정확하게 일치하지 않는다. 특히 과하주의 경우 경성을 지명할 정도로 큰 지역명을 들었는데 갑자기 두견주는 금천리를 말한다는 것도 앞뒤가 맞지 않다.

최남선은 정말로 술을 잘 알았을까?

그렇다면 최남선은 왜 우리가 잘 알지 못하는 금천(김천)을 지명했을까? 우선 알아야 할 것이 있다. 최남선은 술 전문가가 아니다. 《조선상식문답》이라는 책 역시 주변의 이야기와 자료를 정리하여 조선에 관한 상식을 단순하게 기술한 책이다. 다시 말해 시사·상식 관련 책이다. 최남선은 술에 대해 잘 아는 다른 사람의 이야기나 문헌 자료를 정리했을 것이다. 이 과정에서 오류가 있었던 것은 아닐까? 면천 두견주를 옮겨 적는 과정이나 누군가 전해준 내용을 잘못 들은 것은 아닐까. 아니면 책이 나오는 과정에서 오타는 아니었을까. 물론 이것도 개인적인 추정일 뿐 정확한 것은 현재의 자료만으로는 알 수 없다.

결과적으로 《조선상식문답》에서 언급한 조선의 유명한 술은 다섯 가지로 볼 수 있다. 세 가지는 과거부터 전국적으로 유명해서 마셨던 감홍로, 이강고, 죽력고이고 다른 두 가지는 시기적으로만 마실 수 있는 금천(김천) 두견주, 경성 과하주인 것이다. 그렇다면 현재 우리가 알고 있는 조선 3대 명주라는 설명은 어디에서 최초로 나온 것일까? 처음 언급한 정확한 자료를 찾기는 어려우나 신문 기사로 3대 명주를 언급한 것은 1994년 11월 4일자 《전북도민일보》의 '한국의 맛 전북의 맛'으로 보인다. 여기에서도 감홍로를 호산춘으로 적기는 했지만(조선 후기 실학자 이규경은 조선 4대 명주를 평양 감홍로, 한산 소국주, 홍천 백주, 여산

호산춘이라고 했다[7] 이후 신문이나 잡지 등에서 조선 3대 명주가 언급되면서 최남선의 《조선상식문답》 3대 명주, 사실은 유명한 술 세 가지가 3대 명주로 고착화되어 지금까지 이른 것이 아닌가 싶다.

이 글은 조선 3대 명주를 부정하기 위한 것이 아니다. 이미 이강주, 죽력고, 감홍로는 식품 명인을 받을 정도로 오래전부터 만들어 역사성이 있으며 충분한 맛과 품질을 가진 술로 부족함이 없다. 다만 현재 '조선의 명주'라는 단어가 주는 어감이 과연 술의 판매나 전통주 홍보에 도움이 될까 하는 생각과 조선의 명주라는 느낌이 올드하다는 것을 지울 수 없기 때문이다.

이강주, 죽력고, 감홍로는 지금 마셔 보아도 맛있는 술이다. 하지만 이 술들을 조선의 3대 명주라 하면서 술 자체를 과거에 가둔 것은 아닌지 생각하게 된다. 오히려 개화기에 많이 마셨던 유명한 술로 홍보를 한다면 많은 사람이 마신 대중주라는 이미지가 마케팅이나 소비에 도움이 될 것 같다. 맥주, 와인이 많아지기 전까지 감홍로, 이강고, 죽력고는 어디에서나 쉽게 마셨던 유명한 술이었다. 3종의 술 외에 언급한 금천 두견주, 경성 과하주는 지금도 생산되는 술이다. 3대 명주보다는 개화기 조선에서 가장 널리 마신 '최남선이 소개한 조선의 유명한 다섯 가지 술'이 훨씬 쉽게 다가가는 전통주 스토리텔링이 될 것이다.

지역에서 새롭게 시작하는 많은 양조장은 스토리텔링과 차별화된 역사 스토리를 만들기 위해 노력한다. 특별한 연결고리가 없는 과거 지역 술의 이름을 차용하거나 고문헌에 나오는 제조 방법 복원 등 양조장의 술 브랜드를 전통이라는 이름으로 덧칠할 필요는 없다. 스토리텔링을 굳이 과거의 역사나 전통으로 포장할 필요도 없다. 지역에 좋은 문화 관광자원과 연계해 자신의 양조장에 색을 입히거나 2~3대로 이어 내려오는 양조장의 경우 대를 이어 만드는 술에 대한 스토리텔링으로 소비자에게 다가갈 수 있다. '억지춘향'이라는 말이 있다. 일을 순리로 풀어가는 것이 아니라 억지로 우겨서 겨우 이루어진 것을 이르는 말이다. 혹시라도 자신들의 양조장 스토리텔링이 억지춘향은 아닌지 깊게 고민해 볼 필요가 있다.

막걸리의
누명
(feat. 카바이드)

농업 관련 기관에서 일을 하다 보니 일 년에 한 번 정도는 모내기를 한다. 모내기라고 하면 일반 농가에서는 이앙기를 이용한 모심기를 생각하겠지만 연구를 위한 모내기는 대부분 하나하나의 품종을 만들어 내기 위해 손으로 한다. 그렇기 때문에 모내기를 하는 시기에는 많은 인력이 필요하고 육체적으로도 힘들다. 특히 일손을 돕기 위한 모내기는 매일 하는 일이 아니다 보니 노동의 강도가 더 강하게 느껴진다. 지금은 사라졌지만 예전에는 모내기를 하는 중간 쉬는 시간에 힘든 노동을 잊기 위한 방법으로 시원한 막걸리를 한사발씩 마셨다. 막걸리는 힘든 노동을 잠시나마 잊게 해주는 음료였다. 이처럼 막걸리는 일반적으로 농사와 관련해 생각하는 술이다. 요새는 농촌의 환경도 바뀌어 모내기 때 맥주를 마시는 사람이 많지만 그래도 아직까지는 막걸리가 주로 소비되는 것을 볼 수 있다.

막걸리는 노동과 관련하여 많이 마셨기 때문에 추억을 공유하게 된다. 일터에 갔다가 비가 와서 일을 하지 못하면 파전을 곁들여 막걸리를 마셨다거나 막걸리를 마시고 다음 날까지 숙취로 고생을 했다고들 한다. 요즘 세대에게는 익숙하지 않겠지만 막걸리 숙취는 1970~1980년대에 어른들 사이에서 자주 등장하던 대화의 소재였다. 막걸리를 마신 후 뒤끝이 좋지 않으면 대부분 카바이드로 만든 막걸리를 마셨기 때문이라고 한다. 카바이드 막걸리는 불량 막걸리의 대명사로 인식되었고 막걸리를 안 좋게 말하는 사람들이 항상 거론하는 대표 주제가 되었다.

숙취의 원인

막걸리를 마시면 숙취가 심하다고 하지만 지금까지 숙취에 대한 정확한 기작(생물의 생리적인 작용을 일으키는 기본 원리)을 알지 못한다. 많은 사람이 숙취를 유발하는 원인으로 가장 먼저 에탄올과 아세트알데히드를 꼽는다. 술(알코올)은 위장에서 소량 분해되며 위장을 거쳐 소장에서 흡수된 알코올은 혈관을 통해 간으로 이동한다. 간은 알코올 분해에 가장 중요한 장기로 섭취한 알코올의 90퍼센트 이상을 분해한다. 2~5퍼센트는 분해되지 않고 소변, 땀, 호흡을 통해 배설된다.[1] 체내에 잔류 알코올이 많으면 탈수 현상, 위장 장애, 저혈당, 수면 방해와 같은 증상들을 겪을 수 있다. 분해된 아세트알데히드는 혈관을 타고 전신으로 퍼지고 독성에 의해 안면홍조나 빈맥, 두통, 구토 같은 숙취를 유발한다.[2]

아세트알데하이드에 의해 유발되는 증상이 숙취 증상과 상당 부분 겹치기 때문에 많은 사람이 알코올에 의한 아세트알데히드가 숙취의 원인이라고 한다. 하지만 이러한 숙취의 원인에 대해 《프루프 술의 과학》에서는 다른 이론을 내세운다. 먼저 숙취는 아세트알데히드가 체내에 많이 남아 있을 때에 심할 것이다. 하지만 혈중 에탄올 농도는 술을 한 잔 마시고 난 후 60~90분에 최대

치였다가 시간이 지남에 따라 점차 0에 가까워진다. 측정에 따라 오차는 있지만 아세트알데히드도 알코올과 마찬가지로 1시간 이내에 최고 농도에 도달했다가 감소하게 된다. 하지만 숙취는 술을 마신 후 12~14시간 후에 가장 심한 것으로 알려져 있다. 이 시간의 혈중 알코올과 아세트알데히드 농도는 거의 0에 가까워진다. 따라서 알코올과 아세트알데히드가 숙취를 유발하는 핵심 요인이라고 확정할 수는 없을 듯하다.[3]

아세트알데히드가 숙취의 원인이 아니라면 어떤 물질이 숙취를 유발하는 것일까? 그렇다면 다음 후보는 메탄올이다. 메탄올은 일반적인 발효 과정에서 소량 생산된다. 술의 원료인 과일이나 곡식에는 펙틴pectin이라는 물질이 있

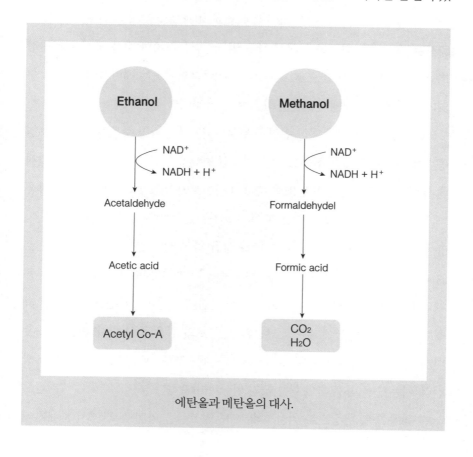

에탄올과 메탄올의 대사.

는데 펙틴은 알코올 발효 과정에서 분해되며 메탄올을 발생시킨다. 이 때문에 대부분의 술에서는 소량의 메탄올이 발생한다.[4] 각종 술의 메탄올 함량을 측정한 결과 희석식소주, 맥주, 약주, 위스키에서는 검출되지 않았거나 매우 낮았으며 탁주에서 1.51mg/mL, 매실주 19.12mg/mL, 복분자주 17.14mg/mL, 포도주에서 1.42mg/mL이 검출되었다.[5] 일반적으로 메탄올은 증류주보다 발효주에서 높게 나오는 것으로 알려져 있다. 하지만 이것도 증류 방법에 따라 함량이 달라질 수 있다.

메탄올은 알코올 분해 효소에 의해 포름알데히드로 전환되고, 다시 알데히드 분해 효소에 의해 포름산(formic acid, 개미산)으로 분해된다. 포름알데히드는 새집증후군 원인 물질 중 하나로 아토피 피부염의 증상을 악화시킨다. 포름산은 시신경을 비롯한 신경 손상을 일으킨다.[6] 하지만 술을 마시고 시신경의 손상을 받지 않는 것으로 보아 자연 발효 과정에서는 메탄올이 발생할 수 있지만 인체에는 치명적일 만큼의 양은 아닐 것이다.

그렇다면 숙취의 유력한 원인은 무엇일까? 최근 가장 주목받는 이론은 염증반응 가설로 알코올 섭취가 체내 세포성 면역을 저하한다는 주장이다. 혈액 속에 함유되어 있는 면역 단백의 하나인 사이토카인은 우리 몸이 질병과 싸울 때 분비되고, 염증이 있을 때 세포들의 의사소통 신호로 사용되는 분자다. 이 중 여러 사이토카인의 수치가 알코올 섭취 후 13시간 만에 증가되는 것으로 보고되었다. 술을 마신 후 숙취가 나타나는 시간과 사이토카인의 수치가 높을 때의 시간이 비슷한 것이다. 또한 건강한 사람에게 사이토카인을 주사하면 숙취와 유사한 위장 장애, 두통, 오한, 피로, 구토와 같은 증상이 나타난다. 더 흥미로운 것은 사이토카인 수치가 정상보다 높을 경우 기억 형성에도 문제가 생긴다. 이는 술을 마신 후의 필름 끊김 현상과 비슷하다.[7]

숙취를 염증 반응으로 이야기해 보자. 알코올을 마신 후 간에서 분해되어

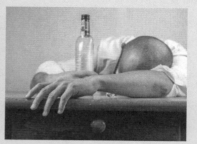

막걸리의 숙취.

나온 대사 물질인 아세트알데히드가 우리 몸의 세포에 손상을 입혀 염증을 발생시키고 그로 인해 사이토카인 분비량이 증가되기 때문에 숙취 현상이 나오는 게 아닐까 추론할 수 있다. 이렇듯 숙취 발생은 상당히 복잡하고 아직 정확하게 알려지지 않은 분야다.[8]

언급한 것처럼 발생 기작을 잘 알지 못하지만 숙취의 대명사로 막걸리를 많이 꼽는다. 소문의 시작은 카바이드 막걸리로 볼 수 있다. 이전에는 막걸리와 관련된 숙취 기사를 쉽게 찾아볼 수 없기 때문이다.

소문만 무성한 유령 막걸리

카바이드 막걸리는 1970년대부터 지금까지 막걸리의 저급함을 나타내는 단어로 사용되어 왔다. 심지어 최근 기사에서도 "숙취의 주된 원인인 아스파탐과 카바이드가 들어가지 않아 일반 막걸리보다 숙취가 덜해…"라고 언급했다. 이처럼 막걸리는 카바이드가 숙취를 일으키는 주요 물질로 연상될 정도로 각인돼 있다.

그런데 이상한 것은 어른들 중 당시 카바이드 막걸리를 만들거나 마셔본 사람을 찾아볼 수 없다는 것이다. 심지어 양조장에서 오랫동안 일하신 분들도 카바이드 막걸리를 본 적이 없다고 한다. 카바이드 막걸리는 이름만 있을 뿐 본 적도 없고 마신 적도 없는 유령과도 같은 것이었다. 그렇다면 막걸리의 저급함과 숙취의 오명을 씌운 '카바이드 막걸리'의 실체는 도대체 무엇일까? 카바이드 막걸리는 왜, 누구에 의해 어떤 계기로 등장하게 되었을까?

카바이드 막걸리가 신문에 처음 등장한 것은 1962년 7월 9일자 《동아일보》의 〈횡설수설〉(QR 동아일보 횡설수설)이라는 가십난이다. 주세가 오른 뒤 술값이 비싸 면허가 있는 음식점보다는 대폿집에서 밀주를 마시는 게 값싸게 먹을 수 있다는 내용인데 여기에 '카바이드'는 방부제와 같아 술맛을 변하지 않게 만들 목적으로 쓰였다고 기록되어 있다.

이후 실제로 막걸리에 카바이드를 섞어 판매해 구속된 이들에 관한 기사가 1972년 11월 11일자 《동아일보》(QR 카바이드 막걸리)에 실렸다. 막걸리에 카바이드를 섞어 양조한 6명이 구속되었다는 기사였다. 불법으로 밀조된 불량 막걸리로 인해 막걸리의 이미지는 추락했다. 이후에는 거의 매년 카바이드 막걸리로 인한 밀주 사범에 관한 기사가 지속적으로 나왔다.

동아일보 횡설수설

"…이들은 모두 비위생적인 판자촌 지대에서 술의 주원료인 쌀과 누룩 대신에 밀가루와 화학 약품을 혼합한 후 발효를 빠르게 하기 위해 카바이드를 섞어 술을 만들어왔으며…"

기사들의 공통점은 고두밥을 신속하게 발효시키기 위해 카바이드를 넣어 막걸리를 만들었다는 것이다(앞선 1962년 기사에서는 방부제 역할이었다). 카바이드를 넣으면 발효가 빨리 되는 이유는 무엇일까? 신문에서는 그 이유까지 설명하지는 않았다. 그래서 카바이드를 넣었을 때 일어날 수 있는 효과를 미루어 짐작해 보았다.

카바이드 막걸리

카바이드는 물과 반응하여 아세틸렌을 발생시키면서 열을 내는 효과가 있다.[9] 이때 발생되는 열을 활용했을 가능성이 있다고 유추해 볼 수 있다. 지금도 알코올을 빨리 만들기 위해 전분을 분해하는 효소나 알코올을 만드는 효모 등의 활동을 왕성하게 하기 위한 방법으로 온도를 높인다. 지금은 발효실의 온도를 높이거나 발효조에 열선을 감싸는 등의 안전한 방법을 사용한다. 1960~1970년대에는 비싼 연료인 연탄이나 석유를 이용해 발효조를 따뜻하게 하는 것보다는 열을 내는 값싼 카바이드가 눈에 들어왔을 것이다. 하지만 발효되는 막걸리에 카바이드를 넣어 온도를 높이는 방법은 불가능에 가깝다고 전문가들은 말한다.[10]

카바이드를 막걸리에 넣으면 냄새로 인해 마실 수가 없다. 카바이드가 물을 만나면 아세틸렌 가스가 나오게 된다. 아세틸렌 가스 자체는 순도가 좋으면 냄새가 없으나 불순물이 많을수록 특이하고 역겨운 냄새가 난다.[11] 막걸리 발효 중에 카바이드를 사용하면 온도는 올라서 발효가 빨라질 수는 있지만 역한 냄새가 나기 때문에 소비자가 바로 알아차렸을 것이다. 이렇게 생성된 아세틸렌 가스는 산화 폭발, 분해 폭발, 화합 폭발 등 다양한 폭발의 위험에 취약하다.[12] 다시 말해 불이 가까이 있으면 터져 버리는 가스인 것이다. 당시에도

카바이드(왼쪽)와 카바이드램프(오른쪽).

카바이드로 감을 익히다 폭발하는 사고의 기사가 심심찮게 났다.[13] 이처럼 발생된 아세틸렌이 발효 중 폭발을 할 수도 있을 텐데 막걸리와 관련된 폭발 사고 기사는 어디에서도 찾아볼 수 없다.

이후에는 카바이드의 다른 용도에 대한 기사가 나왔는데 카바이드 막걸리가 아닌 카바이드가 첨가된 누룩이 등장한다.[14] 기사의 내용은 다음과 같다.

> "찐 밀가루에 항생제인 60만 단위 부이칼과 발효제로 카바이드를 넣어 누룩 3천 8백 50개를 제조"

이처럼 카바이드가 누룩 역할을 한다면 전분을 분해해야 하는데 카바이드는 그런 효소를 가지고 있지 않다. 막걸리에서처럼 열을 내는 작용을 통해 발효를 촉진시킨다 해도 설명이 안 된다. 누룩을 만들 때 물이 들어가는데 이때 카바이드와 물이 반응하면 열이 나기 때문에 누룩이 제대로 만들어지지 않는다.

카바이드 약주에 대한 내용이 없다는 것
도 이상하다. 막걸리나 약주 모두 전분질 원
료를 이용하고 누룩을 사용하므로 발효 과
정은 동일하다. 하지만 카바이드 막걸리를
만들다 잡힌 사람은 있어도 카바이드 약주
를 만들다 잡힌 사람은 없다. 또한 카바이드
막걸리가 언론에서 다루어지자 당시 국세청
에서도 카바이드가 들어 있는지 분석을 했
다. 그 결과 판매되는 막걸리에는 카바이드
가 들어 있지 않다고 결론을 냈다. 그와 같은
결과는 《국세청기술연구소 100년사》에 자
세하게 적혀 있다.[15]

카바이드가 들어간
막걸리(ⓒ조호철).

   그럼에도 카바이드 막걸리가 생산된다는 기사가 나온 이유는 무엇일까?
먼저 카바이드가 물에 반응하는 것을 보고 생각할 수 있다. 물에 카바이드를
넣으면 부글부글 끓는 것이 꼭 막걸리가 발효할 때의 모습처럼 보인다. 오랜
기간 주류를 연구해 온 국세청의 조호철 박사는 "발효 때의 모습을 본 어떤 이
가 막걸리를 카바이드로 만드나 보다고 술자리에서 말했고 이 얘기가 돌고 돌
아 '카바이드 막걸리'가 탄생했다"고 추론한다. 여기에 "감을 빨리 숙성시키는
데 카바이드가 쓰인다는 과학적 사실과 결합하면서 카바이드를 이용해 술을
속성으로 발효시키려는 유혹이 있었다는 논리도 추가됐다"고 설명한다.[16] 이
밖에도 막걸리를 만들 때 자연스럽게 생기는 술지게미(주박)을 보면서도 "술
을 마시고 난 뒤에 술잔 바닥에 매연(煤煙) 같은 앙금이 앉는 것은 그(카바이드)
때문"이라는 내용의 기사도 있을 정도였다.[17] 물론 이에 대해 명확한 근거를
찾기는 어렵다. 하지만 많은 자료를 종합해 보면 충분히 가능성이 있는 추론

이 될 수 있다.

다른 하나로 불량식품으로써의 막걸리다. 막걸리 카바이드 기사가 나오는 1960~1970년대 당시 정부의 가장 큰 사회 문제 중 하나는 불량 식품에 대한 단속이었다. 당시 불량 식품들은 상상을 초월할 정도였다. 담배꽁초를 넣고 끓인 커피, 세제를 넣은 맥주, 물감 들인 톱밥을 넣은 고춧가루, 조기 등 생선의 몸에 노란색 물감을 칠한 것, 홍차에 물감을 탄 것 등 무시무시한 제품이 그 당시에 제조되었다.[18] 막걸리도 카바이드가 아닌 다른 물질을 넣어 문제된 것이 많았다. 미생물 살균을 위한 피크린산 막걸리, 신맛의 중화를 위한 가성소다(양잿물) 막걸리, 물을 타서 싱거워진 상태를 감추기 위해 고삼을 넣어 만든 고삼 막걸리 등[19](QR 동아일보 부정식품)다양한 불량품이 막걸리의 이미지를 실추시켰으며 이로 인해 소비자들로 하여금 막걸리를 믿지 못하는 상품으로 만들었다. 그러다 보니 충분히 발효되지 않은 미숙주의 막걸리를 마시고 머리가 아플 때 '혹시 이상한 약품을 탄 것이 아닐까'하는 의심으로 카바이드 막걸리가 언급된 것은 아닐까 한다.

이외에도 막걸리는 재료 조달이 쉽고 만들기가 용이해 불법으로 제조되는 밀주가 많았다. 이러한 밀주는 품질을 책임지지 않기에 물을 넣은 막걸리나 변질된 막걸리가 유통되기도 했으며 그로 인해 막걸리의 이미지는 지속적으로 추락하게 되었다. 막걸리의 좋지 않은 이미지 때문에 양조장 발효실의 온도 조절용이나 다른 용도로 사용되는 카바이드를 보고 발효를 위한 불량 식품 재료로 보지 않았을까도 추측해 본다.

이처럼 많은 자료와 전문가들의 추론을 종합해 보면 카바이드 막걸리 기사는 오랜 기간에 걸쳐 수 차례 나왔지만 그 실체를 정확히 확인한 기사는 찾기 어렵다. 그럼에도 너무 많은 기사가 나왔기 때문에 이 책에서 명확하게 결론을 내려 카바이드 막걸리는 없었다고 단정하기에는 어려움이 있다. 하지만 자료를 찾아보면 카바이드 막걸리는 잘못된 진실로 만들어진 단어일 수 있다는 생각도 들게 한다. 그 당시 소비자의 기호도가 막걸리에서 맥주로 넘어가거나 막걸리의 맛과 위생의 문제로 외면을 받은 것도 사실이다. 이런 이유로 소비가 감소하는 침체를 겪게 된다. 그중 카바이드 막걸리로 인해 마시고 나면 숙취가

동아일보 부정식품

생긴다는 소문이 돌면서 막걸리 품질에 대한 폄하로 이어지는 등 카바이드 막걸리도 큰 몫을 차지했다. 결국 현재에 이르기까지 막걸리를 마신 후 숙취가 남으면 카바이드 막걸리라는 단초를 제공한 것이다.

　이러한 문제의 진실을 파헤치기 위해 개인이 조사하거나 개별 양조장이 나서기에는 어려움이 있다. 오히려 막걸리 단체나 협회에서 막걸리의 명예 회복을 위해 카바이드 막걸리의 자료를 찾고 실체에 대한 진실을 확인하는 작업이 필요하다. 전문가들의 말처럼 카바이드 막걸리가 실제 없던 사건이라면 그에 대한 막걸리의 잘못된 상식을 바로 잡아야 한다. 또한 진실이라 해도 현재의 막걸리는 잘못된 품질과 거리가 있기에 머리가 아프다는 누명을 벗겨줘야 할 것이다. 막걸리의 세계화뿐만 아니라 우리 술의 발전을 위해서라도 카바이드 막걸리라는 정확하지 않은 정보의 확대 재생산은 멈춰야 한다. 카바이드 막걸리는 소문만 있고 마신 사람도 만든 사람도 없는 도시 괴담처럼 지금까지 남아 있는 게 아닌지 다시 한번 생각하게 된다.

안녕하십니까,
1970년대의
막걸리!

젊은 층의 관심이 많아지면서 막걸리를 마시는 사람이 늘고 있지만 전체 주류 시장에서의 점유율이 크다고는 할 수 없다. 막걸리는 우리나라의 2대 주종인 맥주와 소주 다음으로 소비되는 주류다. 전체 탁주의 경우 출고량 기준 2020년 37만 9976킬로리터 대비 2021년 36만 3132킬로리터로 1만 6844킬로리터가 감소했다. 이러한 막걸리의 소비 감소는 2017년부터 꾸준히 이어지고 있다(2020년에 약간 상승했음).[1]

반면 전통주 중 탁주의 소비는 2020년 6927킬로리터에서 2021년 9842킬로리터로 소비량이 증가되었다. 하지만 전체 주류 시장 점유율을 보면 막걸리는 아직도 11.7퍼센트(2021년 기준)에 머물고 있어서 1973년의 막걸리 점유율 77.4퍼센트에 비하면 약 6.6배 차이가 난다. 77.4퍼센트라는 수치는 현재의 맥주와 소주를 더한 점유율인 81.8퍼센트에 비교될 수 있을 정도로 당시 막걸리의 소비는 엄청났다고 할 수 있다.[2] 하지만 1974년을 최고 정점으로 막걸리의 소비는 지속적으로 감소하는 추세를 보였고 8~10퍼센트의 급격한 감소도 몇 차례 나타난다.

이러한 막걸리의 급격한 소비 감소는 왜 일어난 것일까? 만약 시대의 흐름에 따른 소비자들의 입맛을 막걸리가 따라가지 못하고 뒤처졌기 때문에 일어난 현상이라면 막걸리 업체들은 어떤 이유로 소비자의 기호를 파악하지 못한 것일까? 온고지신(溫故知新)이라는 말이 있다. 옛것을 익히고 그것을 미루어서 새것을 안다는 뜻이다. 1970년대 막걸리의 쇠락 이유를 파악하여 다시는 그 잘못을 되풀이하면 안 될 것이다. 일반 막걸리의 소비는 감소하고 전통주 막걸리의 소비는 증가하는 이중적인 시대에 당시의 소비 감소의 요인이 된 큰 사건을 중심으로 원인을 살펴보려고 한다.

네 차례에 걸친 막걸리 소비의 감소 원인

1960년대 경제 성장과 인구 증가로 인해 전체 술 생산량이 증가하면서 막걸리의 소비량도 지속적으로 증가한다. 하지만 허정구의 논문 〈1970~80년대 막걸리 소비 퇴조에 관한 민속학적 연구〉에 의하면 1975년 이후 크게 네 번의 감소 시기가 있었다.

첫 번째는 1975년으로 막걸리 출고량이 8.3퍼센트 감소했다. 이때의 감소 원인은 막걸리 원료의 잦은 변동으로 인한 품질 저하다. 두 번째는 1978년으로 9.3퍼센트 감소했으며 이때는 밀가루 막걸리에서 다시 쌀막걸리로 원료가 바뀐 시기다. 세 번째는 1983년으로 12.4퍼센트가 감소했는데 이때는 막걸리의 도수가 6도에서 8도로 바뀌는 시기였다. 네 번째는 1986년 이후 외국 술 수입 장벽이 낮아지는 시기와 함께 맥주가 대중주로 자리 잡아가는 사이에 막걸리는 불량 첨가물을 사용한다는 소문으로 이미지가 추락하던 때다.[3] 막걸리 소비 감소 원인은 대외적인 이유도 있지만 일부는 잘못된 정책으로 연결된 부

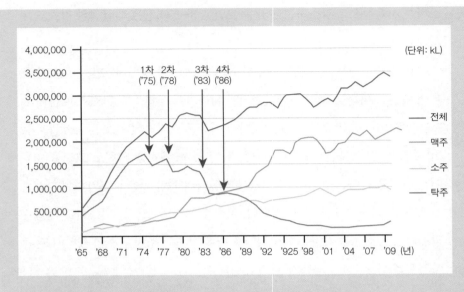

막걸리의 소비 감소 시기(국세청, 2010.6.29.).

분도 있다. 여기에서는 원료에 의한 막걸리 소비 감소에 대해 양조장과 정책
의 문제를 중심으로 살펴보려고 한다.

막걸리의 주요 원료는 멥쌀이다. 가장 많이 먹는 곡식이지만 1960년대까
지만 해도 충분한 양이 생산되지 않았고 멥쌀의 소비는 정부 차원에서 관리했
다. 당시 멥쌀의 생산이 충분하지 않다는 이유로 멥쌀의 양조 사용을 금지시
켰다. 1966년 8월에 국무회의에서 의결된 〈약탁주 제조에 있어 쌀 사용 금지
안〉이 바로 그것이다.[4] 쌀로 막걸리를 빚지 못하게 되자 밀가루, 옥수수가루,
고구마 전분, 보리쌀 등의 사용을 권장하면서 농산물의 수급 조절 창고로 양
조 산업을 이용했다.

이후 밀가루를 막걸리 원료로 사용하다 1차 막걸리 소비 감소 시기인
1974~1975년에는 네 차례의 막걸리 원료 변화가 발생한다. 1974년 1월에는

밀가루 50퍼센트, 보리쌀 50퍼센트 이상, 같은 해 6월에는 밀가루 70퍼센트, 옥수수가루 30퍼센트 이상, 1975년 1월에는 다시 밀가루 60퍼센트, 옥수수가루 40퍼센트 이상, 11월에는 밀가루 70퍼센트, 옥수수가루 30퍼센트로 원료 사용을 규제했다.[5] 이때마다 익숙하지 않은 제조 방법으로 인해 양조장의 술맛이 들쭉날쭉해질 수밖에 없었다. 원료가 쌀이나 밀가루같이 분해가 잘 되는 전분질이 아니다 보니 당연히 맛은 거칠어졌고 그로 인해 막걸리에 대한 소비 수요는 위축되었다. 이런 원료의 변화는 비단 양조장의 기술 개발이나 소비자의 입맛 변화로 일어난 것이 아니었다. 외부 식량 정책에 의해 급하게 강제적으로 바뀐 탓에 양조장들의 발효 기술력이 따라가지 못하면서 술 품질에도 부

막걸리의 시기별 원료 변화표(1970~80년대 막걸리 소비 퇴조에 관한 민속학적 연구 p.24)

기간	재료 비율
1961년 12월 30일 이전	곡류와 누룩, 곡류는 주로 멥쌀
1961년 12월 30일~	멥쌀 70퍼센트 이하, 누룩 10퍼센트 이상, 입국 사용 가능
1963년※	주원료 소맥분, 누룩 제한 해제
1965년 3월 31일~	멥쌀 80퍼센트, 잡곡 20퍼센트
1966년 5월 15일~	멥쌀 20퍼센트 이하, 잡곡 60퍼센트 이상, 고구마전분 20퍼센트 이상
1966년 8월 28일~	밀가루 100퍼센트, 멥쌀 사용 전면 금지
1972년 1월 1일	밀가루 95퍼센트, 옥수수가루 5퍼센트 이상 사용
1974년 1월 1일~	밀가루 50퍼센트, 보리쌀 50퍼센트 이상 사용
1974년 6월 1일~	밀가루 70퍼센트, 옥수수가루 30퍼센트 이상 사용
1975년 1월 1일~	밀가루 60퍼센트, 옥수수가루 40퍼센트 이상 사용
1975년 11월 1일~	밀가루 70퍼센트, 옥수수가루 30퍼센트 사용
1977년 1월 1일~	밀가루 80퍼센트, 옥수수가루 20퍼센트 사용
1977년 12월 1일~	멥쌀 100퍼센트 사용
1979년 11월 1일~	밀가루, 옥수수가루 사용
1990년 12월 31일~	곡류, 전분함유 물료, 전분당

※ 주세법 시행령과 별도로 내려졌던 지시. 《국세청기술연구소 100년사》, 2009. 229쪽.

막걸리 가격상승

정적인 영향을 미치게 된 것이다. 소비자 역시 맛 없는 막걸리를 외면하는 상황에 이르렀다. 당시에는 막걸리를 대체할 수 있는 주류가 계속적으로 만들어지고 수입되던 시기였기 때문에 막걸리의 소비 감소는 자연스러운 결과라 할 수 있다.

다음으로 타격을 준 것은 1977년 12월에 쌀막걸리가 부활하면서 1978년 9.3퍼센트의 소비 감소가 나타났다. 쌀막걸리가 부활했으면 막걸리 소비가 증가했을 텐데 왜 다시 감소했을까? 당시 통일벼의 공급과 풍년으로 정부가 쌀막걸리를 허용하면서 양조장과 소비자는 크게 환영했다. 하지만 당시 밀가루 80퍼센트와 옥수수가루 20퍼센트로 만든 20리터 한 말 막걸리[6]의 소매가가 1400원인데 반해 쌀을 원료로 빚은 막걸리는 2100원으로 50퍼센트 이상 상승하면서[7] 소비자에게는 '값싸고 맛좋은 술, 막걸리'라는 이미지가 깨진 것이다(QR 막걸리 가격상승). 지금도 술 가격이 100원만 인상되어도 여파가 큰데 당시에 700원의 상승은 훨씬 타격이 컸을 것이다. 또한 품질이 들쭉날쭉하기는 했지만 오랜 기간 밀가루나 잡곡을 넣은 막걸리의 맛에 익숙해진 사람들은 쌀막걸리의 깔끔한 맛의 특징을 이해하지 못했다. 가볍고 싱겁다, 쌀막걸리에는 물을 더 타기 때문이라는 의심으로 제품에 대한 신뢰가 약해지면서 쌀막걸리가 출시된 다음 해에 전년 대비 9.3퍼센트나 감소하게 된 것이다.[8]

막걸리의 소비 감소 영향을 몇 가지 이유로만 설명하는 것이 감소 요인의 전부라고 할 수는 없지만 우선 시장의 요구가 아닌 외부 요인에 의한 강제적인 원료의 변화와 준비되지 않은 양조장의 제조 방법의 변화 등이 어우러지면서 막걸리 시장 소비는 크게 감소하는 결과를 가져온 것이다.

이후 두 번의 소비 감소가 더 있었다. 1983년에 12.4퍼센트가 감소했는데 이때는 1982년에 막걸리의 도수가 6도에서 8도로 바뀌는 시기였다.[9] 당시 막걸리 업계의 입장에서는 지속적으로 소비가 감소하는 시장을 잡기 위해 알코올 4도 맥주

막걸리 도수 변화

의 저도주 시장과 알코올 25도 소주 시장에서 새로운 차별화로 8도라는 시장을 만들기 위한 노력이었다. 오래전 8도였던 막걸리의 알코올 도수를 1962년부터 6도로 낮추었다가 20년 만에 다시 8도로 높인 것이다. 당시 막걸리 제조업자와 소비자를 대상으로 여론 조사를 실시한 결과 막걸리가 너무 싱겁다는 반응이 많았다. 이에 알코올 도수를 높이면 소비자의 기호가 향상할 것으로 기대해 시행된 조치였다.[10] 하지만 이 조치는 1년도 되지 않아 다시 6도로 낮춰달라는 업계의 요청을 듣게 된다.[11] 그 이유는 판매량이 크게 줄었기 때문이다. 1982년 소비 향상을 위한 고육지책으로 6도에서 8도로 올렸지만 결과적으로 가격도 같이 오른 것이다. 당시 막걸리를 만드는 밀가루의 등급에 따라 2등급은 15.9퍼센트, 1등급은 22.2퍼센트 가격이 상승했고 그로 인해 후폭풍을 맞은 것이다.[12]

또한 막걸리의 소비 감소는 주류 소비자의 입맛 변화도 한몫했다. 신문에 '가장 많이 마시는 술은 양주 성인 남자들 전통술 막걸리는 최하위'라는 기사가 나올 때였다.[13] 기사 내용은 전국 20세 이상 성인 1201명을 대상으로 '주류 제품 구매에 관한 소비자 행동 연구' 결과 가장 즐겨 마시는 술로 수입 및 국산

양주가 39.1퍼센트, 정종 25퍼센트, 맥주 21.6퍼센트, 소주 13.5퍼센트, 막걸리 10.2퍼센트로 밝혀졌다. 물론 이 조사가 당시의 술 소비 현상을 얼마나 반영했는지는 의문이다. 당시 양주의 수입 및 국내 생산량으로 39.1퍼센트를 구매할 정도는 아니었기 때문이다. 아마도 이 조사에는 자신이 마시고 싶은 술의 의미가 조금은 담긴 것으로 보인다. 이 조사를 어떻게 해석하든 이미 막걸리의 소비나 관심, 기호성은 매우 낮았던 것으로 보인다.

두 번째로는 불량 막걸리와 불법으로 밀조된 막걸리로 인한 이미지 추락이다.[14] 막걸리는 쌀과 누룩의 재료 조달이 쉽고 제조가 용이해 불법으로 만든 밀주가 많았다. 이러한 밀주는 품질을 책임지지 않아도 되었기에 물을 넣은 막걸리나 변질된 막걸리가 유통되었으며 이로 인한 막걸리의 이미지는 지속적으로 추락했다. 막걸리는 저도수라는 특징상 마지막 단계에서 물을 넣으면서 알코올 도수를 조절한다. 이런 밀주는 돈을 벌기 위해 정량보다 물을 더 넣어 술의 양을 늘린 물탄 막걸리로 밍밍한 맛의 불량 막걸리가 되어 소비자에게 외면 당했다.

다음으로 불량 첨가물이 들어간 막걸리가 만들어지면서 큰 타격을 입게

불량 첨가물 막걸리 유형(〈1970~80년대 막걸리 소비 퇴조에 관한 민속학적 연구〉, p.42)

명칭	내용
피크린산 막걸리	피크린산은 석탄산에 황산과 질산을 작용시켜 만드는데 염료나 화약 원료로 쓰이는 독성물질이다. 피크린산은 노란색을 띠고 톡 쏘는 쓴맛이 있어 술에 풀면 노리끼리한 빛깔과 탄산 가스의 유사한 맛을 낸다. 여름철이면 막걸리가 쉽게 산패되어 시름해지는데, 이 피크린산을 쓰면 미생물까지 살균할 수 있어서 산패 방지용으로도 쓰였다.
양잿물 막걸리	가성소다라고도 하는 강염기의 수산화나트륨을 넣은 막걸리로 신맛이 도는 막걸리를 중화시키기 위해서 양잿물이나 가성소다를 섞는다.
고삼 막걸리	물을 타서 싱거워진 상태에 고삼을 넣어서 쓰게 만든 막걸리다.

되었다. 미생물 살균을 위한 피크린산 막걸리,[15] 신맛의 중화를 위한 양잿물(가성소다)막걸리, 물을 타서 싱거워진 상태를 감추기 위해 고삼을 넣은 고삼 막걸리[16] 등이 막걸리의 이미지를 실추시켰으며 이로 인해 막걸리는 믿지 못하는 제품이 되기 시작했다.

이러한 요인들로 인한 지속적인 막걸리 소비 감소는 1988년에 이르러 맥주에 출고량을 추월당하게 된다. 1970년대의 막걸리 소비 감소에 대해서는 여러 의견이 있을 수 있다. 하지만 원인이 무엇이든 간에 당시의 막걸리 소비 감소는 정책과 생산자 모두의 잘못이라 할 수 있다. 특히 식량난의 이유로 정부의 지나친 시장 간섭이 막걸리의 품질에까지 영향을 준 것은 사실이다. 막걸리를 만드는 원료와 알코올의 규제로 자율성이 깨지면서 다양성을 갖지 못한 막걸리는 빠르게 변화하는 주류 시장에서 새로움을 주지 못해 소비가 감소된 것이다.

흔들리는 막걸리의 정체성

2005년부터 비슷한 상황을 겪은 적이 있다. 대형 양조장의 막걸리 원료 상당 부분을 수입 쌀이 차지한다. 현재 세계무역기구WTO의 '쌀 의무수입'으로 인해 매년 41만 톤의 쌀을 의무적으로 수입해야 하는 상황이다(2005년에는 22만 톤 의무 수입).[17] 정부에서는 수입 쌀을 밥쌀용으로 일반시장에 판매할 수 없기 때문에 결국 가공업체를 소비처로 이용할 수밖에 없었다. 쌀 41만 톤은 경기도 1년 생산량 37만 톤보다 많고, 현재 국내 쌀 소비량의 10퍼센트를 넘는 양이다. 쌀 소비량 감소 추세를 감안하면 수입 쌀 41만 톤이 차지하는 비중은 매년 늘어날 수밖에 없다. 결국 가공업체에 수입 쌀을 싸게 공급함으로써 국내산 쌀을 사용하는 것 자체가 어려운 구조를 만들었다. 이는 전통주라 불리는 막걸리의 정체성을 흔드는 단초를 제공했다.

반면, 막걸리의 붐이 일기 시작하던 2009년 무렵 막걸리의 원료로 수입 쌀보다 국산 쌀을 많이 사용하던 시기가 있었다. 이때는 남아도는 정부미(나라미)의 소비 확대를 위해 수입 쌀보다 공급 가격을 낮춰 정부미를 사용하도록 유도했다.[18] 하지만 오래 묵힌 정부미를 사용하면서 막걸리의 품질이 저하되었으며 공급 역시 지속적이지 못했다. 결국 정부미의 가격이 다시 수입 쌀보다 높아지자 정부미를 사용하던 양조장은 수입 쌀을 사용할 수밖에 없는 상황이 되었다. 이처럼 지금도 남아도는 쌀 소비를 위한 정책으로 막걸리 및 가공업체를 이용하다 보니 막걸리의 원료에 있어서 새로운 쌀 품종 연구나 국산 쌀을 사용하려는 정책적인 시도가 만들어지지 못하고 있다.

1970년대의 막걸리 소비 감소 이유를 살펴보면 이후로도 막걸리 소비 감소가 일어날 수 있음을 시사한다. 소비자의 기호는 다양해졌고 과거와 비교할 수 없을 정도로 많은 종류의 술이 만들어지고 있다. 뿐만 아니라 수입되는 술의 종류도 헤아릴 수 없을 정도다. 이제 막걸리는 1970년대와 같은 영광을 찾기는 힘들 것이다. 하지만 막걸리의 소비를 증가시킬 수 있는 다양한 노력으로 과거와 같은 실수를 반복하지 않는다면 지금보다 안정적으로 소비는 증가할 것이다. 이제 대한민국도 선진국으로 분류되고 있다. 규제보다는 자율성에 의한 전통주의 발전을 지켜보는 것은 어떨까?

5장

술자리보다
재미있는
우리 술 이야기

전통주라고 하면 오래된 술, 고리타분함 등의 이미지를 떨칠 수 없다. 전통주는 왜 이런 이미지를 갖게 되었을까? '전통'이라는 단어의 의미 때문이기도 하지만 술의 배경을 역사나 설화에서 가져와 마케팅한 이유 때문은 아닐까?

전통주 관련 신문 기사에 자주 보이는 제목으로 '우리나라에서 가장 오랜 전통을 가진 술 ○○주', '3대가 만들어 온 ○○ 술' 등 오래된 것을 강조하는 경우가 많다. 물론 내용의 출처는 대부분 전통주 생산자들이다. 생산자들 역시 전통주라는 이름에서 느끼는 것이 역사성과 전통성이기에 자신이 만드는 술에서 역사성을 강조하는 게 자연스러울 수 있다. 하지만 우리 술이 가진 차별

역사가 오래된 양조장.

화된 스토리텔링 내용이 없어서는 아닌지 생각해 보게 된다.

최근 마케팅의 기법으로 스토리텔링storytelling을 주로 사용한다. 스토리텔링은 '스토리story+텔링telling'의 합성어로 단어, 이미지, 소리 등을 통해서 상대방에게 이야기를 전달하는 것이다. 축적된 정보를 주제와 본래의 목적에 맞게 재미있고 생생하면서도 설득력 있게 전달하는 행위로 다양한 매체를 이용하여 줄거리, 캐릭터, 시점 등을 포함해 설득력 있게 전달하면 된다.[1] 현대의 스토리텔링은 넓은 범위로 쓰이고 있다. 전통적 형태인 동화, 민화, 신화, 전설, 우화 외에도 역사, 개인 서술, 정치 논평 및 진화하는 문화적 규범을 표현하는 데까지 확장되었다. 최근에는 거의 모든 공산품의 홍보 방법으로 사용되고 있다. 홍보 목적의 스토리텔링은 사실을 토대로 진실을 알리지만 그렇다고 사실에만 머물면 스토리가 살아나지 않는다. 진실을 찾고 주제를 만들고 상상력을 불어 넣어야 한다.

전통주 대기업들은 제품의 스토리텔링을 강화하는 중이다. 제품에 대한 역사, 원료, 생산 방법, 지역 등 다양한 작업을 하고 있다. 물론 작은 기업이 대기업처럼 스토리텔링 작업을 통해 마케팅에 힘을 쏟는 것은 인력과 비용 등 쉽지 않은 일이다. 하지만 자신들의 제품을 대기업 제품과 차별화하기 위해서는 지역의 색채가 묻어나는 역사, 인물, 전설 등을 통한 스토리텔링 작업을 할 필요가 있다. 스토리텔링으로 제품에 대한 이야깃거리가 생기면 제품에 대한 소비자의 관심을 받을 수 있다. 역사가 오래된 무형문화재나 식품 명인의 민속주 들은 대부분 오랜 역사성을 가지고 있기 때문에 스토리텔링에 대한 부담이 적다. 하지만 새롭게 시작하는 양조장들은 양조장과 제품의 역사를 만들어가야 한다. 전통주라고 해서 양조장의 역사를 특별한 연결고리도 없는 과거 지역 술의 이름을 차용하거나 고문헌에 나오는 제조 이름으로 덧칠할 필요는 없다. 이제 현대의 양조장들은 현대에 맞는 스토리텔링을 만들어야 한다. 지역의 좋은 관광 자원과 연계하거나 자신들의 양조장을 일반인에게 개방하고 양조장의 새로운 역사를 만들어야 한다.

제품에 생명을 불어 넣고 그 생명을 키우는 것은 양조장의 몫이다. 라벨 디자인이나 제품명을 통한 스토리텔링도 있다. 와인 업체는 오래전부터 다양한 라벨을 만들면서 예술가들의 작품을 사용하기도 한다.[2] 고가 와인 소비자들을 염두에 둔 라벨 마케팅 전략을 활용한 유명 와인 업체도 많다.

우리 술이 다른 술에 비해 역사가 짧지 않음에도 그동안 이야기에 대한 부분은 신경 쓰지 않았다. 단순히 술을 마시고 취하면 되는 것이지 제품을 통해 이야기를 전달할 필요가 없었다. 하지만 술의 개념이 취하기 위한 수단이 아닌 소통과 어울림의 개념으로 바뀌면서 전통주에도 이야기를 입히는 게 당연하게 되었다. 이제 전통주도 스토리텔링을 통해 술을 마시면서 이야기할 스토리를 만들어야 할 때다.

전통주 한잔
부탁해요
따뜻한 걸로

　각 나라마다 감기 예방이나 치료를 위한 다양한 민간요법이 있다. 핀란드에는 감기 기운이 있을 때 우유와 다진 양파를 함께 끓여서 마시는 양파 우유가 있고, 스웨덴과 노르웨이에는 걸쭉한 블루베리 수프가 있다. 중국에서는 비타민 C가 풍부한 파뿌리차를 마시기도 하고 껍질 깐 생강을 끓인 후 콜라와 섞어 마시는 생강콜라가 있다. 러시아와 우즈베키스탄에는 따뜻한 우유에 달걀과 꿀, 버터를 넣어 섞은 고골모골Гоголь-моголь이라는 음료가 있고, 우리나라에는 과일 배에 후추를 박아 생강 달인 물에 넣은 후 꿀을 넣어 먹는 배숙이 있다.[1] 감기는 자주 발생하지만 의료가 발달하지 못한 시절에는 집에서 예방과 치료를 할 수 있는 민간요법을 동원한 것이다.

　과연 효과가 있을지 의심스러운 민간요법도 있다. 러시아에서는 감기 예방을 위해 보드카에 후추를 타서 마신다. 스위스에서는 홍차와 위스키를 1 대 1 비율로 섞어 저어 마신 후 잠자리에 들면 몸이 따뜻해져 감기가 금세 달아난

감기에 좋은 배숙.

다고 한다. 오스트리아 역시 뜨거운 우유에 럼주를 타서 마시는 민간요법이 있다.[2] 우리나라에도 소주에 고춧가루를 타 먹으면 감기가 낫는다는 설이 있다. 실제로 한 방송 프로그램에서 실험한 적이 있는데 실험자들은 한두 잔 마셨을 때 개선 효과가 있는 것처럼 느껴진다고 했다. 하지만 이것은 알코올에 의한 일시적인 현상에 불과했다. 소주를 마시면 심장 박동이 빨라지고 혈액 순환이 잘 되면서 혈관을 확장시킨다. 혈액이 빠르게 순환되면서 일시적으로 체온이 높아지는 현상은 확실히 있다. 그래서 술을 마시면 일시적으로 몸이 가벼워지고 기분이 좋아진다. 하지만 순간적으로 올라온 몸의 열기는 피부를 통해 바로 빠져나가고, 시간이 지나면서 오히려 체온은 낮아진다. 몸을 따뜻하게 하려고 마신 술이 결국 더 차게 만드는 것이다.[3]

반대로 술을 이용한 것 중 감기 예방이나 치료에 효과가 높은 것도 있다. 끓이거나 데워서 술에 있는 알코올을 제거한 후 사용하는 방법이다. 대표적으로

뱅쇼(ⓒ배선영).

일본에는 '달걀술'이 있다. 일본 사람들은 감기에 걸리면 뜨겁게 데운 정종에 날달걀을 풀어 마시고 몸을 따뜻하게 한 후 한숨 푹 자고 나면 감기를 이겨낼 수 있다고 한다. 이는 '취침의 약주'라는 일본의 민간요법으로 '다마고사케(たまごさけ)'라고 한다.[4] 술을 끓여서 만드는 대표적인 음료로는 프랑스의 '뱅쇼 Vin Chaud'가 있다. 와인을 뜻하는 뱅vin과 따뜻한을 뜻하는 쇼chaud가 결합되어 '따뜻한 와인'이라는 의미다. 비타민 C가 많은 과일과 계피, 정향 등을 와인에 넣고 끓이면 알코올은 날아가고 마시기 좋은 음료가 된다. 프랑스에서는 감기 기운이 있거나 몸이 으슬으슬할 때 뱅쇼를 즐겨 마신다. 다른 나라에도 뱅쇼 와 비슷한 종류가 많이 있다. 독일의 글루바인Gluhwein도 그중 하나다. 와인에 오렌지 껍질이나 클로브clove, 시나몬cinnamon 스틱 등의 향신료를 넣고 약불에 서 끓인다. 미국에서는 멀드 와인Mulled Wine이라고 한다.[5] 우리나라에도 비슷 한 음료로 모주(母酒)가 있다. 모주는 술지게미나 막걸리에 대추, 계피, 생강 따

위를 넣고 서너 시간 달여서 만드는 음료로 추운 겨울에 마시면 어떤 음료보다도 몸을 따뜻하게 해준다. 이처럼 다양한 허브류와 한약재 등을 술에 넣어 데워서 알코올을 날리고 사용하는 것은 나라마다 비슷한 방법으로 보인다.

따뜻한 우리 술

술을 따뜻하게 마시는 것은 기존에 알고 있던 술 마시는 방법과는 완전히 다른 형태다. 한국인은 거의 모든 술을 시원하게 마시거나 아주 차갑게 마시는 것을 좋아한다. 심지어 추운 겨울에도 국물이나 음식 등 따뜻한 술안주를 찾으면서 술은 찬 소주나 맥주를 선택한다. 겨울에조차 차가운 술을 마시는 이유는 무엇일까? 19세기 저서 《규합총서》(1809)를 1915년께 필사한 것으로 알려진 《부인필지》 서두 〈음식총론〉에는 다음과 같은 내용이 적혀 있다.

> "밥 먹기는 봄같이 하고, 국 먹기는 여름같이 하고, 장 먹기는 가을같이 하고, 술 먹기는 겨울같이 하라 하니 밥은 따뜻하고, 국은 뜨겁고, 장은 서늘하고, 술은 찬 것이어야 한다."[6]

각각의 음식에 맞는 온도를 알려주면서 음식 대부분이 따뜻하기에 술은 차게 마시는 게 조화롭다고 생각한 듯하다.

하지만 과거에는 술을 차갑게 마시고 싶어도 아무 때나 마실 수 있는 방법이 없었다. 기본적으로 겨울이 아닌 이상 냉장 기술이 있어야만 가능했기 때문이다. 얼음을 이용하는 가정용 목제 냉장고가 우리나라에 처음 들어온 것은 대한제국 시기로 추정된다. 그전까지는 겨울에 꽝꽝 언 얼음을 저장해 두고 사용하는 정도가 전부였다. 고종은 이런 목제 냉장고를 이용해 여름에도 냉면을 먹었다고 한다.[7]

가정용 전기 냉장고는 1926년 미국에서 처음 발명되었고, 일본산 최초의 냉장고는 1930년에 도시바Toshiba의 전신인 시바우라 제작소(芝浦製作所)에서 만든 냉장고다.[8] 아마도 1930년 무렵에는 식민지 조선 최상층 가정에도 보급되기 시작했을 것이다. 그렇다고 해도 크기는 작지만 고가인 냉장고에 술을 보관할 정도로 대중적이지는 않았을 것이다. 서민이 사용할 수 있는 보급형 냉장고는 1965년에 일본 히타치사와 기술을 제휴해 출시한 금성(현 LG전자)사의 GR-120 눈표 냉장고다. 이때도 상당히 고가여서 많은 사람이 사용하기는 쉽지 않았고 전력 보급 상태도 좋지 않아 판매고를 올리지 못했다. 결국 당시에는 냉장고 보급률이 1퍼센트에도 미치지 못했다.[9] 그래도 이때부터 서서히 시원한 술에 대한 갈망을 해소하는 시점이 되지 않았을까 한다.

반면 따뜻한 술 문화를 꼽자면 일본의 사케를 들 수 있다. 일본에서는 데운 사케를 '오칸(お燗)'이라고 한다. 쌀 본연의 달짝지근한 맛과 감칠맛이 따뜻한 온도로 한층 짙어지며 맛은 부드러워진다. 복어 지느러미를 굽거나 태워서 따끈한 사케에 넣어 내놓는 히레사케(ひれサケ)도 추운 겨울에 몸을 따뜻하게 하는 별미 중 하나다.[10]

《삼국지연의》에도 관우가 데운 발효주를 마셨다는 대목이 나온다. 적장의 목을 베러 출전하는 관우에게 조조가 데운 술을 권하자 다녀와서 마시겠다고 사양한다. 순식간에 적장의 목을 베고 온 뒤 그 술을 마시니, 술은 식지 않고 여전히 따뜻한 상태였다고 한다. 중국의 발효주라는 단서로 소흥주(샤오싱주紹興酒)로 추측할 수 있다. 황주 중에서도 대표로 꼽는 소흥주는 따뜻하게 데워 마셔야 그 풍미를 제대로 즐길 수 있다.[11]

우리에게도 따뜻하게 마시는 술 문화가 있었을까? 이규보의 시 〈겨울밤 산사에서 간소한 주연을 베풀다〉에 '閑燒柚榾暖寒醪(한소돌골난한료)'라는 문구가 있다. 해석하면 '한가로이 등걸(타다가 남은 불) 태우며 막걸리 데우는 흥취에

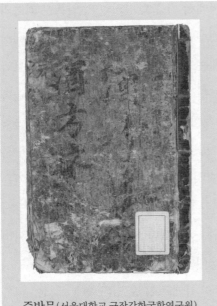

주방문(서울대학교 규장각한국학연구원).

비기랴'라는 뜻으로 막걸리를 데워 마시는 내용이 나온다.[12] 이뿐만 아니라 《조선왕조실록》 세종 17년(1435) 1월 17일 기록에는 '음복에 데운 술을 쓰게 하다'라는 기록도 있다.[13]

예조에서 아뢰기를, "〈문공가례(文公家禮)〉 사시제(四時祭)의 초헌주(初獻注)에 이르기를, '겨울철엔 먼저 이를 데운다.' 하였는데, 이제 문소전에 별제(別祭, 특별히 지내는 제사)를 친행(親行)하심에 있어, 찬 술[冷酒]을 쓰다가 날씨가 추워 얼어 엉기게 되면, 생시(生時, 살아있는 동안)와 같게 하는 뜻에 어그러짐이 있사오며, 더욱이 조석 상식에 이미 데운 술을 쓰고 있사온즉, 이 뒤의 별제에는 이에 의하여 데운 술을 쓰고 음복(飮福)도 역시 데운 술을 쓰게 하옵소서." 하니, 그대로 따랐다.

이외에도 1837년경 70여 가지의 전통주 제조법이 기록되어 있는 《양주방》이라는 책에는 창포주와 관련된 내용이 있는데, 여기에도 데워 마시는 술에 관한 내용이 나온다.

"하루 세 차례씩 따뜻하게 데워 마시면 사람의 혈맥이 다 통하게 되고 영위가 좋게 되니 이 술을 여러 해 마시면 뼛속 깊이 박힌 병이 다 낫고,(중략)"[14]

창포주를 따뜻하게 데워 먹으면 건강해진다는 내용이다. 우리에게도 술을 따뜻하게 해서 마시는 방법을 기록한 자료가 상당히 많다. 17세기 말에 쓰인 《주방문》에는 끓이는 술인 자주(煮酒)가 소개되어 있다.[15]

"좋은 청주 다섯 대야에 후춧가루 서 돈과 황밀(밀랍 꿀) 서 돈을 얇게 저며 넣고 병의 부리를 막아 중탕하여 달인다. 밀이 다 녹거든 내어 쓰라. 여름에 더 좋다. 후추는 적어도 괜찮으니라."

구한말에도 따뜻하게 마시는 술 문화에 관한 이야기들이 있다. 1937년 11월 9일자 《조선일보》에 '술맛이란 데우기에 달려'라는 기사가 실렸다. 술을 데워 먹으면 술맛을 좋게 한다는 것과 데워 먹는 시기로 9월 9일(중양)에서 다음 연도 3월 30일까지가 좋다고 했다. 조선약주, 막걸리, 정종 모두 가능하고 술을 데우는 이유로 독소가 발산하고 향기가 더해진다는 이유를 들고 있다. 술을 데울 때는 구리쇠 그릇이 가장 좋으며 따뜻함의 정도는 사람의 체온만큼이 좋다고 했다.

술을 따뜻하게 마시는 것을 일본 문화로 알고 있지만 기록에서 보듯 우리도 술을 따뜻하게 데워 마셨다. 더운 여름에는 시원하게 마시더라도 겨울에는 우리 술을 데워 마셔 보는 건 어떨까? 열에 의해 알코올은 조금 날아갈지 모르지만, 잔에는 온갖 기분 좋은 향이 배어 입안을 맴돌 것이다. 따뜻한 술은 차가운 술보다 더 깊은 향을 내며 겨울에 냉한 몸과 마음을 녹여줄 것이다.

전통주에도
역사는
흐른다

오래전부터 진리라고 믿었던 내용이 잘못된 사실이라는 것을 알게 되면 허무할 때가 있다. 대대로 지내오던 풍습이나 풍속이 실제 역사는 얼마 되지 않았거나 오랜 역사를 가진 음식이 실제로는 짧은 역사를 가진 경우 등 주변에서 어렵지 않게 찾아볼 수 있다. 잘못 알려진 상식 중 하나로 차례상 규칙을 들 수 있다. 어동육서(魚東肉西, 생선은 동쪽 고기는 서쪽), 두동미서(頭東尾西, 생선 머리는 동쪽, 꼬리는 서쪽), 좌포우혜(左脯右醯, 육포는 왼쪽 식혜는 오른쪽), 조율이시(棗栗梨柹, 왼쪽부터 대추, 밤, 배, 감), 홍동백서(紅東白西, 붉은 것은 동쪽 흰 것은 서쪽) 등[1] 유교 전통으로 알려진 이 규칙은 유교 경전이나 어느 예법서에도 등장하지 않는 현대의 산물이다. 《국조오례의》, 《주자가례》 등의 예법 서적에서는 이에 대해 한 글자도 찾아볼 수가 없다.[2] 굳이 출처를 따지자면 1960년대 이후 정부에서 만든 〈가정의례준칙〉에서 볼 수 있다.

이 준칙은 지방의 여러 종갓집에서 차리는 제사상을 토대로 종합하여 만든 것으로 알려져 있다. 정작 조선 시대에 차례상은 매우 간소하거나 생략이 많았다고 한다. 차례 자체가 유교와 거리가 먼 풍습이기 때문이다. 차례(茶禮)는 글자 그대로 원래 제사상에 차와 다과를 올리던 풍습이다.[3] 유교가 아닌 불교에서 넘어온 것으로 삼국 시대와 고려 시대를 거쳐 정착되었고 오히려 조선 시대에는 불필요하다는 이유로 제한의 논의도 있었다고 한다.

또한 더운 여름에 자주 먹는 삼계탕도 우리 민족이 오래전부터 먹던 보양식으로 알고 있지만 그렇지 않을 확률이 높다. 조선 시대 복날에 서민들은 개고기를 넣은 개장국(보신탕)을 즐겨 먹었고, 양반들은 개고기 대신 쇠고기를 넣은 육개장을 즐겨 먹었다.[4] 특히 삼계탕의 원형으로 보는 닭백숙은 조선 시대에는 찾아보기 어렵다. 돼지고기나 쇠고기처럼 닭도 구하기 힘들었고 오히려 사냥을 통해 잡을 수 있는 꿩값이 더 저렴했다. 조선 시대 문헌들에서 닭고기를 원료로 한 음식이 자주 언급되지 않는 이유도 어쩌면 19세기까지 닭고기는 값비싼 고기여서일 것이다.[5] 삼계탕은 일제 강점기에 닭이 흔해지면서 생기기 시작했다고 할 수 있다. 1921년 《조선요리제법》에는 처음으로 닭국 요리가 등장하고 1924년 《조선무쌍신식요리제법》에는 닭국과 연계백숙(軟鷄白熟) 조리법이 동시에 언급되어 있다.[6] 이후 1940년대 후반에 식당에서 백숙을 파는 경우가 늘었고, 1950년대 전후로 계삼탕이라는 별

여름 보양식의 대표 삼계탕.

개의 요리로 정착되었다. 처음에는 인삼 가루를 사용하였으나 1960년대 이후 냉장고의 보급으로 인삼의 장기 보존이 가능해지면서 인삼을 넣게 되었다. 삼계탕으로 이름이 바뀐 것은 1960년대 즈음이었다. 이후 개장국을 밀어내고 복날 음식의 중심이 되는 요리가 되었다.[7] 삼계탕 이전에 계삼탕이라 한 것은 삼보다 닭이 더 중요하다는 의미로 예전에는 닭이 몸에 좋다고 여겼음을 알 수 있다. 그와 반대로 삼계탕은 닭보다 삼이 더 중요하다는 의미로 받아들였다. 산삼이나 인삼을 몸에 좋은 음식으로 손꼽는 것을 보면 왜 삼계탕이라 하는지 알 수 있다. 오래전부터 먹어 왔고 고조리서에 있을 듯한 삼계탕의 역사가 짧다는 것을 아는 사람도 많지 않다. 차례상 규칙이나 삼계탕처럼 잘못 알고 있는 역사 지식이 주변에 많을 수 있다.

전통주의 정의

그렇다면 책에서 자주 언급한 '전통주'라는 단어는 어디서부터 시작되었고 얼마나 오래된 것일까? 우선 전통주라는 단어의 현대적인 해석부터 알아볼 필요가 있다. 몇 십 년 전만 해도 우리가 아는 술의 대부분은 맥주, 소주(희석식), 막걸리가 전부였다. 지금은 경제 성장과 함께 다양한 주류를 마시고 경험하는 세상에 살고 있다. 이렇게 다양한 주류를 소비자에게 쉽게 알리고자 술도 분류를 하기 시작했다. 가장 보편적인 분류로는 제조 방법에 따라 발효주, 증류주, 혼성주로 구분한 것이다.[8]

반면 조금 더 복잡하지만 술에 관심이 있는 사람이라면 주세법의 분류 체계를 사용하기도 한다. 주세법에서 주류의 종류는 크게 발효주류, 증류주류, 기타 주류(주정 제외)로 나눈다. 그중에서 발효주류는 탁주, 약주, 청주, 맥주, 과실주로 분류가 되고, 증류주류는 소주, 위스키, 브랜디, 일반증류주, 리큐르로 나뉜다. 총 열한 가지 술로 구분을 할 수 있다.[9] 이런 주류의 종류가 아니면서도 익숙한 분류 단어가 바로 전통주다. 현재는 주세법상에 전통주에 속하는 경우를 세 가지로 분류해 놓았다. 이를 간략히 정리하면 다음과 같다.[10]

　가. 〈문화재보호법〉에 의해 중요무형문화재 보유자 주류(무형문화재 술)

　나. 〈식품산업진흥법〉에 따라 주류부문의 식품명인이 제조하는 주류(식품명인 술)

　다. 〈농업·농촌 및 식품산업 기본법〉에 따라 농업인 또는 농업경영체에서 지역의 농산물을 이용해서 제조한 주류(지역특산주)

※자세한 내용은 국가법령정보센터(http://www.law.go.kr) 주세법을 참고하면 된다.

　전통주 면허를 받으면 다른 장점도 많지만 대표적으로 주세 감면과 온라인 판매 혜택이 있다. 전통주에 속하면 일정 용량에 대해 주세를 50퍼센트 감면 받을 수 있다. 또한 온라인을 통해 전통주를 주문할 수 있는 것도 혜택이 된다. 이러한 혜택이 생긴 이유를 보면 씁쓸한 마음이 들기도 한다. 전통주는 기본적으로 수입 농산물보다 비싼 국산 농산물을 사용해야 한다는 전제가 있다. 결국 이러한 원료의 가격 차를 해결하는 방법으로 혜택을 준 것이다. 특히 대부분의 전통주 업체가 영세하기 때문에 다른 주류와의 경쟁력에서 약하다는 인식으로 주어진 인센티브다.

전통주 단어의 사용

　전통주라는 단어가 우리나라에만 있는지 모르겠으나 그 개념은 우리나라에만 있는 것이 아니다. 몇 백 년 넘게 양조장을 운영하는 독일은 맥주가 프랑스는 포도주가 일본은 사케가 자신들의 전통주일 것이다. 전통주=전통적인 술Traditional liquor의 의미로 우리나라에만 있는 자랑스러운 술이라고 외국인에게 설명한다면 자신들에게 있는 오랜 역사의 술과 비교하게 될 것이다.

소비자들은 전통주라는 단어가 오래전부터 사용되었을 것이라고 생각하지만 이 또한 그리 오래된 단어도 아니다. 술 자체의 제조 방법이 고문헌에 있기 때문에 그 실체는 오래되었지만 전통주라는 단어는 1981년 12월 3일자 《조선일보》에 처음 등장한다(네이버 뉴스라이브러리 기준). 1981년에는 세 번만 언급되었다. 그전까지는 토속주(土俗酒), 민속주(民俗酒)라는 단어가 자주 등장했다.

우리 술의 역사를 보면 일제 강점기를 거치면서 사라진 우리 술 문화가 복원되지 못하고 1980년까지 이어졌다. 하지만 1981년 10월 1일 88 올림픽 개최지로 서울이 선정된 후 정부는 바빠지기 시작했다. 외국에 소개할 우리 술이 없었기 때문이다.[11] 일부 전통 있는 가양주도 면허를 받은 술이 아닌 밀주였다. 심지어 양조장이 많다는 판단으로 1973년부터 양조 신규 제조면허를 불허했다(1998년에 탁주의 신규 제조면허를 발급).[12] 다음 해인 1982년 12월 22일, 문화재위원회(제2분과 7차 회의)에서는 우수한 전통 민속주 제조 기법을 중요무형문화재로 지정하기로 의결한다.[13] 밀주를 단속하던 정부가 집안에서 몰래 빚던 가양주를 음지에서 양지로 끌어내는 시도를 한 것이다. 각 지자체에서는 이러한 변화를 반영해 전통주 개발이 한창이라는 기사도 있을 정도다(QR 면천 두견주복원).

면천두견주복원

1983년 문화재위원회에서 전국에 산재한 전통 민속주 제조 기법과 기능자에 대한 조사를 실시하고 그 중요도에 따라 중요무형문화재로 지정하기로 한 것이다. 1983년 1차 결과로 12개 시도에서 46종(기능자 64명)이 조사되었다.[14] 이후 몇 번의 조사 과정과 관능 평가를 통해 1986년에 '향토술 담그기'라는 문화재 명칭으로 3개의 술(문배주, 면천 두견주, 경주 교동법주)이 국가무형문화재로 지정되고 10종은 시도 지정 무형문화재로 지정하여 전승 보존토록 권고한다.[15] 올림픽을 계기로 집에서 만들어 마셨거나 오랜 역사성을 가진 가양주 중 중요한 술을 양성화하면서 일반 술과 다른 개념으로 '민속주', '향토술'이라는 단어가 사용된 것이다.

1996년까지는 해마다 신문에 열 번 정도 거론되던 전통주라는 단어가 1997년에 39건으로 증가한다. 이 당시 '백세주'가 히트하면서 신문마다 민속주나 향토술이 아닌 '전통주'라는 새로운 표현으로 사용하기 시작하자 사람들은 전통주가 우리의 역사성을 가진 술을 지칭하는 단어로 인식하게 된다. 이후 2009년 우리 술의 품질 고급화, 전통주의 복원, 대표 브랜드 육성을 통한 세계화의 내용을 담아 〈우리 술 산업 경쟁력 강화 방안〉을 발표한다. 이때부터 우리 술의 지원을 위한 법률 작업이 시작되고 2010년 〈전통주 등의 산업진흥에 관한 법률〉이 시행되면서 우리 술을 부르는 이름이 전통주로 법적인 자리를 잡게 된다. 결과적으로 전통주라는 명칭이 법률로써 인정받기 시작한 것은 10년 정도 밖에 되지 않았다.

하지만 전통주라는 단어 중 전통이 가진 모호함은 계속 존재하고 있다. 앞에서도 밝혔지만 사전적 정의는 "어떤 집단이나 공동체에서, 지난 시대에 이미 이루어져 계통을 이루며 전하여 내려오는 사상, 관습, 행동 따위의 양식"(국립국어원《표준국어대사전》)이다.[16] 술이라는 제품의 실체보다는 만드는 방법, 만드는 사람에 초점을 맞춘 것이다. 또한 언제부터 만든 것을 전통 있는 술이라 해야 할지도 모호하다. 이것을 시간상의 개념으로 50년 전, 100년 전 아니면 조선 시대 등으로 오래전이라는 시기가 명확하지 않아 전통주의 정의 역시 정확하지 않은 것이다.

많은 사람의 노력으로 전통주 시장은 확대되고 소비자의 인식에도 큰 변화를 주고 있다. 하지만 더 발전하기 위해서는 전통에 대한 고민을 해야 한다. 우리 술을 표현하고자 한 전통주가 전통이라는 이미지로 인해 우리 술 발전에 도움이 되지 않는 건 아닌지 고민을 하게 된다. 시간이 더 지나기 전에 전통주라는 단어에 대한 토론이 이루어졌으면 한다. 전통주의 정의는 무엇이며 이를 대체할 단어가 있는지, 우리 술의 발전을 위한 방법은 있는지 등의 고민이 필요하다.

명절 때
'정종'을
마신다고?

　명절을 기준으로 약 두 달 전부터 술 빚기 교육기관에서는 명절에 사용할 술 빚기 강의가 개설된다. 제사에 사용할 술을 직접 만들려는 사람들의 관심이 커지기 때문이다. 술을 연구하는 입장에서 대부분 어려워하는 '술 만들기'가 가장 쉬운 일이 되었다. 언제부터인가 명절이 다가오면 제사에 사용할 술을 빚곤 한다. 집에서 쌀을 찌고 누룩을 넣고 물과 약간의 효모를 넣고 나면 술 빚기는 끝난다. 술 빚기도 하나의 기술이라면 이미 그 기술을 충분히 활용할 줄 알기에 개인적으로 더 이상 어려운 일이 아니다.

　하지만 일반인에게 술 빚기는 번거롭고 어려운 작업이다. 제대로 된 교육을 받아 이론과 실제를 알기보다는 집안에서 내려오는 술 빚기를 배운 것이어서 어느 때는 잘 빚고 또 어느 때는 제대로 빚어지지 않기도 했다. 또 명절이 아니어도 제삿날이나 어른의 생신, 집들이 등에 손님을 접대하기 위해 술을 빚는 것은 집안의 큰 행사였다.

설날 서울역의 귀성객(1977, 국가기록원).

우리나라에는 두 번의 큰 명절이 있다. 하나는 설날인 구정(舊正)이고 하나는 추석(秋夕)이다. 오래전부터 큰 명절에 사용한 술이 있었는데 구정에는 도소주(屠蘇酒)를 추석에는 신도주(新稻酒)를 사용했다. 시간이 지나면서 대가족은 소가족이 되고 술을 빚는 것보다 구매하는 게 쉬워지면서 제사나 명절에만 사용되는 특정 제품들이 판매되고 있다. 이런 대중적인 술보다 명절에 마시던 술에 대해 살펴보려고 한다.

지금은 양력(태양력)을 사용하기 때문에 1월 1일이 새해의 시작이지만 1896년까지는 음력 1월 1일이 새해의 시작이었다.[1] 일제 강점기에는 민족 문화와 겨레의 얼을 말살하는 정책으로 음력 설을 사용하지 못하게 했다. 조선의 음력 명절을 모조리 부정하기 위해 근대화라는 명분을 통해 양력으로 쇠는 일본의 명절일을 강요했다. 하지만 오랜 기간 의식 속에 뿌리 내린 음력 1월 1일(구정)을 바꾸기는 쉽지 않았다.[2]

명절에 마시는 술

광복 이후에도 음력 설은 인정되지 않는 분위기였다. 휴일로 지정되지 않았어도 국민들은 여전히 음력 1월 1일을 설로 쇠는 경우가 많았다. 결국 1985년 '민속의 날'이라는 이름으로 음력 설이 공휴일로 제정되었고 이후 1989년 '설날'이라는 명칭으로 명문화된 후 휴일도 3일로 개정되었다. 1998년에는 양력 설을 설이 아닌 1월 1일로 규정하고 하루만 공휴일로 축소했다.[3] 음력 설은 새해의 첫날로 중요한 의미를 가지며 오랜 기간 역사와 함께 이어온 풍습이다. 설날에는 지나간 한 해를 돌아보고 밝아오는 한 해를 향해 새로운 계획을 세우는 의미를 부여했다. 따라서 평소에 먹지 않던 특별한 음식도 준비한다.

대표적인 것이 떡국과 도소주(屠蘇酒)[4]다. 떡국은 흰 가래떡을 썰어서 맑은 장국에 넣고 끓인 음식으로 설날 아침에 조상 제사의 메(밥)를 대신해서 내놓았다. 떡국이 밥을 대신했다면 도소주는 음료를 대신했다. 도소주의 도소는 소(蘇)라는 악귀를 물리친다는 뜻으로, 후한(後漢) 때의 명의인 화타(華陀)가 설날에 마시면 부정한 기(氣)를 피할 수 있다고 하여 만든 술이라고 한다. 적출, 계심, 방풍, 도라지, 대황, 산초, 발계, 오두, 팥을 베주머니에 넣어서 섣달 그믐날 밤 우물 밑바닥에 걸어두었다가 설날에 꺼내어 술 속에 넣고 달인다. 식구 모두가 동쪽을 향해 앉아 어린아이부터 연장자의 순으로 마신다. 찌꺼기는 우물에 넣어두고 해마다 이 우물물을 마

도소주의 재료들(©발효곳간담).

일제 강점기 신문에 나온 정종 광고들(한국역사정보통합시스템).

시면 살아 있는 동안 무병장수한다고 믿었다. 지금은 설에 도소주를 마시는 풍습은 사라졌다. 하지만 비슷한 풍습으로 제사가 끝난 다음 음복이라 하여 제사에 사용한 술이나 음식을 그 자리에서 나누어 먹는다. 이렇게 돌아가신 조상과 음식을 나누어 먹는 것은 훌륭한 조상의 덕을 이어받는다는 믿음 때문이다.

추석도 비슷하다. 예로부터 지금까지 추석(한가위)은 농경 사회였던 한국인에게 중요한 명절이다. 조선 순조 때 학자인 홍석모가 쓴 《동국세시기(東國歲時記)》(1849)에는 8월 한가위의 세시풍속으로 "술집에서는 햅쌀로 술(白酒, 막걸리)을 빚어 팔며 떡집에서는 햅쌀 송편과 무와 호박을 넣은 시루떡을 만든다"고 했다.[5] 가을 추수를 끝내기 전에(조선 시대 추수는 음력 9월) 덜 여문 쌀로 만든 별미 오려송편('오려'는 올벼를 뜻함)과 햅쌀을 이용해 빚은 신도주(新稻酒)[6]를 차례에 사용했다. 이제는 햅쌀을 이용해 신도주를 만들어 차례에 사용하는 집안역시 찾아보기 힘들다.

정종의 등장

이처럼 두 번의 큰 명절에 사용하던 술이 사라지고 그 자리를 차지한 술의 상당수가 일본식 제조 방법을 이용한 술이라는 사실을 아는 사람은 많지 않을 것이다. 얼마 전까지만 해도 구정과 추석에 사용한 술 중 상당수가 정종(正宗)이라는 청주(현재의 주세법상 청주는 일본식 사케를 지칭)였다. 정종은 1840년 일본의 한 양조장에서 처음 만들어진 술이다.[7] 우리나라에서는 1883년, 부산의 이마니시(今西) 양조장이 조선 최초의 일본식 청주 공장을 세우고 정종이라는 청주(사케)를 생산했다.[8] 정종이라는 이름을 상표명으로 사용하는 곳이 많다 보니 보통명사화되어 어느 양조장에서나 사용이 가능했다. 결국 정종이라는 브랜드를 앞세운 술들이 지역마다 등장한 것이다. 서울 만리동의 미모토정종(三巴正宗), 마산의 대전정종(大典正宗)과 정통평정종(井筒平正宗), 부산의 히시정종(菱正宗)과 벤쿄정종(勉强正宗), 대구의 와카마즈정종(ワカマツ正宗), 인천의 표정종(瓢正宗) 등[9] 이외에도 많은 양조장에서 정종을 생산했다.

광복 후에도 청주(사케) 제조장이 적산(敵産)으로 넘어오면서 청주는 지속적으로 생산되었다.[10] 정종이라고 하면 자연스럽게 좋은 술을 뜻하는 단어로 자리 잡았고 고급술로 인식되었다. 이후 명절에 좋은 술을 올린다는 생각에 일본식 정종을 사용한 것이다. 정종이라는 단어를 우리의 맑은 술 또는 약주로 잘못 알고 사용하는 경우라 할 수 있다.

이러한 잘못된 역사를 알고 차례주라는 이름으로 누룩을 사용해 만든 술의 비율이 늘고 있다. 일본식 술인 청주(사케)=정종을 사용하지 않고 우리 술을 사용하려는 것이다. 제사에 어떤 전통주를 사용할지 고민할 필요는 없다. 제사에는 정해진 규칙이 없기 때문에 제사상에 올라가는 술에 대한 규정 역시 어디에도 없다. 조선 시대 왕실의 으뜸가는 행사인 종묘 제례에서도 막걸리와 맑은 술(약주)이 사용되었다. 종묘 제례에서는 모두 세 차례 술을 올리는데, 첫 번째에 올리는 예제(醴齊)에는 하룻밤 익힌 감주(단술)를 사용하며, 두 번째에 올리는 앙제(盎齊)는 술을 여과하지 않고 만든 탁한 술(막걸리)을 올린다. 마지막 종헌(終獻)으로 맑은 술(약주)을 올렸다.[11] 아직도 부산·경남 지방에서는 제사나 차례상에 막걸리를 사용하는 전통이 남아 있다고 한다.

현재 전국에는 800개 정도의 지역 전통주 양조장이 있다. 풀이하면 각 도마다 적어도 100개 이상의 크고 작은 양조장이 있는 것이다. 지역 양조장의 술은 다양하면서도 그 지역 쌀을 사용하기 때문에 좋은 원료의 술을 제사상에 올리는 것이다. 또한 음복이라는 풍습을 통해서도 좋은 술을 마시게 된다. 명절 제사에는 정종 대신 지역에서 생산되는 지역 전통주 사용을 추천한다.

재미있는
근현대의
술 광고

　10년 전만 해도 식당에서 술을 선택하는 기준은 매우 단순했다. 식당에 비치된 술이 선택의 기준이었다. 두세 가지 술 중 하나를 선택하기도 했지만 그런 경우는 아주 드물었다. 오히려 맥주나 소주는 거래하는 업체 한 곳의 술만 취급하는 곳이 많았다. 지금은 맥주나 소주의 경우 3~4개 정도로 선택의 폭이 조금은 넓어졌지만 아직도 부족함이 있다. 이처럼 선택의 폭이 좁은 우리의 술 문화를 어떻게 보아야 할까? 맥주나 와인을 판매하는 식당의 경우 마실 수 있는 술의 종류가 많게는 30~40종에서 적어도 10종이 넘는다. 맥주의 종류가 많기로 유명한 벨기에에서는 100가지의 술을 고를 수 있는 펍pub도 있다고 하니 우리나라의 식당과는 비교할 수 없을 정도의 차이다.

　외국의 편의점이나 대형 할인점도 비슷하다. 시장 조사차 편의점이나 백화점, 대형 할인점의 주류 코너에 가보면 끝을 알 수 없을 정도로 방대한 주류의 종류에 놀란다. 물론 다양한 나라의 술이 포함되어 있지만 아무리 그렇다

해도 그 종류에 눈이 커진다. 이처럼 많은 종류의 술을 판매하는 나라의 매장을 보면서 우리도 이렇게 다양한 술을 마실 수 있으면 좋겠다고 소망한 적이 있다.

아무리 적은 술 브랜드라도 가끔은 술을 선택해야 할 때가 있다. 식당에서 술 주문을 할 때 정확한 브랜드를 말하지 않고 '소주 하나 주세요!'라고 하면 '무슨 소주요?'라는 되물음에 아차 싶을 때가 있다. 어떤 소주를 마실 건지 갑작스러운 질문에 당황하기도 한다. 이때 앞에 놓인 주류 포스터를 보면서 순간 머리를 스치는 광고가 있을 것이다. 포스터가 없어도 머릿속에 소주를 떠올릴 때면 자연스럽게 어디에선가 본 듯한 광고를 무의식적으로 연상하면서 주문을 하게 된다. 광고의 역할이나 효과는 바로 그런 것이다.

현재 대한민국의 술 광고에는 많은 제약이 따른다. 주류 광고 중 '캬~'나 '크~'와 같이 술의 소비를 증가시킬 수 있는 소리를 사용하지 못하며 특정 시간에 술 마시는 모습도 금지되었다.[1] 텔레비전 방송에만 적용됐던 광고 시간 제한(오전 7시~오후 10시)은 적용 범위가 인터넷 멀티미디어 방송 등으로도 확대되었다.[2]

조선의 술집 홍보

규제가 강하지 않았을 때는 술과 관련된 다양한 광고 수단이 있었다. 라디오나 텔레비전은 말할 것도 없고 잡지, 옥외 광고 심지어는 식당의 작은 편의 물품들에도 술 광고를 했다. 이러한 술 광고의 역사는 생각보다 오래되었다. 한국에서는 근대 신문이 발행되는 19세기 말부터 술 광고가 등장한다.[3] 하지만 신문이 아닌 소비자가 체감하는 술 홍보는 더 오래되었다고 할 수 있다. 조선이나 근현대까지 술은 대부분 집에서 만들어 자가 소비하거나 판매를 한다 해도 제품으로 유통 판매하는 게 아니라 술집에서 병으로 판매하는 것이 전부였다. 그러다 보니 먼 거리에서도 술 파는 곳임을 알 수 있도록 술집 위치 홍보가 중요했다. 그중 한양의 술집을 묘사하는 공통적인 특징은 술집의 주등(酒燈)이었다. 한양에서는 깃발보다는 주등으로 술 파는 곳임을 홍보했다.[4] 18세기의 한양은 대궐 안 높은 곳에 올라가 바라보면 술집 주등(酒燈)이 많이 보이는 술의 도시였다는 기록이 있을 정도다. 1743년(영조 10)의 형조 참의 유복명(柳復明)의 상소문에도 '주막 앞에 걸린 등(燈)이 대궐 지척까지 퍼져 있다'고 적혀 있었다(都城酒家, 處處懸燈).[5] 이처럼 당시에는 술을 파는 곳의 홍보를 주등으로 한 것이다. 주막은 문짝에 '주(酒)' 자를 써 붙이거나 창호지를 바른 등을 달아 표시했다. 또 장대에 용수(술이나 장을 거를 때 쓰는 도구)나 갈모(비가 올 때 갓 위에 덮어쓰는 방수용 모자)를 달아 지붕 위로 높이 올려서 멀리서도 주막임을 알아볼 수 있게 했다.[6] 모두 먼 곳에서도 술파는 곳의 위치를 알아볼 수 있게 하는 홍보의 수단이었다.

근대의 술 광고

근대에 와서 신문의 등장과 함께 홍보의 방법도 지면을 통한 광고로 옮겨가기 시작했다. 1898년 11월 17일자 《독립신문》에는 '조일주장(朝日酒場)' 광고가 있다. 이름으로 보아 일본 양조장으로 생각되는데 오래전부터 청주(사케)를 연구하여 이번에 생산 판매한다는 광고다. 19세기 말에는 그림은 사용하지 않고 글로만 된 광고를 했다. 1901년 6월 19일자 《황성신문》에는 점포 '구옥상전'에서 낸 광고가 실렸는데, 맥주가 수입되어 들어 왔다는 내용과 함께 맥주 그림을 광고에 넣어 판매 홍보를 했다(34쪽 참고). 수입품인 맥주를 일반 국민이 접하기는 어려웠겠지만 광고가 계속된 것을 보면 개화한 지식인을 중심으로 소비층이 형성됐다고 볼 수 있다.

1910년 한일합병 후 《매일신보》에는 다양한 맥주 광고가 실리게 된다. 당시 일본으로부터의 맥주 수입량은 40퍼센트가 증가했고[7] 당연히 신문 광고도 많아지게 되었다. 1915년 2월에서 9월에 이르는 기간에 《매일신보》에 게재된 광고를 보면 이미 맥주는 보편화된 것으로 보인다.

당시의 광고를 보면 지금 국내에 들어오고 있는 술에 대한 다양한 표현이 있다. '대일본 최우등 청주'라는 한문 헤드라인 아래 사꾸라(벚나무) 마사무네(정종)라는 일본말이 한글로 쓰여 있다. 이때부터 정종은 일본 술의 대명사처럼 사용되었다. 맥주 광고로 당시 조선인들의 입맛을 잡기 위해 삿포로와 아사히 맥주의 공동 광고도 있었다. 거품이 넘치는 맥주잔의 이미지와 보리 이삭을 잔 왼쪽에 그려 넣은 그래픽이 재미있다. 브랜드 이름 위에 국산이라 표

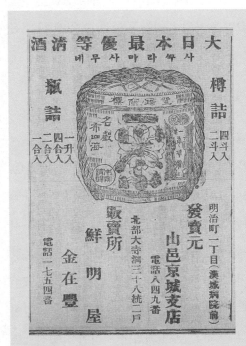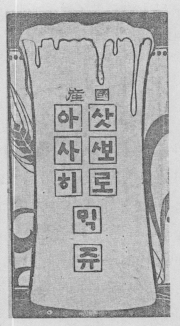

일제강점기 정종과 맥주 광고 사쿠라 정종(1911. 3. 3 《매일신보》, 왼쪽)
삿포로·아사히 맥주(1915. 6. 24 《매일신보》, 오른쪽) (국사편찬위원회).

기된 것은 우리 역사의 슬픔이기
도 하다.

1928년 5~6월 《동아일보》 광
고란에는 다양한 주류 광고가
나타난다. 이 두 달 기간에 《동
아일보》에 게재된 주류는 맥주,
소주, 양주, 와인 등이다. 특히
1920~1930년대의 일본 포도주 '아
카다마(적옥赤玉)'의 포트와인(일본
산토리 생산, 현재는 아카다마 스위트와인

아카다마 포트와인 광고.

으로 출시) 광고가 두드러진다. 재미있는 아카다마 광고가 있다.

"생명의 술이라고, 찬가를 밧는 방순(芳醇, 향기롭고 맛이 좋음) 무비(無比, 비교할
수 없음)한, 아카다마(赤玉)! 비(比)하면 존귀한 홍옥(紅玉)이오, 순연(純然, 순수)한
처녀의 피"[8]

제목은 매우 단순하지만 그 안에 있는 광고 내용은 당시에 사용할 수 있는
좋은 단어들을 사용했으며 술의 붉은색을 처녀의 피로 소개하고 있다. 아카다
마 포트와인은 이와 같은 자극적이고 재미있는 카피와 시각적 표현을 바탕으
로 10년 가까이 지속적인 광고 캠페인을 전개했다.

한국산 주류 광고는 평양의 복희(福囍)주조장의 소주 광고가 있었고, 또한
사리원에서 만드는 희(囍)표 소주 광고도 있었다.[9] 또한 서울에서 판매하는 약
주 광고도 이따금 신문에 게재되었다. 약주 광고 중에 하나는 약주 아세아(亞細
亞)다.[10] '아세아(亞細亞)'는 아시아(Asia)의 음역어로 아마도 약주를 아시아까지

수출하고 싶었던 바람을 이름에 담았던 게 아닌가 싶다. 동아산업합자회사(경성 인사동 일팔팔)에서 생산했으며 약주 광고에는 '특약점을 희망하는 인사에게는 규칙서(계약서)를 보낸다'는 내용도 실려 있다.

현대의 술 광고

현대의 술 광고는 규제의 연속이다. 술 광고 규제를 통해 술 소비를 줄여야 한다는 목소리가 비단 한국의 일만이 아니기에 전 세계적으로 그 방향은 옳은 것으로 보인다. 하지만 대기업과 중소기업 그리고 각 주종별로 처해 있는 상황이 다르다. 획일적인 규제 강화는 영세한 업체와 대기업간의 차이만 벌어질 뿐이지 공정한 경쟁을 유도하지 못한다. 전통주 업체의 상당수가 영세하여 광고를 할 수 있는 수단이 매우 한정적(옥외 간판 광고나 차량 광고 등)이고 그것을 규제하면 전통주 업체의 광고 방법은 전무하다 할 수 있다. 전통주는 일반 주류와 다르게 우리의 역사 속 문화의 일부이기도 하고 보전해야 할 가치가 있다. 그렇기 때문에 전통주 업체들의 술 광고는 획일적이기보다는 상황에 맞게 맞춤형으로 규제를 해야 한다.

전통주에도
좋은 잔을
허하라

〈TV 인생극장〉은 어린 시절 재미있게 보던 방송 프로그램이었다. 당시 인기가 좋았는데 특정 주제로 스토리를 진행하다가 주인공이 선택의 갈림길에 서게 되면 "그래! 결심했어!"라는 대사와 함께 선택한 길을 하나씩 확인하는 내용이다. 대부분 권선징악의 내용으로 도덕적 선택을 하면 나중에 복으로 돌아오고, 부도덕한 선택을 하면 망하는 뻔한 내용이었다. 그럼에도 시청자에게 사랑을 받고 인기를 끌 수 있었던 이유는 가보지 못한 인생의 길을 방송을 통해 가본다는 신선함과 현실에서 경험할 수 없는 부분을 해소해주었기 때문이다.

인생은 선택의 연속이다. 결혼이나 취업처럼 큰 선택도 있지만 식사 메뉴를 고르는 것처럼 사소한 것도 있다. 사소한 선택으로 인생이 크게 바뀌진 않겠지만 순간의 즐거움과 실망을 줄 수는 있다. 술자리에서의 선택도 그럴 것이다. 오늘은 어떤 술집에 가서 어떤 술을 마실까? 또 안주는 무엇으로 고를까

다양한 술잔(오미나라 홈페이지).

등이 그러할 것이다. 술을 마실 때 술잔에 대한 선택적 고민에 빠질 수도 있다. 하지만 우리 일상에서 술과 잔의 매칭은 고정되어 있다. 잔이 없는 경우가 아니라면 소주는 작은 소주잔에 맥주는 맥주잔에 와인은 와인 잔에 마시게 되고 서빙 역시 그렇게 하게 된다. 굳이 학습을 하지 않아도 술집이나 방송을 통해 자연스럽게 학습된 결과다.

술잔마다 모양이 다른 이유

그렇다면 왜 술의 종류마다 술잔의 모양은 다를까? 잔은 술을 마실 때 쓰이는 필수 도구다. 각 주종마다 술을 맛있게 마실 수 있는 과학적 요소가 자연스럽게 반영되어 있다. 어떤 이들은 술의 종류와 잔의 크기가 알코올 도수와 관련이 있다고 한다. 각각의 술마다 한 잔 마실 때 섭취하는 알코올의 양이 비슷하다는 의미다. 가득 채운 위스키 한 잔(35밀리리터, 도수 40퍼센트)에는 순수한 알코올이 14밀리리터, 소주잔(60밀리리터, 도수 20퍼센트)과 맥주잔(225밀리리터, 도수 4.5퍼센트)은 각기 12밀리리터, 10밀리리터의 알코올이 담긴다. 알코올로 환산했을 때 크든 작든 한 잔에 10~14밀리리터의 알코올이 들어가는 것이다.[1] 하지만 이것은 단순히 알코올에 초점을 맞춘 것이고 술을 마시는 이유에는 맛과 향을 즐기는 것이 더 크다. 《향기로운 한식, 우리 술 산책》에는 다음과 같은 에피소드가 있다.

소믈리에를 대상으로 진행한 관능 평가에서 막걸리를 와인 잔과 소주잔에, 와인을 막걸리 잔과 소주잔에, 희석식 소주를 와인 잔에 마시게 하고 맛을 평가했다. 그 결과 막걸리를 소주잔에 마시면 산미가 더 강해지면서 맛이 밍밍하게 느껴졌으며, 막걸리를 와인 잔으로 마시면 향이 더욱 많이 느껴졌다. 반대로 와인을 소주잔에 마시면 아무런 향도 느껴지지 않는다는 결과가 나왔다.

이처럼 같은 술이라도 잔에 따라 맛을 다르게 느낄 수 있는 것이다.[2] 그만큼 술잔의 중요성이 크므로 잔의 선택 역시 매우 중요하다.

다양한 와인 잔은 맛을 다르게 느끼게 한다.

와인 잔과 맥주잔

대표적으로 와인 잔을 살펴보자. 현재와 같은 와인 잔의 모습은 19세기 중반 이후 형성되기 시작했다. 이후 긴 다리와 얇고 섬세한 글라스가 점차적으로 확산된다.[3] 와인은 산도, 당도, 타닌, 알코올 등 향과 맛에 변화를 주는 요소가 많다. 와인 잔의 모양에 따라 맛을 느끼게 하는 요소(산도, 타닌, 알코올의 균형)와 향기의 집중도가 다르게 전달된다. 일반적으로 우리가 가장 많이 접하는 와인 잔은 보르도 레드와인 잔이다. 크기는 조금 큰 편이지만 타닌감을 줄이고 과일과 꽃향이 조화를 이룰 수 있도록 글라스의 경사각이 완만하게 되

맥주의 종류만큼 맥주잔의 종류도 다양하다.

어 있다. 와인이 혀끝부터 입 안쪽으로 흐를 수 있도록 입구 경사각은 작지만 볼은 넓게 만들어져 있다. 부르고뉴 스타일의 레드와인 잔은 보르도 스타일의 잔에 비해 중간의 볼 부분이 더 넓기 때문에 향을 많이 퍼지게 했다가 모아주는 효과가 확실하다. 특히 바디감이 가볍고 섬세한 레드와인이나 향이 진한 화이트와인을 담아 마시기에 좋다.[4]

맥주잔도 와인과 비슷하다. 플루트 형태의 가늘고 긴 모양은 탄산이 빨리 날아가지 않고 거품과 색깔을 잘 보여준다. 또한 긴 모양의 형태는 향을 위로 올리는 작용을 하여 마시는 사람이 향을 잘 느낄 수 있다. 람빅이나 필스너같이 향이 좋은 맥주에 적합하며, 라이트 라거 맥주에도 잘 어울린다. 튤립 잔은 잔 입구가 오목하고 몸통이 넓어 맥주가 잔 안에서 소용돌이쳐 두터운 거품이 생기며, 몸통이 넓어 맥아의 맛을 잘 느끼게 하고 향을 한 데 모아준다.[5] 와인과 맥주뿐만 아니라 위스키나 사케 모두 각각의 전용 잔이 있다. 잔의 다양성은 술을 마시는 방법의 다양성을 의미하기도 하고 그 자체가 하나의 스토리텔링이 된다.

전통주 전용 잔

그렇다면 전통주를 마시는 전용 잔은 무엇일까? 막걸리는 '벌컥벌컥 들이켜야 된다'는 통념을 고려해 많은 양을 마실 수 있는 잔을 선호했다. 업소마다 가볍고 깨지지 않는 누런 양은 잔(330밀리리터)을 주로 사용했다. 이후 크기는 조금 작아졌지만, 플라스틱으로 만든 잔(130밀리리터)도 사용했다. 최근에는 프리미엄 막걸리가 많아지면서 작은 도자기 잔(70밀리리터)도 많이 사용한다. 하지만 이러한 잔이 프리미엄 막걸리의 맛과 향을 잘 느끼게 하는지에 대해서는 의문이 든다. 약주 잔도 그동안 이렇다 할 변화가 없었다. 일반적으로 작은 용량의 낮고 입구가 넓은 유리로 만들어진 잔이 대부분이었다. 반면 최근에 출

막걸리 잔의 변화, 왼쪽부터 양은 잔, 플라스틱 잔, 도자기 잔.

시된 프리미엄 약주들은 이런 잔에 마시면 향을 제대로 느끼기 어렵다.

오히려 와인 잔처럼 향기를 충분히 확산시키거나 모아주는 잔에 마셔야 약주에서 만들어진 향과 맛을 제대로 느낄 수 있다. 증류식 소주도 희석식 소주처럼 한입에 마시는 작은 잔이 아닌 향기와 맛을 즐길 수 있는 잔의 보급이 필요하다. 이제 우리 술도 향과 맛을 즐길 수 있는 고급화된 술이 많다. 그러므로 프리미엄 전통주의 향과 맛을 느낄 수 있는 전용 잔이 필요하다. 전통주 잔의 형태와 역할에 대해 다시 고민해야 한다. 어떤 잔을 선택하느냐에 따라 술의 향과 맛이 바뀌고 그로 인해 술을 마시는 새로운 즐거움을 느낄 수 있다. 이제 전통주도 향과 맛을 제대로 느낄 수 있는 전용 잔을 만들어 볼 때다.

하이볼보다
맛있는
전통주 칵테일

어릴 적 내 방 벽에는 영화 〈칵테일〉의 포스터가 있었다. 영화는 보지 않았지만 〈탑건Top Gun〉에 나온 배우 톰 크루즈Tom Cruise, Thomas Cruise Mapother IV 의 영화여서 어디선가 구해 붙이게 되었다. 나중에 영화를 보고 내용을 알게 되었다. 그때는 칵테일이 무엇인지도 모르면서 멋있다는 이유로 포스터를 붙였을 것이다. 새 영화가 나올 때마다 포스터는 여러 번 교체되었고 〈가을의 전설〉 포스터로 마무리 되었다. 〈칵테일〉의 포스터는 시간이 흐른 후에도 칵테일바나 술집의 벽면에서 발견하곤 했다. 영화의 내용은 어렴풋하지만 이제는 칵테일이 무엇인지 아는 나이가 된 지 오래다.

칵테일은 여러 종류의 술을 섞거나 섞은 술에 설탕, 향료 등을 혼합하여 만든 혼합주mixed drink의 한 종류다. 국립국어원《표준국어대사전》에는 "위스키, 브랜디, 진 따위의 독한 양주를 적당히 섞은 후 감미료나 방향료(芳香料), 과즙 따위를 얼음과 함께 혼합한 술"이라 정의되어 있다.[1]

외국의 칵테일

현재 우리나라에서 가장 유명한 칵테일은 모히토일 것이다. 술에 대해 잘 모르는 누군가는 몰디브라고 할지도 모른다. "난 모히토 가서 몰디브 한잔 하려니까"라는 영화 〈내부자들〉의 대사는 오랫동안 잊히지 않는다. 모히토는 《노인과 바다》의 작가인 헤밍웨이가 좋아한 칵테일로도 잘 알려진 술이다.[2] 화이트 럼, 라임 주스, 민트 잎, 설탕, 소다수를 섞어 만드는 모히토는 풍미가 그윽하다. 개인의 취향에 따라 재료를 추가할 수 있고, 혼합 비율도 조절할 수 있어서 다양한 맛을 즐길 수 있는 칵테일이다.

마티니 역시 모히토 만큼 유명한 칵테일이다. 진과 베르무트, 올리브만을 넣으면 완성되는 단순한 칵테일이다. 영화에도 많이 등장하지만, 〈007〉 시리즈의 제임스 본드가 마시는 마티니가 가장 유명하다. 재료가 진이 아닌 보드카라는 점이 특이한데 섞는 방법도 특별하다. 영화에서는 "보드카 마티니, 젓지 말고 흔들어서"라는 대사로 레시피가 소개됐다.[3]

알코올 도수가 낮은 칵테일은 술과 여러 종류의 음료, 첨가물 등을 섞어 마시기 쉽게 만든 혼합주다. 최근 전 세계적으로 저도주가 인기다. 우리나라도 예외는 아니다. '홈술', '홈파티'용 칵테일을 만들어 마시는 사람도 늘고 있다. 진토닉Gin & Tonic도 그중 하나다.[4] 진gin은 노간주 열매(주니퍼 베리)가 재료인 증류주다. 여기에 토닉워터를 첨가하고 레몬을 올리면 완성된다. 레시피가 간단하고 더운 여름에 마시면 더없이 시원하다.

일본은 칵테일 소비가 많은 나라다. 대중적인 제품도 다양하게 출시돼 있고 그중 하이볼이 대표적이다. 하이볼은 증류주와 탄산음료(토닉워터, 사이다, 진저에일 등)를 섞어 만든 알코올 음료의 통칭이다. 일본의 위스키 양조 역사는 100년 정도지만, 경기 불황과 젊은 층의 술 기피 현상으로 위스키 판매는 지속적으로 감소했다. 당연히 재고가 많았고, 타개책으로 시장에 등장한 것이 하

이볼이다. 위스키에 탄산수를 넣어 알코올 도수를 8도로 낮춘 제품이 대박난 것이다.[5] 츄하이 (チューハイ, 일본 소주에 탄산수나 과일 음료를 섞은 것)도 인기를 끌며 와인 시장을 잠식하기까지 했다.[6] 이런 제품들은 칵테일을 일상에서 쉽게 즐기는 술로 인식하도록 했다.

집에서 만든 하이볼.

한국식 칵테일과 대유행

한국식 칵테일은 없을까? 칵테일인지에 대한 다른 의견도 있을 수 있지만 대표적으로 소주와 맥주를 섞은 소맥이 있다. 1990년대 초엔 레몬, 수박, 오이 등 다양한 재료를 넣은 소주 칵테일도 유행했고 제품으로도 출시했었다. 그러다가 언제 마셨나 싶을 정도로 순식간에 사라졌다. 몇 년 전부터 다시 자몽, 청포도 등 과일을 섞어 만든 과일 소주가 유행했다. 유행은 돌고 도는 모양이다. 전통주도 빠질 수 없다. 소주 한 병과 백세주 한 병을 섞어 만든 오십세주는 많은 사람이 알고 있을 것이다.

최근에는 전 세계적으로 칵테일 형태의 술이 유행하고 있다. 하드셀처Hard Seltzer도 그중 하나다. 하드셀처는 RTDReady to drink 주류의 한 종류로 탄산수를 의미하는 셀처에 술을 의미하는 하드를 붙여서 만든 가벼운 RTD류를 일컫는다. 미국에서 이미 유행하고 있는 주류 카테고리로 알코올과 탄산에 과일향을 첨가했으나 저칼로리라는 점이 특징이다.[7] 기존의 RTD 주류가 단맛을 강조하기 위해 당분이 많이 포함됐던 것과는 달리 비교적 건강한 느낌을 주기 위해 유기농 원료나 비타민, 항산화 성분을 포함하기도 한다. 국내 업계 역시 건강, 다이어트 트렌드에 발맞춰 하드셀처 제품을 출시 중이다.

이처럼 전 세계적으로 칵테일이 유행하는 것은 코로나19 팬데믹 이후 젊은 층을 중심으로 추구하는 건강한 주류 문화가 자리 잡은 여파다. 우리나라도 이러한 영향을 서서히 받아들이고 있다. 다양한 칵테일 형태의 술들이 만들어지고 젊은 층에게 소비되고 있다. 하지만 이러한 술들이 증가할수록 전통주는 경쟁의 어려움을 겪고 있다. 자본이 큰 업체들이 만드는 칵테일 제품에 전통주들은 신제품으로 대응하기 힘들기 때문이다. 그렇기 때문에 젊은 층이 좋아할 전통주 홈 칵테일 레시피가 많아지고 적극 공유해야 한다. 전통주 행사에서 웰컴 드링크 서비스로 전통주 칵테일을 선보이면 참석자들의 반응은 늘 뜨거웠다. 하지만 모히토나 마티니처럼 독창적이면서도 대중화된 전통주 칵테일은 아직 없다. 쉽게 만들 수 있는 전통주 칵테일 레시피를 젊은 세대에 알려 주어야 한다. 코로나19가 끝난다고 해도 소비자들의 생활 패턴이나 소비 패턴은 크게 변하지 않을 것이다. 홈술족이 증가하고 편하게 마시는 술을 즐길 것이다. 지금이야말로 전통주 칵테일 제조에 도전해볼 만한 기회다.

[참고 10]

전통주 칵테일

풋사랑

기술: 흔들기(Shaking)
잔: 칵테일 잔
장식: 슬라이스 사과
재료: 안동 소주, 35도—1oz
　　　트리플 섹(리큐어, Triple Sec)—1/3oz
　　　애플퍼커(리큐어, Apple Pucker)—1oz
　　　라임주스—1/3oz

제조법

1. 칵테일글라스에 큐브드 아이스를 2~3개 넣고 잔을 차갑게 한다.

2. 셰이커에 큐브드 아이스를 4~5개 넣은 후 위의 재료를 차례로 넣고 잘 흔든다.

3. 칵테일글라스에 있는 큐브드 아이스를 비운다.

4. 셰이커에 있는 얼음을 걸러내고 칵테일글라스에 내용물만 따른다.

5. 슬라이스 사과로 장식한다.

하얀연꽃

기술: 머들링(Muddling) 흔들기(Shaking)
잔: 칵테일 잔
재료: 꿀생강차—1/2oz
　　　갈아만든배(해태)—1oz
　　　생쌀막걸리(하얀연꽃)—2oz

제조법

1. 칵테일글라스에 큐브드 아이스를 넣어 차갑게 만든다.

2. 바스푼으로 꿀생강차 1/2oz를 따른다.

3. 갈아만든배 1oz와 꿀생강차를 넣고 목재머들러로 으깨준다.

4. 으깬 재료를 고운채로 걸러준다.

5. 750밀리리터 용량의 세이커에 큐브드 아이스를 6~7개 정도 넣는다.

6. 막걸리와 고운채로 거른 위의 재료들을 세이커에 넣고 6~7회 셰이킹 후 칵테일글라스에 따른다.

힐링

기술: 흔들기(Shaking)
잔: 칵테일 잔
장식: 레몬 껍질 비틀기
재료: 감홍로, 40도 – 1½oz
　　　베네딕틴(리큐어, Benedictine D.O.M)–1/3oz
　　　크림드 카시스(리큐어, Creme de Cassis)–1/3oz
　　　스위트 앤 사워믹스(Sweet & Sour mix)–1oz

제조법

1. 칵테일글라스에 큐브드 아이스를 2~3개 넣고 잔을 차갑게 한다.

2. 세이커에 큐브드 아이스를 4~5개 넣은 후 위의 재료를 차례로 넣고 잘 흔든다.

3. 칵테일글라스에 있는 큐브드 아이스를 비운다.

4. 세이커에 있는 얼음을 걸러내고 칵테일글라스에 내용물만 따른다.

5. 레몬껍질을 비틀어서 장식한다.

* 다양한 전통주 칵테일 레시피는 '전통주 칵테일' 참조.
https://lib.rda.go.kr/search/mediaView.do?mets_no=00000001

전통주 메모

더술닷컴

농림축산식품부에서 지원하여 한국의 전통주에 대한 다양한 정보를 제공하는 전통주 포털 사이트

https://www.thesool.com/

찾아가는양조장

농림축산식품부와 한국농수산식품유통공사에서 지역의 우수 양조장을 선정하여 제조에서 관광·체험까지 경험할 수 있도록 지원하는 사업. 2022년까지 50곳 선정

https://www.thesool.com/front/visitingBrewery/M000000072/mapList.do

전통주갤러리

전통주의 맛과 멋, 문화적 가치를 널리 알리고자 농림축산식품부와 한국농수산식품유통공사가 설립한 전통주 소통 공간

주소: 서울특별시 종로구 북촌로 18 1층

https://thesool.com/front/contents/M000000074/view.doi

우리술품평회

농림축산식품부와 한국농수산식품유통공사에서 우리 술의 품질향상과 경쟁력 강화를 위해 매년 우수 제품을 선정하여 시상하는 국가 공인 주류 품평회

https://www.thesool.com/front/publication/M000000090/list.do

우리술대축제

우리 술의 가치와 우수성을 알리는 국내 최대의 전통주 행사. 전국의 다양한 우리 술을 한 자리에서 만날 수 있으며, 매년 다채로운 소비자 체험 프로그램 운영

https://www.thesool.com/front/publication/M000000097/list.do

우리술교육기관

우리 술 전문인력 양성기관: 우리 술 산업을 선도해 나갈 전문인력을 체계적으로 양성(6개월 이상) 하기 위한 곳

우리 술 교육훈련기관: 우리 술 산업 저변 확대와 건전한 술문화 조성을 위한 교육 훈련(6개월 미만)을 하기 위한 곳

https://blog.naver.com/the_sool?222086590404

전통주식품명인

농림축산식품부장관이 전통식품의 계승·발전과 가공기능인의 명예를 위하여 지정하여 보호·육성하는 제도로 현재(2022년) 전통주에는 25명의 식품명인이 있음

https://blog.naver.com/the_sool/222083627604

전통주무형문화재

여러 세대에 걸쳐 전승되어 온 무형의 문화적 유산 중 전통주로는 국가 3명, 지역 31명이 무형문화재가 있음

https://blog.naver.com/the_sool/222082482756

ㄱ

가양주(家釀酒) 집에서 빚어 마시는 술. 1916년 일제가 주세령을 공포하면서 집에서 술을 빚는 것이 어려워졌다. 이후 집에서 빚어 마시는 술은 밀주라 하여 탄압을 받다가 1995년 가양주 빚기가 허가되면서 이때부터 다시 집에서 술 빚기가 가능해졌다.

고두밥 쌀알이 꼬들꼬들하게 지은 된밥. 고두밥을 만들기 위해서는 쌀을 잘 씻어 하룻밤 정도 충분히 불려야 하며, 1~2시간 물기를 빼고 찜통이나 시루에서 증기로 쪄낸다. 전분에 열을 가하면 단단한 쌀의 구조가 느슨하게 되어 전분을 당분으로 만드는 당화 효소에 잘 반응한다.

고려사(高麗史) 조선 시대 세종의 명으로 정인지, 김종서 등이 편찬한 고려에 관한 역사책. 문종 원년(1451)에 완성되었고 현재 보물 제2115-4호로 지정되어 있다.

고조리서 음식의 재료명을 비롯하여 음식을 만드는 요령과 그 음식의 특징을 종합적으로 기술한 옛 문헌으로 일반적으로 음식과 함께 술제조법이 실린 경우가 많다.

곡량도 1925년 이전 권업모범장을 통해 도입된 대표적인 벼종자 개량 품종(조신력(早神力), 은방주(銀坊主), 곡량도(穀良都), 애국(愛國) 등) 중 하나. 일제 강점기 일본 품종을 도입하여 조선의 기후와 토질에 맞는 품종으로 개량해 농촌에 보급했다.

과하주(過夏酒) '여름에 빚어 마시는 술' 또는 '여름이 지나도록 맛이 변하지 않는 술'이라는 뜻. 일반적으로 습기가 많고 온도가 높은 여름에 술의 산패를 방지하기 위해 약주에 소주를 부어 알코올 도수를 높여 저장성을 높인 술이다.

관능 검사 인간의 오감으로 식품, 화장품, 공산품의 특성을 선별하는 시험 방법. 인간의 감각을 이용하여 품질 특성을 평가하며 기준에 맞추어 판정하는 검사다. 일반적으로는 식품에서 보급 가치, 상품성, 수용성 등을 판정하는 데 이용되며 주로 다수의 판정인이 모여 식품의 맛을 평가하고 판정한다.

군칠이집 세조의 선위사인 홍일동의 집터로 알려져 있으며 술과 안주가 맛있다고 알려진 술집이었다. 성종의 총애를 받던 홍일동의 딸 숙의홍씨에게 견성군, 양원군 등 왕자가 일곱이 있었으므로 군칠(君七)이집이라는 이름을 얻었다.

권업모범장 1906년(광무 10) 일제가 한국의 농축산 기술 향상과 종자 개량을 목적으로 설치한 관청이다. 근대적인 농법을 전파한다는 명분을 내세웠으나 일제의 농업 정책을 수행하는 기관으로 기능했다.

금주령(禁酒令) 술을 제조·판매하는 것을 금지하는 법이다. 알코올은 건강을 망치는 중독성 마약 물질로 보았다. 무엇보다 식량을 낭비한다고 생각하여 술 만들기를 금했다. 우리나라에서의 금주 관련 기록은 《삼국사기(三國史記)》, 《고려사(高麗史)》 등에 있으며 조선 개국 이후에는 흉작으로 인해 금주령을 내렸고 정치적인 문제 등으로 여러 번에 걸쳐 빈번히 시행되었다.

그래인 곡물. 사람이 먹기 위하여 밭이나 논에서 키우는 쌀, 보리, 콩, 수수 등을 지칭한다.

공간전개형 일본의 문화인류학자 이시게 나오미치가 나눈 세계 각 지역의 공동체에서 여러 명이 함께 식사할 때의 상차림 방식 중 하나다. 주문한 모든 음식을 한꺼번에 내오는 방식으로 한식 음식점의 서비스 방식이 가장 대표적이다.

괴즈 향을 낸 곡류 베이스의 유산 발효 맥주로 새콤하며 과일 향이 좋다. 벨기에에서 생산되는 괴즈 맥주는 갓 제조하여 신맛이 두드러지는 람빅맥주Lambic와 오래 숙성시켜 단맛이 있는 람빅을 배합하여 만든다. 이렇게 블렌딩한 맥주를 병입한 뒤 샴페인과 같은 방법으로 1~2년 더 2차 발효를 시킨다.

ㄴ

내외주점(내외술집) 조선 후기부터 생기기 시작한 것으로 보이며 처음에는 생활이 궁핍한 여염집 여인이 손님과 대면하지 않고 술상만 차려서 내주는 방식으로 영업을 했다고 한다. 얼굴을 내놓지 않고 중문만 열어 술상을 든 두 팔뚝을 뻗쳐 술을 판다고 하여 '팔뚝집'이라고도 한다.

내의원(內醫院) 조선 시대 궁중의 의약을 맡은 관청. 내국(內局), 내약방(內藥房), 약원(藥院)

등으로 불리었다.

누룩 술을 만드는 데 필요한 효소를 생산하는 곰팡이와 알코올 발효에 필요한 효모를 곡류에 번식시켜 만든 당화제이자 발효제. 분쇄한 밀이나 쌀, 밀기울 등을 반죽하여 모양을 만들고 적당한 온도에서 발효시켜 만든다. 누룩에는 다양한 곰팡이와 효모, 미생물이 번식하며 이로 인해 복잡한 맛을 만들 수 있다.

ㄷ

단양주 술의 제조 방법 중 제조 시 쌀을 추가하는 형태로 만들지 않고 한 번만 원료(쌀, 누룩, 물)를 사용해서 빚은 술. 단양주에다 원료를 추가로 한번 더 넣으면 이양주가 된다.

당화(糖化) 녹말이나 다당류가 전분 분해 효소 작용으로 분해되어 단당류나 이당류를 생성하는 현상. 이렇게 생성된 단당류나 이당류를 효모가 이용해서 발효가 진행된다.

덧술 덧술은 술의 품질을 높이기 위해 앞에 만들어진 술(밑술)에 추가로 원료를 혼합해 주는 과정이다. 곡물과 누룩을 물과 혼합하여 한번 술을 담근 후 걸러서 마시는 것을 '단양주'라 하고, 단양주에 곡물, 물 ,누룩을 혼합한 것을 한 번 더 넣어 담글 경우 단양주를 '밑술'이라 하며 추가로 넣은 원료는 '덧술'이라 한다. 주세법에서는 주류의 원료가 되는 재료를 발효시킬 수 있는 수단을 재료에 사용한 때부터 주류를 제성(製成: 조제하여 만듦)하거나 증류(蒸溜)하기 직전까지의 상태에 있는 재료를 말한다.

두견주 두견화인 진달래 꽃잎을 섞어 담근 향기 나는 술을 두련주라 한다. 술의 색은 연한 황갈색이고 단맛이 나며 점성이 있는데 신맛과 누룩 냄새가 거의 없고 진달래 향기가 일품이다. 알코올 도수는 18도로 현재 두견주는 국가무형문화재 제86-2호인데 개인이 아닌 면천두견주보존회가 국가무형문화재로 지정되어 있다.

대령숙수 조선 시대 남자 전문조리사이다. 궁중의 잔치인 진연이나 진찬 때는 대령숙수들이 음식을 만든다. 대령숙수는 세습에 의해 대대로 그 기술을 전수했고, 궁 밖에 살면서 궁중의 잔치 때 궁에 들어와 음식을 만들었다.

테루아르 원래는 토양을 의미하는 프랑스어지만 와인에서의 테루아르는 와인으로 만들 포도를 재배하는데 영향을 끼치는 모든 요소를 통틀어 일컫는 말이다.

리큐르(리큐어) 증류주나 주정에 당분을 넣고 과실이나 꽃, 식물의 잎이나 뿌리 등을 넣어 맛과 향기를 더한 술을 뜻한다. 일반적으로 주세법에서는 증류주의 알코올을 다 휘발시키고 남는 잔여물이 처음 전체 무게의 2퍼센트 남아 있는 술을 말한다.

라거 하면(下面)발효 방식으로 제조한 맥주를 말하며 발효 중 아래로 가라앉게 되는 하면 효모(이스트)를 사용해 9~15도의 저온에서 발효시켜 만든 맥주다. 독일어로 라거는 낮은 온도에서 맥주를 저장함을 뜻한다.

람빅 천연 효모에 의한 자연 발효 방식으로 생산되는 벨기에 맥주의 한 종류이다. 드라이하고 강렬한 신맛과 상큼함, 그리고 균류 특유의 쿰쿰하고 텁텁한 질감으로 뒷맛은 시다.

막걸리 맑은 술인 청주(淸酒)에 상대되는 개념인 흐린 술 탁주(濁酒)의 한글 명칭이다. 쌀이나 밀에 누룩을 첨가하여 발효시켜 만든다. 쌀막걸리의 경우 쌀을 깨끗이 씻어 고두밥을 지어 식힌 후, 누룩과 물을 넣고 수일 동안 발효시켜 체에 거르는 과정을 통해 만들어진다. 막걸리라는 이름은 '지금 막(금방) 거른 술'이라는 뜻과 '마구(박하게) 거른 술'이라는 두 가지 설이 있다.

막사이사이 1980년대 대학가에서 많이 마시던 술 형태로 막걸리에 사이다를 섞어 마시는 방식이다. 은어로 사용되었다.

맥아(麥芽) 보리를 발아시켜 싹을 틔운 뒤 말린 것으로 맥주 양조의 재료로 사용. 맥아에는 녹말 성분이 함유되어 있어 물에 담가두면 효소(아밀라아제 작용)에 의해 녹말이 분해되어 덱스트린과 엿당으로 변화해 맥주를 만드는 원료로 사용이 가능하다. 비슷한 것으로 엿기름이 있다.

목로주점 선술집에서 술을 팔 때 술잔을 놓기 위해 설치한 널빤지로 좁고 기다랗게 만든 상을 목로(목로木爐)라 한다. 목로에 서서 먹는다 하여 목로주점 혹은 선술집이라 한다.

매싱 맥주 제조에서 몰트와 물의 혼합물을 가열하여 맥아즙을 만드는 공정이다. 몰트 이외에 다른 곡물을 쓰는 경우에는 곡물을 이 과정에서 첨가한다. 주목적은 몰트와 곡물의 녹말을 당(특히 말토스)으로 분해하기 위한 것이다.

몰트위스키 맥아를 주 원료로 생산한 위스키를 지칭한다. 몰트 위스키 중에서 위스키 원액 생산이 단일한 증류소에서만 이루어졌으면 싱글 몰트 위스키Single malt whisky라고 한다. 몰트 위스키와 달리 호밀, 밀, 옥수수 등 다양한 곡물이 혼합된 원료로 생산한 위스키는 그래인 위스키Grain whisky로 구분한다.

미림 요리에 사용하는 맛술의 일종이다. 단맛이 강해 당분 함량이 40~50퍼센트에 이를 정도로 달다. 우리나라에서는 직접 마시기보다는 대체로 요리에 사용하는 '맛술'이다. 소주, 쌀, 누룩을 섞어 발효 및 숙성시키고 여과해서 단맛이 있는 술이다.

밑술 술을 빚을 때 덧술을 첨가하기 전 단계의 술. 쌀을 다양한 형태로 전처리(범벅, 죽, 백설기 등)한 후 누룩을 섞어 적절한 온도에 보관하면 밑술이 만들어진다. 주세법에서는 효모를 배양·증식한 것으로 당분이 포함되어 있는 물질을 알코올 발효시킬 수 있는 재료를 말한다. 밑술에 원료를 추가하는 것을 '덧술'이라 한다.

ㅂ

발효(醱酵) 효모나 세균 등의 미생물이 유기 화합물을 분해하여 알코올류, 유기산류, 이산화탄소 따위를 생성하는 작용. 술, 된장, 간장, 치즈 따위를 만드는 데에 이용되며 술을 만들 때는 알코올 발효가 이용된다. 일반적으로 산소가 없을 때 효모가 당을 섭취해서 알코올과 이산화탄소 등을 만드는 과정이다.

백국균 빛깔이 흰 곰팡이다. 검정색을 가진 곰팡이인 흑국균의 변종으로 산생성능력이 우수한 균으로 초기잡균 번식 억제에 유용한 균이다. 우리나라에서는 입국을 만들 때 많이 사용한다.

병술집 병술을 파는 술집. 바침술집이라 하며 술을 소매하는 집이다. 장국밥집에서는 술을 팔지 않으므로 손님이 술 생각이 날 때 중노비에게 돈을 주어 근처 병주가에서 사다 마셨다. 문간에 술병을 그려 붙이고 중간에 '바침술집'이라고 해놓았다.

백주 백주(白酒, 바이주)는 소주(燒酒, 사오주), 노백간(老白干, 라오바이간) 등으로 불리는 중국 전통 증류주의 일종이다. 전분 혹은 당분을 갖는 곡물로 밑술을 빚거나 발효하여 이를 증류하여 얻은 술의 총칭이다. 고량(高粱, 수수)주는 본래 백주의 한 종류를 가리키지만 한국에서는 모든 백주를 통칭하는 명칭으로 사용된다.

브랜디(brandy) 발효시킨 과일즙이나 포도주를 증류해서 만든 증류주다. 우리에게 익숙한 브랜디는 프랑스의 포도를 증류한 코냑과 알마냑이 있고 사과를 증류한 노르망디의 칼

바도스가 있다.

ㅅ

사온서 양온서 참고

산가요록 1450년경 조선 세종~세조 때의 왕실 어의 전순의(全循義)가 지은 종합 농서. 최초의 종합 농서이자 조리서다. 도량형에 대해 기록한 우리나라 최초의 문헌이기도 하다. 당시를 대표하는 궁중 식품의 가공과 조리 기술이 기록되었다. 주방(酒方)에 술 방문이 나온다. 술 51종, 누룩 3종, 기타 3종.

삼해주(三亥酒) 음력으로 정월 첫 해일(亥日) 해시(亥時)에 술을 빚기 시작하여 12일 후나 한 달(36일) 간격으로 돌아오는 해일 해시에 모두 세 번에 걸쳐 술을 추가해서 빚는다 하여 삼해주라 한다. 일반적으로 2차 덧술을 하고 3개월간 숙성시켜 마시는 술이다.

상면발효 효모를 이용한 액체의 발효 방법 중 하나로, 발효 중에 발생하는 이산화 탄소의 거품과 함께 액면상에 뜨고 일정 기간을 경과하지 않으면 가라앉지 않는 발효 형태이다. 일반적으로 에일 맥주 생산에서 많이 볼 수 있다.

색주가 조선 1450년(세종 32)에 생성. 색주가는 조선 세종 때 생겨났는데 주로 사신으로 명나라에 가는 벼슬아치들을 수행하는 수행원을 위하여 주색을 베푸는 곳이었다. 홍제원(弘濟院)에 집단으로 색주가가 있었다고 한다. 그러다가 조선 후기는 값비싼 기생집에 가지 못하는 사람들이 주로 이용하는 싸구려 술집으로 변용되었다.

석(石), 섬 부피의 단위로 곡식, 가루, 액체 따위의 부피를 잴 때 쓴다. 한 석은 한 말의 열 배로 약 180리터, 벼는 200kg 해당한다.

소곡주 '누룩을 적게 사용하여 빚는다'는 뜻에서 소곡주(小麯酒)는 소국주(小麴酒)라 하며, 별칭으로 백일주, 앉은뱅이술이라고도 한다. 한산 소곡주(韓山素麯酒)가 유명하며 1979년 충남 무형문화재 제3호로 지정되었다.

소주방 궁궐 안의 음식을 만들던 곳으로 전각에 딸린 작은 주방이다. 이미 만든 음식을 데우거나 가벼운 음식을 즉석에서 마련했고 식기 등을 비치했다가 필요할 때 꺼내 사용하는 정도의 공간이다. 경북궁의 소주방은 내소주방, 외소주방, 생물방으로 구성되어 있다. 내소주방은 대전(왕의 침전)에서 먹을 음식, 외소주방은 궁중 잔치, 생물방은 다과 등 간식을 담당하던 주방이다.

소줏고리 발효주를 증류시켜 소주를 만들 때 쓰는 기구로 아래짝, 위짝 두 부분으로 되어 있으며 전체적인 모양은 숫자 8과 흡사하다. 소줏고리의 위 아래는 모두 뚫려 있다. 소줏고리의 위에는 시원한 물을 담을 수 있는 용기가 있고 잘록한 허리 부분에는 아래쪽으로 경사진 주둥이가 달려 있다. 술이 끓으면서 증발하여 소줏고리 윗부분으로 올라가게 된다. 윗부분으로 올라간 기체가 시원한 물이 담긴 용기에 닿으면 온도가 내려가면서 다시 액화되고, 이 액체는 허리 부분에 달려 있던 주둥이를 통해 내려가게 된다. 이를 모으면 소주를 얻을 수 있다.

송순주 쌀, 누룩, 물과 함께 부재료로 봄에 새로 자라나는 소나무의 새순인 송순(松筍)을 이용해 술을 빚는다. 발효주의 하나인 송순주는 계절주(季節酒)이자 가향 약주(佳香藥酒)다. 고문헌에 다양한 송순을 이용한 발효주 방법이 나오는 것으로 봐서 조상들이 많이 만들어 마시던 술로 보인다.

수라간 임금의 진지를 만드는 사옹원 소속의 주방이다. 수라(水剌)는 임금이 잡수시는 진지(進止)이고, 간(間)은 가득 채워 넣고 소리를 듣는다는 뜻이 내포되어 있다. 수라간이란 임금께 올릴 식자재를 가득 채워 넣고 문 밖과 문 안의 소리를 들어서 공급하는 곳이다.

술덧 항아리나 용기 안에서 발효되고 있는 술을 가리키는 말. 일반적으로 쌀에 누룩과 물을 넣은 때부터 술을 제성하거나 증류하기 직전 항아리에 있는 상태의 술을 지칭한다.

술지게미 술을 만들때 마지막에 술을 짜고 남은 쌀과 누룩 고형물. 술비지, 주박(酒粕)이라고도 한다. 일반적으로 탁주를 거르고 남은 찌꺼기를 술지게미라 한다.

승정원일기 조선 시대에 왕명의 출납을 관장하던 승정원에서 매일매일 취급한 문서와 사건을 기록한 일기로 2001년 유네스코에 의해 세계기록유산으로 지정되었다.

시계열형 음식의 서비스가 정해진 순서대로 음식이 나오는 방식이다. 일반적인 서양 음식점에서 정식을 주문하면 차례대로 서빙되어 나오는 방식이다.

신도주 추석 무렵에 햅쌀과 누룩, 밀가루를 원료로 하여 빚은 전통주. 연중 첫 수확물인 햅쌀로 빚으며《양주방(釀酒方)》에는 신도주의 한글 표기인 '햅쌀술'이라 했다.

신청주 원료미를 절약하고 소주와 주정을 이용하기 위해 만들어진 청주(사케). 대용주와 순한 합성청주로 구분된다.

싱글 몰트 위스키 100퍼센트 맥아만을 증류한 위스키를 몰트 위스키라 하며 한 증류소에서 나온 몰트 위스키를 싱글 몰트 위스키라 한다.

○

약주(藥酒) 전통적인 제조 방법에서는 술이 다 된 뒤에 술독에 용수를 박아 떠낸 맑은 술이다. 주세법에서의 대표적 제조 방법으로 녹말이 포함된 재료(발아시킨 곡류 제외), 국(麴) 및 물을 원료로 하여 발효시킨 술덧을 여과하여 제성한 것으로 규정(맑게 되어 있는 술을 지칭) 했다.

양온서(사온서) 고려와 조선의 술과 감주를 담당하던 관청. 양온(良醞)과 사온(司醞)의 '온'은 술을 빚는다는 뜻을 담고 있다. 이들 관청은 왕대에 따라 그 명칭이 여러 번 바뀌었다. 양온서(良醞署), 장례서(掌醴署), 사온서(司醞署) 등으로 바뀐다.

오칸 데운 사케(おかん, 40~50도로 데운 술). 마실 때 쌀 본연의 달짝지근한 맛과 감칠맛이 따뜻한 온도로 한층 짙어지며 맛은 부드러워진다.

요리옥(요릿집) 음식과 술을 판매하는 고급 음식점. 1900년 전후 서울 청계천 근처에 조선 음식을 판매하는 조선 요리옥이 생겼다. 1920년대가 되면 요리옥은 고급 음식점의 대명사로 통한다. 고급 일본 음식점을 일본요리옥, 중국 음식점을 청요리옥, 조선 음식점을 조선요리옥이라고 했다.

원예모범장 1906년 농상공부에서 원예 개량을 목적으로 뚝섬에 설치한 기관. 1906년 8월 9일 칙령 제37호로 농상공부 소속 '원예모범장 관제'를 발표했다. 가지, 감자 등 각종 작물을 시험 재배하고, 원예작물 재배강화회 등을 열어 농민들을 모아 재배에 긴요한 방법을 강의하기도 했다.

위스키 맥아 및 기타 곡류를 당화 발효시킨 발효주를 증류하여 만든 술이다. 주로 보리, 옥수수, 호밀, 밀 등의 곡물이 원료가 된다. 증류 후에는 나무 통(오크통)에 넣어 숙성시키며 경우에 따라서는 연도 표기를 해서 판매한다. 아일랜드와 미국에서는 주로 whiskey라는 표기를 사용하며 그 외의 국가에서는 대체로 whisky를 사용한다. 현재는 전 세계적으로 여러 나라에서 생산되고 있으며 영국 북부에 있는 스코틀랜드가 유명한 생산 지역이다.

이강주(梨薑酒) 조선 중엽부터 전라도와 황해도에서 제조되던 조선 시대 5대 명주의 하나로 손꼽히는 술로 전통 소주를 제조한 후 배와 생강, 꿀을 첨가해서 만든다. 향토문화재 제6호로 지정된 25도의 리큐르이며 이강고(梨薑膏)라고도 한다.

이양주 술을 담그는 횟수로 분류할 때 두 번 나누어 발효한 술이다. 곡물에 누룩과 물을 넣어 빚은 밑술에 다시 곡물 익힌 것 또는 누룩과 물을 넣은 것으로 덧술을 하여 숙성시킨 술로 중양주(重釀酒)라고도 한다.

입국(粒麴) 증자된 곡물에 당화 효소 생산 곰팡이를 배양한 것으로 일명 고오지koji. 약·탁주용 입국(粒麴)은 백국균(白麴菌)이라는 *Aspergillus luchuensis*를 증자한 쌀, 밀가루 등에 배양한 것으로 이것은 약·탁주 발효 과정 중 전분의 당화, 향미 부여와 잡균의 오염 방지 등 중요한 역할을 한다.

<h2 style="text-align:center">ㅈ</h2>

재제주 발효주나 증류주를 원료로 알코올, 당분, 향료 따위를 혼합하여 빚은 술을 지칭한다. 리큐어(혼성주)도 여기에 속한다.

정부미(나라미) 정부가 쌀값 조절을 위해 사들여 보유하고 있는 쌀. 우리나라의 쌀은 생산된 쌀 가운데 농가에서 보유하는 쌀을 제외하고는 정부의 관리하에 유통된다. 정부양곡 또는 나라미라고도 한다. 정부의 국유물이며 상업적으로 판매가 금지되어 있다.

정종(正宗) 1840년 효고현에서 한 주조장인에 의해 처음 만들어진 술로 일제 강점기 이래로 불리게 된 일본 청주(淸酒, 사케)의 대명사다. 일본 술도가나 술 이름에 정종이라는 이름이 많아 일본 청주의 대명사가 되었고 식민지 조선에서 큰 인기를 끌게 되면서 지금에 이르기까지 한국에서 고급 약주를 지칭할 때 보통명사처럼 정종(正宗)이라 한다.

제성 양조장에서 술을 빚을 때 발효가 끝난 탁주의 술지게미를 균질화하는 과정과 알코올 도수 조정을 위한 물 첨가 과정, 부족한 맛의 보충을 위해 첨가물을 넣어 재가공하는 공정이다. 약주에서는 여과 후 막걸리와 동일하게 알코올 도수 조정 과정, 첨가물을 넣어 재가공하는 공정이다.

조선무쌍신식요리제법 1924년 위관(韋觀) 이용기(李用基)가 지은 조리서. 조선 요리와 외국 요리의 조리법을 쓴 한국 최초의 컬러 도판 표지를 실은 요리책. 《임원십육지》의 〈정조지〉를 많이 참고했다. 무쌍(無雙)은 '둘도 없다'라는 뜻이다. 술 56종, 누룩 8종, 기타 2종이 적혀 있다.

조선상식문답(朝鮮常識問答) 1946년 최남선이 조선에 관한 상식을 널리 알리기 위해 저술한 문답서. 국호, 지리, 물산, 풍속, 명일(名日), 역사, 신앙, 유학, 제교(諸敎), 어문 등 10편에 175항의 문답으로 구성되어 있다.

조선왕조실록(朝鮮王朝實錄) 조선 시대 제1대 왕 태조로부터 제25대 왕 철종에 이르기까지

25대 472년간의 역사를 연월일 순서에 따라 기록한 역사서. 1997년에는 훈민정음과 함께 유네스코 세계기록유산으로 등록되었다.

조선주조사 1907년부터 1935년까지 일제 강점기에 작성된 우리나라 주류업에 관한 일제의 공식 기록 책이다. 술의 종류와 제조법, 생산과 수급, 주류의 거래, 주조업의 개선에 대한 시설, 주조법의 변천 등을 자료를 바탕으로 기술했다. 2007년 배상면 회장이 편역해서 출간했다.

종가세 과세 단위를 금액에 두고 세율을 백분율로 표시한 조세. 경기의 변동 등으로 가격이 변동할 경우 세수입도 이에 따라 자동적으로 증감된다. 한국에서는 탁주, 맥주를 제외한 모든 술이 종가세로 술마다 30~72퍼센트의 주세가 부과된다.

종량세 과세 물건의 수량 또는 중량을 기준으로 부과하는 조세. 세액의 산정이 쉬워 행정의 능률을 높일 수 있다는 장점이 있으나, 과세의 공평성이 결여되기 쉽고 재정 수입의 확보가 어렵다는 단점이 있다. 한국에서는 탁주, 맥주 만이 종량세를 채택하고 있다

주류 품평회 술 제품을 모아서 품질이나 맛을 평가하는 행사다. 우리나라의 대표적인 주류 품평회는 '대한민국 우리 술 품평회'로 2010년부터 농림축산식품부에서 우리 술의 품질 향상과 경쟁력 강화를 위해 매년 우수 제품을 선정하여 시상하는 국가 공인 주류 품평회다. 탁주, 약·청주, 증류주, 과실주, 기타 주류 등 총 5개 주종에서 부문별 3점을 대상, 최우수상, 우수상으로, 대상작 중 1점을 대통령상 수상작으로 선발한다.

주방문(酒方文) 전통적으로 내려오는 우리 고유의 가양주와 전통주에 대해 정리·소개하는 책이나 글들을 통칭한 말이다. 또는 1600년대 말엽 이후에 지어진 동일한 이름의 고조리서도 있다. 한글로 된 필사본 1책 22면으로 구성되어 있으며 술 이름에만 한문을 병기하여 기록하고 있다.

주세령(酒稅令) 일제 강점기 주세에 관하여 과세 요건, 신고, 납부, 주류의 제조 면허 따위를 정한 명령이다. 1909년 일제에 의해 주세법이 도입되고 1916년 강화된 주세령이 도입되면서 집집마다 빚었던 가양주를 빚기 어렵게 만들고 밀주 단속이 심해지면서 상업화된 양조 술들을 구입해 마시기 시작했다.

주세법 1949년 10월 21일(법률 제60호) 주류에 조세를 부과하기 위해 제정된 후 거의 매년 총 50여 차례의 개정을 거치면서 현재까지 시행되고 있는 법률이다. 기본적으로 일제 강점기에 만들어진 주세법의 큰 틀을 그대로 사용했다. 1909년 주세법, 일제 강점기 이후인 1916년 주세령(酒稅令)이 각각 제정되었다.

주정 전분 또는 당분이 포함된 재료를 발효시켜 알코올분 85도 이상으로 증류한 것이나, 알코올분이 포함된 재료를 알코올분 85도 이상으로 증류한 것을 말한다. 우리나라에서는 연속식 증류법으로 증류탑을 이용하여 95퍼센트까지 증류한 것을 사용한다. 희석식 소주를 만드는 원료로 사용된다.

주조 호적미 일본 술(사케)을 만드는 데 적합한 양조용 쌀 품종의 총칭이다. 주조 호적미에는 다양한 품종이 있는데 유명한 품종으로는 야마다 니시키, 미야마 니시키, 고햐쿠만세키, 오마치 등이 있다.

죽력고 대나무를 구우면 나오는 끈끈한 진액을 뽑아 만든 술이다. 죽력(竹瀝)이라고 하는 것은 푸른 대(靑竹)의 줄기를 숯불이나 장작불에 쪼여 흘러나오는 수액 같은 기름(靑)을 가리킨다. 죽력을 섞어서 증류한 소주를 죽력고(竹瀝膏)라고 하며 2003년 전라북도 무형문화재 제6-3호로 지정되었고 술을 빚는 송명섭 명인은 2012년 대한민국 식품명인 제48호로 지정되었다.

증류식 소주(蒸溜式 燒酒) 전통적으로 소주를 만들어온 방식인 발효된 술을 끓여 증류해 낸 술이다. 술덧을 증류기에 넣고 가열해 끓는점의 차이를 이용해 먼저 증류해 나오는 알코올과 향기 성분을 응결시켜 알코올 도수를 높인 술이다. 현행 주세법상에는 증류식 소주와 희석식 소주를 통합하여 소주로 표시하고 있다. 중국 문헌에는 아랍어인 '아라크Araq를 한역(漢譯)한 아자길(阿剌吉), 아리걸(阿里乞)'이라고 나오며, 평안북도에서는 아랑주, 개성 지방에서는 아락주라고도 한다. 불을 붙이면 불이 난다 하여 화주(火酒), 한 방울씩 모아서 된 술이라 하여 노주(露酒), 한주(汗酒)라고도 한다.

증류주(蒸溜酒) 발효주보다 높은 알코올을 얻기 위해 발효된 술로 증류 과정을 거쳐 알코올 도수를 높인 술이다. 증류는 알코올과 물의 끓는점의 차이를 이용하여 고농도 알코올을 얻어내는 과정으로 발효주를 서서히 가열하면 끓는점이 낮은 알코올이 먼저 증발하는데 이 증발하는 기체를 모아 냉각시키면 고농도의 알코올 액체를 얻어낼 수 있다.

진연(進宴) 국가에 경사가 있을 때 궁궐 안에서 베푸는 잔치를 지칭한다. 진찬(進饌), 진작(進爵)과 함께 조선 후기 궁중 잔치의 한 형태로 거행됐다. 진연은 왕비(王妃)나 대비(大妃) 등 내명부(內命婦) 중심의 내진연과 왕의 생일 축하를 위한 외진연으로 구분되기도 한다.

ㅊ

청수 농촌진흥청 원예연구소에서 시벨 9110 품종에 힘로드 품종을 교배해 1993년 최종적으로 선발한 포도 품종이다. 과육은 육질이 연하며 당도는 16.0브릭스(brix)이고 산미가 높게 느껴지나 식미는 우수하다. 최근 한국 와인에서 화이트와인을 만들때 많이 사용되는 청포도 품종이다.

청주(淸酒) 전통적인 제조 방법으로 쌀로 빚은 술로 발효된 술에 용수(술지게미를 거르는 도구)를 박고 떠낸 맑은 술이다. 과거 전통주 제조법에서는 맑은 술을 청주 또는 약주로 표현했다. 현재 주세법에서 청주는 일본식 사케 제조법이다. 주세법의 대표적 제조법으로 곡류중 쌀(찹쌀 포함), 국(麴) 및 물을 원료로 하여 발효시킨 술덧을 여과하여 제성한 것 또는 그 발효, 제성 과정에 대통령령으로 정하는 재료를 첨가한 것으로 규정한다.

침출주 술에 과일이나 약재, 향신료의 재료를 넣어 우려낸 술이다. 가장 쉽게 볼 수 있는 침출주는 담금소주를 이용해 만드는 술들이다. 큰 기준에서 보면 리큐어에 속하는 형태의 제조 방법이고 담금주와 같은 뜻으로도 쓰인다.

ㅋ

카바이드 탄화 칼슘의 속칭으로 단단한 결정성(結晶性)의 백색 고체로 물과 화합하여 아세틸렌을 발생한다. 악취(惡臭)가 나고, 주로 가스 용접에 사용된다. 과거 막걸리 제조에 쓰이는 불량 물질로 인식이 되었으나 그 사용 유무는 더 많은 조사가 필요하다.

ㅌ

탁주(濁酒) 곡물을 발효시켜 만든 술에서 맑은 술을 떠내지 않고 그대로 걸러서 만든 술이다. 일반적으로 탁한 형태의 술을 지칭한다. 막걸리라고도 하며 농부들이 주로 마셨다고 해서 농주(農酒), 색이 희다고 해서 백주(白酒)라고도 한다. 현재 주세법에서 대표적 제조 방법으로 녹말이 포함된 재료(발아시킨 곡류는 제외), 국(麴) 및 물을 원료로 하여 발효시킨 술덧을 여과하지 않고 혼탁하게 제성한 것으로 규정한다.

ㅍ

팽화미 쌀을 고온 고압으로 유지하다가 상온 상압으로 급격히 조절하여 팽창시켜 호화된 쌀 전분이다. 곡물은 다공질로 스펀지 형태로 변하면서 주성분인 전분은 덱스트린으로 변화된다. 대형 양조장의 막걸리 제조에 있어서는 원료처리 간소화, 세미 폐수의 절감 등 이점이 많아 자주 사용된다.

폭탄주 양주와 맥주 또는 여러 종류의 술을 함께 섞은 술을 일컫는다. 보통 맥주를 따른 컵에 양주를 담은 잔을 넣어 만들거나 맥주에 소주를 섞어 만든다.

프리미엄 막걸리 프리미엄 막걸리는 '보통 막걸리'보다는 품질이 업그레이드된 상품이다. 하지만 그 기준이 명확하지 않아 어떤 제품을 프리미엄 막걸리라고 해야 하는지 모호한 상황이다. 다만 일반적으로 쌀, 누룩, 물로만 만들어지고 감미료를 무첨가하거나 첨가한다 해도 소량 첨가하는 형태의 제품을 뜻한다.

ㅎ

하면발효 효모를 이용한 액체의 발효 방법 중 하나로 맥주 발효 시 효모끼리 뭉쳐서 발효 탱크 밑으로 가라앉는 발효 형태를 지칭한다. 10도 정도의 저온에서 발효를 하고, 여과가 쉬우며 깨끗하고 부드러운 맛과 향이 특징이다. 세계 맥주시장의 4분의 3을 점유하고 있고, 라거lager, 필스너pilsener, 뮌헤너münchener, 보크bock 등이 대표적이다.

해관세칙(海關稅則) 조선 말기 개항 후에 창설된 관세행정기구인 오늘날 세관의 관세 규정. 1883년에는 서양의 주류도 수입되었는데, 맥주나 포도주를 제외한 나머지 주종에는 25~30 퍼센트의 높은 관세율이 적용되는 등 수입 주류에 대한 관세를 일찍 적용했다.

향음주례(鄕飮酒禮) 향촌의 선비와 유생(儒生)들이 향교나 서원에 모여 예(禮)로써 주연(酒宴)을 함께 즐기는 향촌의례(鄕村儀禮). 향음주례는 그 고을 관아의 수령이 주인이 되고 학덕과 연륜이 높은 이를 큰 손님으로 모시고 그 밖의 유생들도 손님으로 모셔서 이루어졌다.

행실주 살구술이다. 살구의 씨를 제거하고 40~50도의 주정액에 2~3개월 침지한 다음 여과한다. 여기에 설탕 및 물을 넣고 1년가량 저장한 술이다.

혼돈주(混沌酒) 술을 만드는 양조법과 두 가지 술을 섞어 마시는 제조법으로 설명이 가능하다. 《승부리안주방문》에서는 두 가지 술을 섞어 마시는 제조법이 아닌 백미와 찹쌀을 섞어 술을 만드는 양조법이 나와 있다. 막걸리에 소주를 섞어 마시는 내용은 1936년 이용기가 저서한《조선무쌍신식요리제법》에서 나온다.

헌주 신이나 윗사람에게 술을 올리는 행위나 또는 그 술을 뜻한다.

효모(酵母) 일반적으로 이스트yeast라고도 하며 빵이나 술을 빚을 때 사용하는 미생물이다. 식품을 제조할 때 발효와 부풀리기에 이용된다. 효모는 당을 먹고 알코올과 이산화탄소를 내는데 맥주, 포도주 및 모든 발효주에는 알코올을 생산하는 목적으로 사용되며 제빵 산업에는 이산화탄소를 생산하는데 사용된다.

효소(酵素) 효소는 생명체에 꼭 필요한 것으로 동식물, 미생물에서 복잡하게 통합되어 일어나는 화학 반응의 대부분을 조절하고 생물체 내에서 에너지의 저장, 방출에도 관여하는 단백질이다. 술에서는 누룩 제조 시 곰팡이가 밀에서 성장하면서 효소를 분비한다. 이 효소들(아밀레이즈amylase, 프로테아즈protease)에 의해 덩치가 큰 전분이나 단백질 분자를 효모가 사용할 수 있는 단당류나 이당류 또는 아미노산으로 분해한다. 이렇게 분해된 것들을 효모가 이용해서 우리가 원하는 알코올 등을 얻을 수 있다.

희석식 소주(稀釋式 燒酎) 95퍼센트 주정에 물, 감미료 등을 넣어서 묽게 희석한 소주. 대량생산이 용이해 20세기 이후 한국 소주의 제조 방식으로 굳어졌다. 일제 강점기에 신식 소주, 기계식 소주 등으로 불리다가 1961년 주세법에서 희석식 소주라는 명칭으로 분류하기 시작했다.

1. 우리 조상도 외국 술을 마셔보았을까?

1   《한국역사문화신문》 2021년 3월 31일자, '온라인으로 다시 보는 '대한제국 황제의 식탁' 특별전'(인터넷판).

우리나라에서 최초로 와인을 마신 사람은 누구일까?

1   《고려사》, 충렬왕 11년 음력 8월 28일자. 국사편찬위원회 한국사데이터베이스.

2   《고려사》, 충렬왕 28년 음력 2월 26일자. '庚寅 帝賜王葡萄酒'. 국사편찬위원회 한국사데이터 베이스.

3   《고려사》, 충렬왕 34년 음력 2월 27일자. '丁巳 中贊崔有渰還自元, 帝賜王蒲萄酒'. 국사편찬위원회 한국사데이터베이스.

4   《주간조선》 2011년 5월 12일자, '병상의 왕을 일으킨 포도 예술 속으로 들어가다'.

5   이색(李穡), 《목은고(牧隱藁)》, 웹사이트 한국역사정보통합시스템 원문 제공 서비스.

6   홍만선(洪萬選), 《산림경제(山林經濟)》, 제2권 〈종수(種樹)〉, 웹사이트 한국역사정보통합시스템 원문 제공 서비스.

7   유중림(柳重臨), 윤숙자 엮음, 《증보산림경제(增補山林經濟)》, 지구문화사, 2005, 300쪽.

8   김세렴(金世濂), 《해사록(海槎錄)》, 인조 15년(1637) 2월 18일(무자) 웹사이트 한국역사정보통합시스템 원문 제공 서비스.

9   헨드릭 하멜 지음, 김태진 옮김, 《하멜 표류기》, 서해문집, 2003, 29-31쪽.

10 한식재단, 《조선 백성의 밥상》, 한림출판사, 2014, 192쪽.

11 한식재단, 《근대 한식의 풍경》, 한림출판사, 2014, 181쪽.

한국 와인의 시초는 프랑스 포도나무

1   위키피디아(wikipedia) 〈Alcohol preferences in Europe〉.
2   국세청기술연구소, 《국세청기술연구소 100년사》, 아트팰리스, 2009, 83쪽.
3   《소믈리에타임즈》 2019년 6월 3일자, '동양 최대 규모, 일제 강점기 포항 미쯔와농장 기나철 포도주'(인터넷판).
4   《동아일보》 1935년 11월 14일자, '몰서'.
5   《소믈리에타임즈》 2020년 11월 23일자, '우리나라 와인의 역사'(인터넷판).
6   《경향신문》 1975년 11월 7일자, '100년후 꺼낸다는 조건 술병 묻어'.
7   《한국일보》 2020년 2월 5일자, '한국 와인, 당분 부족을 뚫고 비상하다'.
8   이동필, 〈전통주 및 막걸리 산업의 실태〉, 한국농촌경제연구원, 2013, 49쪽.
9   《호텔앤레스토랑》 2018년 2월 12일자, '한국와인은 그의 손을 거쳐 광명에서 빛난다'(인터넷판).

위스키는 유사길 샴페인은 상백윤 브랜디는?

1   국사편찬위원회, 《우리역사넷》, 해관의 개설과 관세의 수세, 인터넷 웹사이트
2   《한성순보》 1883년 12월 20일자, '해관세칙'.
3   조선주조협회. 배상면 편역, 《조선주조사》, 우곡출판사, 1996, 355쪽.
4   케빈 R. 코사르, 조은경 옮김, 주영하 감수, 《위스키의 지구사》, 서울: 휴머니스트, 2016, 219쪽.
5   케빈 R 코사르 지음. 조은경 옮김. 주영하 감수, 《위스키의 지구사》, 서울: 휴머니스트, 2016, 224-233쪽.
6   《경향신문》 1987년 2월 23일자, '국산 특급위스키 작명끝내'.
7   《매일경제》 1987년 12월 4일자, '양주 품귀웃돈거래'.
8   주영하, 〈'유사길'에서 '위스키'까지, 한국 위스키의 역사〉, 《위스키의 지구사》, 서울: 휴머니스트, 2016, 204-205쪽.

사케와 고량주를 수출한 나라, 조선

1   《중앙일보》 2013년 11월 6일자, '막걸리, 타인종엔 안 통했다'.
2   《시사위크》 2018년 7월 11일자, '일본에 '들썩' 일본에 '풀썩''(인터넷판).

3 관세청 수출입통계, https://unipass.customs.go.kr/ets/.

4 조선주조협회. 배상면 편역, 《조선주조사》, 우곡출판사, 1996, 61~77쪽.

5 조선주조협회. 배상면 편역, 《조선주조사》, 우곡출판사, 1996, 97쪽.

6 《동아일보》 1926년 7월 31일자, '조선양조업 점차자급자족'.

7 《동아일보》 1926년 11월 21일자, '水産(수산)과製叺(제입)은 西道(서도)에首位(수위)'.

8 《동아일보》 1937년 6월 8일자, '西朝鮮(서조선)의酒稅(주세) 三百七十萬圓(삼백칠십만원)'.

9 《대한매일신보》 1910년 6월 9일자, '고량주 개량'.

10 《조선시보》 1925년 10월 13일자, '광고 고량주'.

처음으로 맥주를 마신 하급관리의 슬픈 역사

1 《영조실록》 85권, 1755년 9월 8일자 기사. '명년 정월부터 경외에서 술을 빚지 말라는 전교'. 국사편찬위원회 조선왕조실록.

2 《조선일보》 2021년 5월 17일자, '상투 틀고 끌어안은 맥주병 "무엇에 쓰는 물건인고…"'.

3 전쟁기념관 학예부, 《어재연 장군 순국·신미양요 150주년 기념 학술회의: 어재연 장군과 신미양요의 재조명》 VII. 제국의 렌즈로 본 신미양요 - 펠리체 베아토의 종군사진을 중심으로: 이경민, 전쟁기념관, 2021, 251-284쪽.

4 한국학중앙연구소, 《한국민족문화대백과》, 신미양요. 인터넷 웹사이트.

5 《한성순보》 1883년 12월 20일자, '해관세칙'.

6 조선주조협회. 배상면 편역, 《조선주조사》, 우곡출판사, 1996, 94쪽.

7 조선주조협회. 배상면 편역, 《조선주조사》, 우곡출판사, 1996, 98-99쪽.

8 신인섭, 〈주류광고의 과거, 현재와 문제점〉, 주류공업, 1992, 3-4쪽.

9 조선주조협회. 배상면 편역, 《조선주조사》, 우곡출판사, 1996, 100쪽.

10 《디지털조선일보》 2019년 1월 22일자, '세금 대폭 낮아지는 수제맥주, 전통주는?'(인터넷판).

1900년 프랑스 엽서사진 속 우리 술

1 최인택, 〈일제침략기 사진그림엽서(繪葉書)로 본 제국주의의 프로파간다와 식민지 표상〉, 한국연구재단, 2019, 1쪽.

2 네이버 한국의 박물관, 문위우표.

3 《기호일보》 2022년 4월 15일자, '엽서로 떠나는 근대여행'.

4 한국학중앙연구소, 〈일제침략기 한국관련 사진그림엽서의 수집·분석·해제 및 DB 구축〉, 일
   제침략기 한국관련 사진그림엽서 DB-한 잔의 술을 주고있는 여성, 인터넷 웹사이트.

5 전정해, 《광무년간의 산업화 정책과 프랑스 자본·인력의 활용》, 국사관논총 제84집, 1984,
   6쪽.

2. 한양에도 서울만큼 술집이 많았을까?

1 국립민속박물관 《한국민속대백과사전》, 초장.

2 국립민속박물관 《한국민속대백과사전》, 삼국지위서동이전.

3 《국제신문》 2015년 11월 16일자, '배려 넘치는 술자리 문화를'.

4 이상희, 《한국의 술문화》, 선, 2009, 236쪽.

5 한국고전종합DB, 《성호사설》, 인터넷 웹사이트.

왕실의 술을 따로 만들었던 관청

1 한국학중앙연구원, 《한국역대인물 종합정보시스템》, 대장금, 인터넷 웹사이트.

2 네이버 영상 콘텐츠 제작 사전, 〈대장금〉.

3 한국학중앙연구원, 《한국민족문화대백과》, 숙수, 인터넷 웹사이트.

4 《중종실록》 15권, 1512년 3월16일자 기사. '사간 한효원 등이 사옹원의 각색장 말손의 아
   내가 고소한 소장에 대해 의논'. 국사편찬위원회 조선왕조실록.

5 주영하, 《그림 속의 음식, 음식 속의 역사》, 사계절출판사, 2012, 167~173쪽.

6 네이버, 《두산백과》, 경복궁 소주방, 인터넷 웹사이트.

7 박용운, 《고려시대 사람들의 식음 생활》, 경인문화사, 2019, 222~224쪽.

8 한국학중앙연구원, 《한국민족문화대백과》, 사온서, 인터넷 웹사이트.

9 《태조실록》 1권, 1392년 7월 28일자 기사. '문무 백관의 관제'. 국사편찬위원회 조선왕조실
   록.

10 정구선, 《조선 왕들, 금주령을 내리다》, 팬덤북스, 2014, 52쪽.

조선식 전통주 코스 요리 '진연'

1 통계청, 1인당 국민총소득, https://kosis.kr/statHt밀리리터/statHt밀리리터.do?orgId=101

&tblId=DT_2KAA902&conn_path=I2

2 한식재단, 《향기로운 한식, 우리 술 산책》, 한식재단, 2016, 198쪽

3 주영하, 《한국인은 왜 이렇게 먹을까?》, 서울: 휴머니스트, 2018, 229-255쪽.

4 《경향신문》 2020년 6월 20일자, '이제 음식점 수저통은 가라… 따로 내고, 덜어 먹고'.

5 국립민속박물관, 《한국민속대백과사전》, 잔치, 인터넷 웹사이트.

6 《연합뉴스》 2019년 10월 15일자, '조선 시대 한식 상차림에도 애피타이저가 있었다'.

한양에서 가장 핫한 술집을 찾아라

1 《삶과술》 2014년 8월 24일자, '해외의 주류면허제도 및 규제', 인터넷 웹사이트.

2 정혜경, 한국인의 쌀 문화와 조리과학기술체계 특성, 율촌재단 식품관련 기초연구과제 총서, 서울: 율촌재단, 2015, 422쪽.

3 국사편찬위원회, 《우리역사넷》, 음식점과 호텔의 등장, 인터넷 웹사이트.

4 국사편찬위원회, 《우리역사넷》, 음식점과 호텔의 등장, 인터넷 웹사이트.

5 이상희, 《한국의 술문화 술》, 선, 2009, 558쪽.

6 이상희, 《한국의 술문화 술》, 선, 2009, 559쪽.

7 국사편찬위원회, 《우리역사넷》, 조선 후기 한양의 도시 문화, 인터넷 웹사이트.

8 네이버 지식백과, 《18세기 세계 도시를 걷다》, 서울의 술집, 인터넷 웹사이트.

9 《오마이뉴스》 2016년 10월 19일자, '혜원 신윤복이 본 '떡검' 적발 순간'.

10 규장각한국학연구원, 《취사당연화록》, 규장각 원문검색서비스, 인터넷 웹사이트.

11 네이버 지식백과, 《18세기 세계 도시를 걷다》, 서울의 술집, 인터넷 웹사이트.

12 《승정원일기》 36책, 영조 4년(1728) 음력 6월 18일자.

13 《오마이뉴스》 2016년 10월 19일자, '혜원 신윤복이 본 '떡검' 적발 순간'.

조선에 탁주 빚는 사람만 삼십만 명이라니

1 《한겨레》 2022년 1월 1일자, '2021년 수출 6445.4억달러…연간 실적 역대 최고'.

2 《세계일보》 2021년 7월 3일자, '유엔무역개발회의, 한국 '개발도상국→선진국' 지위 변경'.

3 《연합뉴스》 2017년 6월 25일자, '1인당 술소비 50년간 1.7배↑…인기 술은 '막걸리→맥주'로'.

4 국세청, 《국세통계포털》, 주세, 인터넷 웹사이트(https://tasis.nts.go.kr/websquare/websquare.

html?w2xPath=/cm/index.xml).

5   조선주조협회. 배상면 편역, 《조선주조사》, 우곡출판사, 1996, 100쪽.

6   박경술, 〈식민지 시기(1910년~1945년) 조선의 인구 동태와 구조〉, 한국인구학, 2009, 32쪽

7   조선주조협회. 배상면 편역, 《조선주조사》, 우곡출판사, 1996, 348, 357쪽.

외국인의 눈에 비친 개화기 조선인의 술 문화

1   《조선일보》 2018년 10월 4일자, '여보 이거 알아? 한국남자 12%가 술 때문에 죽는대'.

2   한식재단, 《근대 한식의 풍경》, 한림출판사, 2014, 178쪽.

3   한식재단, 《근대 한식의 풍경》, 한림출판사, 2014, 180쪽.

4   조현범, 〈19세기 중엽 프랑스 선교사들의 조선 인식과 문명관〉, 한국학중앙연구원 한국학
    대학원, 2002, 110쪽

5   《오마이뉴스》 2009년 3월 27일자, '선교사가 본 19세기 조선은 '문명'일까? '야만'일까?'.

6   김미혜, 〈서양인의 조선여행 기록문을 통한 근대 식생활사 연구〉, 한국식생활문화학회지,
    2016, 393쪽.

7   김미혜, 〈서양인의 조선여행 기록문을 통한 근대 식생활사 연구〉, 한국식생활문화학회지,
    2016, 393쪽.

8   이규진, 〈근대시기 서양인 시각에서 본 조선음식과 음식문화-서양인 저술을 중심으로〉, 한
    국식생활문화학회지, 2013, 367쪽

9   한식재단, 《근대 한식의 풍경》, 한림출판사, 2014, 182쪽.

10 한식재단, 《근대 한식의 풍경》, 한림출판사, 2014, 182쪽.

3. 시대에 따라 우리 술은 어떻게 변화했을까?

1   국립국어원, 《표준국어대사전》, 전통, 인터넷 웹사이트.

2   국립국어원, 《표준국어대사전》, 전통주, 인터넷 웹사이트.

조선의 금주령, 전통주의 변화 그리고 술의 다양화

1   국립민속박물관, 《한국민속대백과사전》, 주몽신화, 인터넷 웹사이트.

2   네이버 영화, 〈위대한 개츠비〉, 인터넷 웹사이트.

3   《중앙일보》 2018년 5월 4일자, '예수가 제자들에게 준 포도주 맛 그대로 '오렌지 와인".

4   나무위키, 《금주법》https://namu.wiki/w/%EA%B8%88%EC%A3%BC%EB%B2%95/%EB%AF%B8%EA%B5%AD

5   네이버, 《두산백과》, 금주법, 인터넷 웹사이트.

6   《서울경제》 2009년 10월 27일자, '금주법'.

7   《매일신문》 2010년 12월 10일자, "붉은 자본가' 아먼드 해머'.

8   《소믈리에타임즈》 2021년 8월 31일자, '미국 금주법이 남긴 것', 인터넷 웹사이트.

9   박상철, 《제1차 세계대전과 러시아 금주법의 도입》, 역사학연구, 2018, 311~341쪽.

10 《연합뉴스》 2015년 5월 15일자, '러시아인 음주량이 줄었다고?…천만에!', 인터넷 웹사이트.

11 《투데이코리아》 2018년 12월 19일자, "'부어라 마셔라? 버려라!" 동서양 역사로 본 '금주령", 인터넷 웹사이트.

12 《삼국사기》 제23 백제본기 제1 다루왕, 38년, 11년 술 빚는 것을 금하다, 한국사데이터베이스.

13 《한국민속대백과사전》, 금주령, 인터넷 웹사이트.

14 《한국사 데이터베이스》, 고려사, 충목왕 1년, 우왕 9년, 인터넷 웹사이트.

15 박소영, 〈조선시대 금주령의 법제화 과정과 시행 양상〉, 전북대학교 대학원, 석사학위논문, 2009, 5쪽.

16 《비변사등록》 95책, 영조 10년(1734) 음력 2월 30일자, '吏曹參判 宋眞明이 입시하여 禁酒 시행이유를 5部 관원으로 하여금 백성에 알리게 하고 그 후에 적발되면 치죄하는 문제에 대해 논의함'.

17 《정조실록》 13권, 1782년 6월 2일자 기사, 첨지중추부사 정술조의 내수사를 혁파하는 것 등에 관한 상소문, 국사편찬위원회 조선왕조실록.

18 《영조실록》 23권, 1729년 8월 25일자 기사, 술주정, 대량 양조, 사대부가에서 술을 빚어 파는 것 등을 금하다, 국사편찬위원회 조선왕조실록.

19 박소영, 〈조선시대 금주령의 법제화 과정과 시행 양상〉, 전북대학교 대학원, 석사학위논문, 2009, 10쪽.

20 《영조실록》 90권, 1757년 10월 24일자 기사, 명정전 월대에 나가 5부의 부로를 불러 계주의 윤음을 선유하다, 국사편찬위원회 조선왕조실록.

21 박소영, 〈조선시대 금주령의 법제화 과정과 시행 양상〉, 전북대학교 대학원, 석사학위논문,

2009, 14쪽.

22 《중종실록》 96권, 1541년 11월 13일자 기사, 명누룩의 매매를 금하는 법을 시행하지 않는 장무관에게 책임을 묻다, 국사편찬위원회 조선왕조실록.

23 박소영, 〈조선시대 금주령의 법제화 과정과 시행 양상〉, 전북대학교 대학원, 석사학위논문, 2009, 15쪽.

조선의 과하주, 유럽의 포트와인보다 먼저라고?

1 《조선닷컴》 푸드 2012년 8월 14일자, '역사속의 술 이야기, 증류주의 탄생', 인터넷 웹사이트.

2 국사편찬위원회, 《지봉유설》, 고전원문, 한국고전종합DB, 인터넷 웹사이트.

3 한국고전종합DB 국사편찬위원회. 《고려사》 85권 형법2.

4 네이버 음식백과, 《전통주 비법 211가지》, 과하주, 인터넷 웹사이트.

5 《연합뉴스》 2021년 7월 16일자, '여름을 나는 술 '과하주'를 아시나요', 인터넷 웹사이트.

6 이상훈, 〈우리나라 강화발효주의 전개와 특징〉, 서울벤처대학원대학교 대학원, 석사학위논문, 2014, 157~158쪽.

7 wine21.com, '주정 강화 와인-포트, 마데이라, 셰리 와인에 관하여', 인터넷 웹사이트.

8 《오마이뉴스》 2021년 5월 24일자, '유럽 포트와인보다 먼저 만들어진 조선 과하주', 인터넷 웹사이트.

9 네이버, 《두산백과》, 압생트, 인터넷 웹사이트.

10 네이버 음식백과, 《꽃으로 빚는 가향주 101가지》, 애주, 인터넷 웹사이트.

11 네이버, 《두산백과》, 진, 인터넷 웹사이트

12 네이버 음식백과, 《다시 쓰는 주방문》, 송순주, 인터넷 웹사이트.

조선 최초의 주류 품평회 실시간 업데이트

1 국립국어원, 《표준국어대사전》, 기호 식품, 인터넷 웹사이트.

2 오키모토 슈, 아마기세이마루, 《신의물방울》 30권, 〈1985 LA CASA〉.

3 네이버, 《두산백과》, 관능검사, 인터넷 웹사이트.

4 네이버 음식백과, 〈와인&커피 용어해설〉, 소믈리에, 인터넷 웹사이트.

5 《조선비즈》 2020년 6월 22일자, '전통주 소믈리에, 들어보셨나요?', 인터넷 웹사이트.

6   《부산일보》《마진일간》 1915년 4월 21일자, '조선청주품평회', 한국사데이터베이스.

7   《매일신보》 1916년 4월 18일자, '주세령의 개정', 한국사데이터베이스.

구한말 양조용 쌀 품종은 '곡량도'

1   《농민신문》 2020년 8월 14일자, '농업의 공익적 가치를 키우려면'.

2   국립농업과학원, 〈농업의 다원적 기능 및 토양자원 가치 설정 연구〉, 농촌진흥청, 농업첨단
    핵심기술개발사업(R&D), 2019.

3   《디트뉴스21》 2017년 10월 16일자, '홍문표 "무늬만 국산 막걸리, 대부분 수입쌀 사용"'.

4   《오마이뉴스》 2021년 9월 27일자, '막걸리를 만드는 쌀은 왜 수입쌀이 많은가?', 인터넷 웹
    사이트.

5   《의학신문》 2019년 3월 25일자, '사케 제조에서 쌀, 주조호적미', 인터넷 웹사이트.

6   일본주류연구소, 《원재료 일본주 라벨 용어 사전》, https://www.nrib.go.jp/English/sake/
    pdf/sl_k03.pdf

7   한국생업기술사전, 《한국민속대백과사전》, 벼품종, 인터넷 웹사이트.

8   한국문화사, 《쌀은 우리에게 무엇이었나》, 국사편찬위원회, 226~227쪽, 인터넷 웹사이트.

9   한국생업기술사전, 《한국민속대백과사전》, 조선도품종일람, 인터넷 웹사이트.

10 김태호, 《근현대 한국쌀의 사회사》, 도서출판 들녘, 2017, 53-56쪽.

11 한국문화사, 《쌀은 우리에게 무엇이었나》, 국사편찬위원회, 228쪽, 인터넷 웹사이트.

12 조선주조협회. 배상면 편역, 《조선주조사》, 우곡출판사, 1996, 187쪽.

13 조선주조협회. 배상면 편역, 《조선주조사》, 우곡출판사, 1996, 179쪽.

14 《중앙일보》 2006년 4월 18일자, '안동소주 한 잔 = 1인 한 끼분 쌀'.

그 많던 조선의 누룩은 어디로 갔을까?

1   네이버, 《식품과학사전》, 누룩, 인터넷 웹사이트.

2   농업기술실용화재단, 《우리 술 보물창고》, 우리 술 원료탐구, 농업기술실용화재단, 2011, 116
    쪽.

3   《한국민족문화대백과사전》, 술, 인터넷 웹사이트.

4   《한국고전종합DB》, 선화봉사고려도경 제32권 기명(器皿) 3. 와준(瓦尊), 인터넷 웹사이트

5   네이버 음식백과, 《음식고전》, 산가요록, 인터넷 웹사이트.

6   농업기술실용화재단, 《우리 술 보물창고》, 농업기술실용화재단, 2011, 119쪽.

7   류인수, 《전통주 수첩》, 우듬지, 2010, 16쪽.

8   조선주조협회. 배상면 편역, 《조선주조사》, 우곡출판사, 1996, 277쪽.

9   농업기술실용화재단, 《우리 술 보물창고》, 농업기술실용화재단, 2011, 121쪽.

10   조선주조협회. 배상면 편역, 《조선주조사》, 우곡출판사, 1996, 278쪽.

11   농업기술실용화재단, 《우리 술 보물창고》, 농업기술실용화재단, 2011, 121쪽.

12   김계원, 김재호, 노봉수, 안병학, 여수환, 조호철, 《탁약주개론》, 수학사, 2012, 110쪽.

13   국세청기술연구소, 《국세청기술연구소 100년사》, 아트팰리스, 2009, 229쪽.

혼돈주와 폭탄주는 같을까 다를까?

1   《경북매일》 2014년 3월 12일자, '입 보다 눈이 즐거운 '폭탄주".

2   《세계일보》 2019년 6월 11일자, '폭탄주 첫 기록은 '혼돈주".

3   《안동인터넷뉴스》 2013년 3월 13일자, '황금비율의 프라이드 '나는 쏘맥 전문가". 인터넷 웹
사이트.

4   《오마이뉴스》 2022년 1월 5일자, '젊은 세대들이 좋아한다는 '막사', 알고보니'. 인터넷 웹사
이트.

5   주영하, 《식탁 위의 한국사》, 서울: 휴머니스트, 2013, 334쪽.

6   《스포츠경향》 2007년 11월 29일자, '조선시대에도 폭탄주 있었다···소주+막걸리 '혼돈주'
사랑받아'. 인터넷 웹사이트.

7   특허청, 《한국전통지식포탈》, 여름에 요긴한 혼돈주 만드는 법. 승부리안 주방문(1813년 이
후), 인터넷 웹사이트.

8   한국학중앙연구소, 《한국민족문화대백과》, 조선무쌍신식요리제법. 인터넷 웹사이트.

9   특허청, 《한국전통지식포탈》, 혼돈주(조선무쌍신식요리제법 1936), 인터넷 웹사이트.

10   《한겨레21》 제579호 2005년 10월 6일자, '폭탄주의 기원'.

11   《한겨레》 2012년 12월 13일자, '폭탄주, 말지 말자'.

12   한국학중앙연구소, 《한국민족문화대백과》, 향음주례(鄕飮酒禮). 인터넷 웹사이트.

4. 알수록 빠져드는 우리 술 이야기

1   《동국이상국집》, 3권 고율시 〈동명왕〉편, 한국고전종합DB.

2   《세종실록》 37권, 1427년 7월 11일 기사, 윤봉의 청에 따라 소주와 향을 각 30병을 주다,
    국사편찬위원회 조선왕조실록.

약주와 청주, 같은 술 다른 느낌

1   《매일신문》 2010년 5월 10일자, '가양주의 금지와 주류 문화의 변화'.

2   국세청기술연구소, 《국세청기술연구소 100년사》, 아트팰리스, 2009, 58쪽.

3   〈주세법〉, 2022년 1월 1일 시행, 제5조(주류의 종류) 1항(2022년 5월 12일 현재)
    https://www.law.go.kr/LSW/lsInfoP.do?efYd=20220101&lsiSeq=237881#0000

4   〈주세법 시행령〉, 2022년 2월 15일 시행, 제3조(주류의 규격 등) 3항(2022년 5월 12일 현재)
    https://www.law.go.kr/LSW/lsInfoP.do?efYd=20220215&lsiSeq=240335#AJAX

5   《세종실록》 89권, 1440년 5월 8일 기사, 가뭄으로 정지하였던 음주를 신하들이 권하다, 국
    사편찬위원회 조선왕조실록.

6   정구선, 《조선 왕들, 금주령을 내리다》, 팬덤북스, 2014, 44쪽.

7   중국어 바이두, '中國 淸酒', https://baike.baidu.com/item/%E4%B8%AD%5%9B%BD%E
    6%B8%85%E9%85%92/9353188?fr=aladdin(2022년 5월 9일).

8   일본 위키피디아, '淸酒' https://ja.wikipedia.org/wiki/%E6%97%A5%E6%9C%AC
    %E9%85%92(2022년 5월 9일).

9   《경향신문》 2014년 12월 19일자, '약주, 너는 누구냐?'.

10 주영하, 《식탁 위의 한국사》, 서울: 휴머니스트, 2013, 261쪽.

11 《한국농정》 2012년 7월 27일자, '소량씩 빚고 빨리 익혀 마시는 술 '약주''.

12 국립민속박물관, 《한국민족대백과사전》, 약과(藥果). 인터넷 웹사이트.

13 조선주조협회. 배상면 편역, 《조선주조사》, 우곡출판사, 1996, 98~100쪽.

14 주영하, 《식탁 위의 한국사》, 서울: 휴머니스트, 2013, 258쪽.

15 조선주조협회. 배상면 편역, 《조선주조사》, 우곡출판사, 1996, 406쪽.

16 주영하, 〈조선요리옥의 탄생: 안순환과 명월관〉, 단국대학교 동양학연구소, 2011,
    156~157쪽.

17 국세청기술연구소, 《국세청기술연구소 100년사》, 아트팰리스, 2009, 75~76쪽.

18 국세청기술연구소, 《국세청기술연구소 100년사》, 아트팰리스, 2009, 548~550쪽.

일본의 쌀 수탈은 지역 청주(사케) 산업을 발달시키고

1   문화체육관광부, 《지역축제》 https://www.mcst.go.kr/kor/s_culture/festival/festivalList. jsp(2022년5월10일)

2   《오마이뉴스》 2019년 3월 19일자, '이틀 동안 14만1611명… 이 술 축제의 인기 비결', 인터넷 웹사이트.

3   《전북일보》 2010년 1월 21일자, '백화양조-백화에서 롯데까지'.

4   《투데이군산》 2020년 12월 18일자, '국내 양조산업 신화 옛 '백화' 주변'.

5   《idomin.com》 2016년 9월 13일자, '물 맑은 마산 '청주' 꽃피우다'.

6   창원시, 《디지털창원문화대전》, '물좋은 마산의 술(소주,청주,탁주,맥주), 그리고 간장', 인터넷 웹사이트.

7   국사편찬위원회, 《우리역사넷》, '일제의 경제 수탈 정책은?', 인터넷 웹사이트.

8   국가기록원, 《식량증산》, '1950년대 이전', 인터넷 웹사이트.

9   김환표, 《쌀밥전쟁》, 인물과 사상사, 2006, 30쪽.

10 《프레시안》 2015년 10월 27일자, '군산, 근대항구도시 유산의 보고(寶庫)'.

11 《조선신문》 1939년 11월 25일자, '군산명주 '오처(吾妻)' 우등상을 획득'.

12 창원시, 《디지털창원문화대전》, '물좋은 마산의 술(소주,청주,탁주,맥주), 그리고 간장', 인터넷 웹사이트.

13 《투데이군산》 2020년 12월 18일자, '국내 양조산업 신화 옛 '백화' 주변'.

14 주영하, 《식탁 위의 한국사》, 서울: 휴머니스트, 2013, 268쪽.

입국 막걸리는 언제부터 만들어 마셨을까?

1   《한국일보》 2021년 3월 23일자, '사극에 월병이 웬 말?… 〈조선구마사〉 첫 회부터 역사왜곡 논란'.

2   유네스코한국위원회, 《세계기록유산》, 인터넷 웹사이트.

3   네이버 용어해설, 《식품과학기술대사전》, 입국, 인터넷 웹사이트.

4   조선주조협회. 배상면 편역, 《조선주조사》, 우곡출판사, 1996, 259쪽.

5   김계원, 김재호, 노봉수, 안병학, 여수환, 조호철, 《탁약주개론》, 수학사, 2012, 61쪽.

6   신경은, 〈흑국균의 분류와 안전성에 대하여〉, 한국과학기술정보연구원, 2012, 1쪽.

7   하나시 관광협회, 《아와모리》 https://www.naha-navi.or.jp/ko/magazine/2019/10/12447

8   브런치, 《알아둬도 괜찮은 과학이야기》, 〈맛있는 술을 만드는 곰팡이〉, 인터넷 웹사이트.

9   브런치, 〈막걸리를 만드는 백국균은 어디에서 왔을까?〉, 인터넷 웹사이트.

10 국세청기술연구소, 《국세청기술연구소 100년사》, 아트팰리스, 2009, 548~550쪽.

11 국세청기술연구소, 《국세청기술연구소 100년사》, 아트팰리스, 2009, 229쪽, 233쪽.

12 정대영, 구사회, 정태헌, 권성안, 정석태, 정철, 이석준, 이화선, 《한국의 술 100년의 과제와 전망》, 향음, 2017, 209쪽.

13 《서울경제》 2021년 2월 19일자, '지혜란 무엇인가'.

술알못 최남선, 조선의 유명한 술을 말하다

1   《국세통계포털》, 주세, https://tasis.nts.go.kr(2022년 5월 12일).

2   한국농수산식품유통공사, 《2021년 주류시장 트렌드 보고서》, 2022, 20-22쪽.

3   국립중앙도서관, 《조선상식문답》, 민속원, 1997, 54쪽, 인터넷 웹사이트.

4   조선주조협회. 배상면 편역, 《조선주조사》, 우곡출판사, 1996, 61-75쪽.

5   네이버, 《두산백과》, 김천 과하주, 인터넷 웹사이트.

6   국가기록원, 《지적아카이브》, '금천', 인터넷 웹사이트.

7   《경향신문》 2010년 1월 19일자, '평양 명주 감홍로의 맥'.

막걸리의 누명(feat. 카바이드)

1   《조선일보》 2016년 5월 31일자, 'BBC "빈 속에 술 마시면 알코올 정맥 주사 맞는 것"'.

2   《메디포뉴스》 2009년 12월 5일자, '삼성서울병원, "연말 잦은 음주, 숙취 노하우"'.

3   아담로저스 지음, 강석기 옮김, 《프루프 술의 과학》, 엠아이디, 2015, 294-295쪽.

4   《동아사이언스》 2014년 12월 15일자, '해장술은 정말 숙취해소 효과가 있을까'.

5   식품의약품안전평가원, 《주류(탁주·약주) 중 유해물질 실태조사》, 2012년, 32쪽.

6   《헬스조선》 2020년 6월 24일자, '메탄올이 눈에 치명적이라는데, 왜죠?'.

7   《포항공대신문》 2015년 3월 4일자, '피할 수 없는 너, 숙취'.

8   아담로저스 지음, 강석기 옮김, 《프루프 술의 과학》, 엠아이디, 2015, 298쪽.

9   《사이언스타임즈》 2019년 3월 15일자, '우연히 발견한 카바이드 제조법'.

10 《아시아경제》 2015년 4월 10일자, '카바이드 막걸리는 70년대 '불순한 의도'의 괴담?'.

11 《월간 기계기술》 2005년 7월 1일자, '실무위주의 브레이징 접합기술(7회)'.

12 네이버 지식백과, 《산업안전대사전》, 카바이드, 인터넷 웹사이트.

13 《경향신문》 1972년 10월 24일, '카바이드로 감 익히다 폭발'.

14 《조선일보》 1976년 3월 6일, '抗生劑(항생제)섞어 누룩密造(밀조)'.

15 국세청기술연구소, 《국세청기술연구소 100년사》, 아트팰리스, 2009, 232쪽.

16 《아시아경제》 2015년 4월 10일자, '카바이드 막걸리는 70년대 '불순한 의도'의 괴담?'.

17 《동아일보》 1964년 6월 11일자, 〈횡설수설〉.

18 《조선일보》 1976년 7월 11일자, '먹을 수 없는 食品(식품)'.

19 《동아일보》 1976년 1월 9일자, '부정식품의 정체-밀조한 탁주'.

안녕하십니까, 1970년대의 막걸리!

1 국세통계연보. 2022년 8월 10일 기준, 주세 https://tasis.nts.go.kr/websquare/websquare.
   ht밀리리터?w2xPath=/cm/index.x밀리리터

2 허정구, 〈1970~80년대 막걸리 소비 퇴조에 관한 민속학적 연구〉, 중앙대학교 대학원 석사
   학위논문, 2011, 21쪽.

3 허정구, 〈1970~80년대 막걸리 소비 퇴조에 관한 민속학적 연구〉, 중앙대학교 대학원 석사
   학위논문, 2011, 22-23쪽.

4 국가기록원, 《금기와 자율》, 〈쌀과 막걸리〉, 인터넷 웹사이트.

5 허정구, 〈1970~80년대 막걸리 소비 퇴조에 관한 민속학적 연구〉, 중앙대학교 대학원 석사
   학위논문, 2011, 24쪽.

6 《매일경제》 1977년 11월 28일자, '쌀막걸리·藥酒(약주)가격고시'.

7 《조선일보》 1977년 12월 2일자, '쌀막걸리'.

8 허정구, 〈1970~80년대 막걸리 소비 퇴조에 관한 민속학적 연구〉, 중앙대학교 대학원 석사
   학위논문, 2011, 25쪽.

9 허정구, 〈1970~80년대 막걸리 소비 퇴조에 관한 민속학적 연구〉, 중앙대학교 대학원 석사
   학위논문, 2011, 52쪽.

10 《경향신문》 1982년 5월 13일자, '막걸리가 독해진다'.

11 《동아일보》 1983년 5월 4일자, '막걸리 주정度數(도수) 6度(도)로 낮춰달라 業界(업계)서 요청'.

12 《매일경제》 1982년 11월 9일자, '막걸리 가격 올려'.

13 《매일경제》 1983년 8월 25일자, '가장 많이 마시는 술은 양주 성인남자들 전통술 막걸리는 최
   하위'.

14 허정구, 〈1970~80년대 막걸리 소비 퇴조에 관한 민속학적 연구〉, 중앙대학교 대학원 석사 학위논문, 2011, 40~41쪽.

15 《동아일보》 1976년 11월 9일자, '不正食品(부정식품)의 正體(정체)-密造(밀조)한 탁주'.

16 《동아일보》 1962년 7월 9일자, 〈횡설수설〉.

17 《머니투데이》 2015년 11월 9일자, '쌀값 폭락에도 쌀 41만톤 수입하는 정부, 왜?'.

18 행정규칙, 《정부관리양곡 판매가격》, 농림수산식품부고시 제2011-2호.

5. 술자리보다 재미있는 우리 술 이야기

1 네이버 지식백과, 《문학비평용어사전》, 스토리텔링, 인터넷 웹사이트.

2 《소믈리에타임즈》 2020년 12월 8일자, '한중일 예술가들의 서양 '와인 라벨' 디자인'.

전통주 한 잔 부탁해요 따뜻한 걸로

1 《조선일보》 2018년 1월 4일자, '이거 한 모금이면 'OK'… 대륙별 감기 민간요법'.

2 《중앙일보》 2019년 11월 23일자, '뱅쇼, 달걀술, 후추보드카…술도 감기약이 될 수 있어요'.

3 《세계일보》 2020년 1월 4일자, '소주에 고춧가루, 감기 나을까?'.

4 《위키트리》 2013년 10월 18일자, '초기 감기 잡는 '달걀술' 만드는 방법'.

5 《헤럴드경제》 2019년 11월 27일자, '따뜻한 와인·양파 우유·베리 수프…감기예방에 좋다는 데…'.

6 이효지, 차경희, 《부인필지》, 한국생활과학연구 14권, 1996,1쪽.

7 《한겨레》 2015년 1월 12일자, '냉장고'.

8 《중앙일보》 2017년 6월 22일자, '142년 역사, 일본 기술의 자존심은 어떻게 무너졌나'.

9 《디지털데일리》 2022년 2월 18일자, '금성사가 문을 연 국산 냉장고의 역사'.

10 《한겨레》 2020년 12월 11일자, '전통주도 데워 마시면 더 맛있다?'.

11 《신동아》 2012년 1월 19일자, '무송과 관우가 마신 술 황주'. 인터넷 웹사이트.

12 한국고전종합DB, 《동야산사소작(冬夜山寺小酌)》, 인터넷 웹사이트.

13 《세종실록》 67권, 1435년 1월 17일 기사, 〈문공가례〉에 따라 겨울철에는 문소전 별제에 조석 상식과 음복에 데운 술을 쓰게 하다, 국사편찬위원회 조선왕조실록.

14 《삶과술》 2015년 5월 26일자, '창포주(菖蒲酒) 스토리텔링 및 술 빚는 법'. 인터넷 웹사이트.

15   네이버 지식백과, 《음식백과》, 자주, 인터넷 웹사이트.

전통주에도 역사는 흐른다

1   《아시아경제》 2018년 9월 23일자, '홍동백서? 조율이시? 추석 차례상 진설법, 원래 유교경
     전에 '없다''.
2   황교익, 《음식은 어떻게 신화가 되는가》, 지식너머, 2019년, 264쪽.
3   《뉴스워치》 2019년 2월 4일자, '차례와 제사의 차이는'.
4   《이코노믹리뷰》 2018년 7월 17일자, '삼계탕 원래 이름은 '계삼탕''.
5   주영하, 《식탁 위의 한국사》, 서울: 휴머니스트, 2013, 143쪽.
6   주영하, 《식탁 위의 한국사》, 서울: 휴머니스트, 2013, 144쪽.
7   위키백과, 삼계탕, 인터넷 웹사이트.
8   농업기술실용화재단, 《우리 술 보물창고》, 〈우리 술과 양조 이야기〉, 농업기술실용화재단,
     2011, 14쪽.
9   〈주세법〉, 2022년 1월 1일 시행, 제5조(주류의 종류) 1항(2022년 5월 18일 현재)
     https://www.law.go.kr/LSW/lsInfoP.do?efYd=20220101&lsiSeq=237881#0000.
10 〈전통주 등의 산업진흥에 관한 법률〉, 2022년 1월 1일 시행, 제2조(정의)(2022년 5월 18일 현재)
     https://www.law.go.kr/LSW/lsInfoP.do?efYd=20220101&lsiSeq=237121#0000.
11 《매일경제》 1982년 1월 8일자, '農水産部(농수산부) 계획마련 올림픽食品(식품) 적국 開發(개
     발)'.
12 성병재, 박상원 〈주류 제조면허제도 개선방향에 관한 정책 토론회〉, 주류 제조면허제도 개
     선방안, 한국조세연구원, 2010, 4쪽.
13 술방사람들, 《술방사람들》, 아이러브마더, 2013, 228쪽.
14 국립무형유산원, 《국가무형문화재 문배주》, 문배주의 전승현황, 국립무형유산원, 2004,
     144~147쪽.
15 술방사람들, 《술방사람들》, 아이러브마더, 2013, 235쪽.
16 국립국어원, 《표준국어대사전》, 전통, 인터넷 웹사이트.

명절 때 '정종'을 마신다고?

1   《중도일보》 2021년 2월 5일자, "음력 '설'의 의미".

2   《중앙일보》2015년 2월 17일자, "구정'이 아니라 '설'이라 불러 주세요'.

3   대통령기록관, 《이 기록, 그순간》, 〈되찾은 설날 공휴일-기록으로 보는 설날의 변천〉. 인터넷 웹사이트.

4   네이버, 《음식백과》, 도소주, 인터넷 웹사이트.

5   한국학중앙연구소, 《한국학 디지털 아카이브》, 동국세시기, 인터넷 웹사이트.

6   한국민속대백과사전, 《한국세시풍속사전》, 신도주, 인터넷 웹사이트.

7   《이데일리》2020년 10월 1일자, '조선 땅 재침공한 '마사무네' 대신 국산 청주 어때요'.

8   《이데일리》2021년 9월 19일자, "정종'이 추석 차례주로 맞지 않는 이유'.

9   《오마이뉴스》2018년 9월 18일자, '아직도 정종으로 차례를 지내십니까?'.

10 주영하, 《식탁 위의 한국사》, 서울: 휴머니스트, 2013, 268쪽.

11 《시사저널》2018년 2월 22일자, "서민의 술' 막걸리, 이제는 고급 전통주로 탈바꿈해야'.

재미있는 근현대의 술 광고

1   《더피알》2018년 11월 15일자, '술 못 마시는 술 광고에 업계 "어쩌나"'.

2   《한국금융》2021년 6월 9일자, '주류 광고 제한 확대…주류 업계 "답답한 심정"'.

3   신인섭, 〈주류광고의 과거, 현재와 문제점〉, 주류공업, 1992, 2쪽.

4   네이버 지식백과, 《18세기 세계 도시를 걷다》, 서울의 술집, 인터넷 웹사이트.

5   《승정원일기》52책, 영조 19년(1743) 음력 3월 26일자.

6   이상희, 《한국의 술문화》, 선, 2009, 460-461쪽.

7   《오마이뉴스》2022년 3월 15일자, '아사히가 '국산'? 그 옛날의 슬픈 맥주 광고'.

8   《동아일보》1925년 4월 8일자, '적옥(赤玉) 포트와인'.

9   신인섭, 〈주류광고의 과거, 현재와 문제점〉, 주류공업, 1992, 6쪽.

10 《동아일보》1925년 4월 10일자, '약주아세아(薬酒亞細亞)'.

전통주에 좋은 잔을 허하라

1   《한경뉴스》2008년 4월 2일자, '술잔 크기.모양은 왜 다를까'.

2   한식재단, 《향기로운 한식, 우리 술 산책》, 2016, 210쪽

3   《중앙일보》2016년 6월 3일자, "글라스' 따라 맛과 향도 다르다'.

4   최원호, 김광신, 최병건, 황승욱, 김우리, 이석진, 안정현, 신종환, 〈감성특성을 반영한 술잔

디자인 개발 프로세스 연구〉, 한국콘텐츠학회 논문지 14권, 2014. 156쪽.

5   《이데일리》 2022년 4월 22일자, "'맥주 전용잔'은 왜 제각각일까…' "더 맛있게 즐기기 위해".

하이볼보다 맛있는 전통주 칵테일

1   국립국어원, 《표준국어대사전》, 칵테일, 인터넷 웹사이트.

2   《연합뉴스》 2012년 6월 7일자, '헤밍웨이가 즐겼던 술, 쿠바 3대 칵테일 이야기'.

3   《매일신문》 2020년 6월 1일자, '007 제임스 본드가 술 박사인 이유는?'.

4   네이버 《세계의 명주와 칵테일 백과사전》, 진토닉, 인터넷 웹사이트.

5   《매거진한경》 2010년 9월 17일자, '소비 시장 최대 고객…추억 마케팅 '봇물''.

6   《초이스경제》 2018년 12월 21일자, '일본 와인시장 위기…캔 츄하이에 시장 빼앗겨'.

7   《뉴데일리경제》 2021년 6월 2일자, '분위기에 취하는 MZ세대…'무알콜 맥주·하드셀처' 뜬다'.

찾아보기